数学核心教程系列/柴俊　主编

复变函数

（第二版）

庞学诚　梁金荣　编著

科学出版社

北京

内 容 简 介

本书介绍了复变函数的一些基础知识，主要包括复数与复变函数、解析函数与保形变换、复积分、级数、残数与辐角原理、解析开拓、正规族与 Riemann 映射定理、调和函数.

本书可作为高等学校数学类专业本科生的复变函数教材和参考书.

图书在版编目(CIP)数据

复变函数/庞学诚, 梁金荣编著. —2 版. —北京：科学出版社, 2019.3
(数学核心教程系列/柴俊主编)
ISBN 978-7-03-060919-9

Ⅰ.①复… Ⅱ.①庞… ②梁… Ⅲ.①复变函数-高等学校-教材 Ⅳ. ①O174.5

中国版本图书馆 CIP 数据核字(2019) 第 051973 号

责任编辑: 王 静 李香叶 / 责任校对: 杨聪敏
责任印制: 赵 博 / 封面设计: 陈 敬

科 学 出 版 社 出版
北京东黄城根北街 16 号
邮政编码：100717
http://www.sciencep.com
北京富资园科技发展有限公司印刷
科学出版社发行 各地新华书店经销
*
2003 年 9 月第 一 版 开本: 720 × 1000 1/16
2019 年 3 月第 二 版 印张: 11 3/4
2024 年 7 月第十三次印刷 字数: 237 000

定价: 35.00 元
(如有印装质量问题, 我社负责调换)

第二版前言

本书在第一版的基础上进行了大幅修订, 除仍保持第一版的内容丰富与适用面广的特色外, 在一些重点与难点的处理上更加细化, 增加了若干例题, 补充了部分性质及其证明, 调整了部分编排顺序, 使阅读起来更加方便.

修订后将第一版的 11 章内容变为 8 章. 第 2 章除了补充初等解析函数的变换性质以及如何求一些保形变换的例题外, 还详细阐述了初等多值函数的问题, 以便读者对多值解析函数能更好地理解与掌握. 第 3 章增加了柯西积分定理的 Goursat 证明, 以及一般形式的柯西积分定理在严格凸区域条件下的证明. 第 5 章补充了保域性定理及单叶解析函数的性质的证明. 第 6 章除了详述解析开拓的基本方法外, 作为解析开拓的一个应用, 增加了复 Γ 函数一节内容. 总之, 前 6 章仍是复变函数理论的基本知识和方法, 我们仍建议这部分作为高等学校数学类专业本科生学习的主要内容.

后两章是复分析中更深刻的内容, 是对第一版第 7~11 章的调整及补充. 修订后的第 7 章是第一版的第 8 章正规族以及第 10 章共形映射的部分内容, 并在这一章我们还增添了 Picard 大定理和 Picard 小定理的证明. 第 8 章的调和函数是第一版第 7 章经过重新调整编排后的内容. 关于第一版的第 9 章整函数和亚纯函数, 目前仅保留了整函数和亚纯函数的概念部分, 并放到了第 4 章. 考虑到拟共形映射是本科教学中可能涉及不到的内容, 因此, 删除了这部分内容.

由于作者水平有限, 书中不免会出现一些不妥之处, 敬请广大师生提出宝贵意见.

编著者

2019 年 1 月

第一版序言

自 20 世纪 90 年代后期开始, 我国的高等教育改革步伐日益加快. 在实行 5 天工作制, 教学总时数减少, 而新的专业课程却不断出现的背景下, 对传统的专业课程应该如何处置, 这样一个不能回避的问题就摆在了我们的面前. 而这时, 教育部师范司启动了面向 21 世纪教学改革计划. 在我们进行"数学专业培养方案"项目的研究过程中, 这个问题有两种方案可以选择: 一是简单化的做法, 或者削减必修课的数量, 将一些传统的数学课程从必修课的名单中去掉, 变为选修课, 或者少讲内容减少课时; 二是对每门课程的教学内容进行优化、整合, 建立一些理论平台, 减少一些烦琐的论证和计算, 以达到削减课时, 同时又能保证基本教学内容的目的. 我们选择了第二种方案.

当我们真正进入实质性操作时, 才感到这样做的困难并不少. 第一个困难是教师对数学的认识需要改变. 理论"平台"该不该建? 在人们的印象中, 似乎数学课程中不应该有不加证明而承认的定理, 这样做有悖于数学的"严密性". 其实这种"平台"早已有之, 中学数学中的实数就是例子. 第二个困难是哪些内容属于整合对象, 优化从何处下手. 我们希望每门课程的内容要精练, 尽可能地反映这门课程的基本思想和方法, 重视数学能力和数学意识的培养, 让学生体会数学知识产生和发展的过程以及应用价值, 而不去过分地追求逻辑体系的严密性.

教材从 1998 年开始编写, 历时 5 年, 经反复试用, 几易其稿. 在这期间, 我们又经历了一些大事. 1999 年高校开始大幅度扩大招生规模, 学生情况的变化, 提示我们教材的编写要适应教育形势的变化, 迎接"大众教育"的到来. 2001 年, 针对教育发展的新形势, 高教司启动了 21 世纪初高等理工科教育教学改革项目, 在项目"数学专业分层次教学改革实践"的研究过程中, 我们对"大众教育"阶段的学生状况有了更具体、更直接的了解. 在经历大规模扩招后, 在校学生的差距不断增大, 我们应该根据学生的具体情况, 实行分层次、多形式的培养模式势在必行, 而每个培养模式应该有各自不同的教学和学习要求. 此外, 教材的内容还应该为教师提供多一些的选择, 给学生有自我学习的空间, 要反映学科的新进展和新应用, 使所有学生都能学到课程的基本内容和思想方法, 使部分优秀学生有进一步提高的空间. 这个指导思想贯穿了本套教材的最后修改稿.

在建立"理论平台"与打好数学基础之间如何进行平衡, 也是本套教材编写中重点考虑的问题. 其实任何基础都是随着时代的进步而变化的, 面对科学技术的进步, 对基础的看法也要"与时俱进". 新的知识充实进来, 一部分老的知识就要被简化、整合, 甚至抛弃. 并且基础应该以创新为目标, 并不是什么都是越深越好、越厚越好. 在现实条件下, 建立一些“课程平台”或“理论平台”是解决课时偏少的有效手段, 也可以使数学教学的内容加快走向现代化. 不然的话, 100 年以后, 我们的数学基础大概一辈子也学不完了.

本套教材的主要内容适合每周 3 学时, 总共 50 学时左右的教学要求. 同时, 教材留有适量的选学内容, 可以作为优秀学生的课外或课堂学习材料, 教师可以根据学生情况决定.

教材的编写和出版得益于国家理科基地的建设和教育部师范司、高教司教改项目的支持. 我们还要对在本套教材出版过程中提供过帮助的单位和个人表示衷心的感谢. 首先要感谢华东师范大学数学系的广大师生自始至终对教材编写工作的支持, 感谢华东师范大学教务处领导对教材建设的关心. 最后, 感谢张奠宙教授作为教育部两个项目的负责人对本套教材提出的极为珍贵的意见和建议.

尽管我们的教材经过了多次试用, 但其中仍难免有疏漏之处, 恳请广大读者批评指正. 另外, 如对书中内容的处理有不同看法, 欢迎探讨. 真诚希望大家共同努力将我国的高等教育事业推向一个新阶段.

柴　俊

2003 年 6 月

于华东师范大学

第一版前言

这是一本大学数学系本科各专业基础课复变函数论的教材, 它具有以下特色:

(1) 内容丰富. 本书十分精练且系统地介绍了复变函数论的基础知识和方法, 介绍了复变函数理论及其应用中的一些具有某种深度的专题和最新发展, 因此本书既包括了复变函数理论的基本知识和方法 (一至六章), 又有为进一步学习所作的相关理论的铺垫 (七至十一章), 这为读者进一步地学习与研究打通了道路.

(2) 适用面广. 本书在内容的编排上, 简明扼要, 循序渐进, 突出重点, 分散难点. 它既可作为少课时 (50 学时左右) 的大学数学系、应用数学系本科生基础课同名课程的教材 (阅读前六章即可), 又可供在相关领域进一步学习的研究生、专科生和一些对理科专业感兴趣的读者阅读或参考.

全书共十一章. 第一章是复数与复变函数. 主要介绍复数、复变函数、复变函数的极限与连续等有关概念, 介绍闭域上的连续函数的性质以及复球面和无穷远点. 第二章是解析函数与保形变换. 主要讲述了解析函数、初等解析函数、初等多值函数以及一类重要的保形变换——线性变换. 特别着重讲述了如何找出多值函数的支点以及在什么样的区域内多值函数可以分出单值解析分支, 指数函数与对数函数、幂函数与根式函数、线性变换的映射性质等. 第三章是复积分. 主要讲述了复积分的概念、性质, 以及 Cauchy 积分定理、Cauchy 积分公式、Cauchy 导数公式和 Cauchy 不等式. 此外, 还证明了最大模原理和 Schwarz 引理. 第四章是级数. 主要讲述了幂级数、解析函数的唯一性定理、双边幂级数、解析函数的孤立奇点与分类. 第五章是残数与辐角原理. 主要讲述了残数定理、残数总和定理、辐角原理、Rouché 定理以及利用残数定理计算一些实积分的方法. 第六章是解析开拓. 主要介绍解析开拓的基本概念、连续开拓定理、对称原理以及单值性定理. 第七章是调和函数. 主要介绍调和函数的一些性质, 包括调和函数的最大最小值定理、Poisson 积分以及调和测度、次调和函数的概念和一些基本性质. 第八章是正规族. 介绍了 Montel 定理、正规族、Marty 定理以及以色列数学家 L. Zalcman 的一个著名定理. 第九章是整函数和亚纯函数. 主要介绍分解定理 (包括 Hadamard 分解定理) 以及整函数的级和零点收敛指数. 第十章是共形映射. 主要介绍 Riemann 映射定理、边界对应原理、Schwarz-Christoffel 公式以及 Koebe 覆盖定理. 第十一章是平面拟共形映射简介. 主要介绍平面拟共形映射的有关概念、拟共形映射的存在性以及一些基本性质. 每章后都附有习题, 这是本书的重要组成部分. 一些练习性的习题是为了加深对教学内容的理解, 一部分有一定难度的习题是为了锻炼学生的综合分析能力.

本书篇幅不算长, 但内容丰富, 而且有一定的深度, 在现有的学时下要完成本书是困难的, 也是不可能的, 读者可根据需要取舍. 一般来说, 前六章作为大学数学系本科生学习的内容是足够的, 这其实就是这门课程的基本内容. 后五章可以为读者进一步攻读后续课程做准备, 这对于巩固和加深基础知识, 了解发展趋势, 培养能力是有益的.

书中难免有缺点、错误和不足之处, 希望大家批评指正.

编著者

目　　录

第 1 章　复数与复变函数

所谓复变函数就是定义域和值域均在复数集上的函数, 本章主要讨论复变函数的极限、连续和复球面性质.

1.1　复数域上的基本性质

1. 复数域

形如 $z=x+\mathrm{i}y(\mathrm{i}=\sqrt{-1})$ 的数称为复数, 其中实数 x,y 分别称为复数 $z=x+\mathrm{i}y$ 的实部与虚部, 记作

$$x=\mathrm{Re}z;\quad y=\mathrm{Im}z.$$

特别当 $y=0$ 时, $z=x+\mathrm{i}0$ 就视为实数 x, 而当 $x=0,y\neq0$ 时, $z=0+\mathrm{i}y$ 称为纯虚数. 我们规定: 两个复数当且仅当它们的实部与虚部分别相等时我们才认为相等. 当 $x=y=0$ 时, 记 $0=0+\mathrm{i}0$.

对于任意两个复数 $z_1=x_1+\mathrm{i}y_1, z_2=x_2+\mathrm{i}y_2$, 其四则运算定义如下:

(1) $z_1\pm z_2=(x_1\pm x_2)+\mathrm{i}(y_1\pm y_2)$.

(2) $z_1\cdot z_2=(x_1x_2-y_1y_2)+\mathrm{i}(x_1y_2+y_1x_2)$.

(3) $\dfrac{z_1}{z_2}=\dfrac{x_1x_2+y_1y_2}{x_2^2+y_2^2}+\mathrm{i}\dfrac{x_2y_1-x_1y_2}{x_2^2+y_2^2},\ x_2+\mathrm{i}y_2\neq0$.

明显地有：加法与乘法分别满足交换律和结合律, 并且它们之间满足分配律, 即

(4) $z_1+z_2=z_2+z_1$.

(5) $(z_1+z_2)+z_3=z_1+(z_2+z_3)$.

(6) $z_1\cdot z_2=z_2\cdot z_1$.

(7) $(z_1\cdot z_2)\cdot z_3=z_1\cdot(z_2\cdot z_3)$.

(8) $(z_1\pm z_2)\cdot z_3=z_3\cdot(z_1\pm z_2)=z_1z_3\pm z_2z_3$.

全体复数引进上述运算后称为复数域, 用符号 $\mathbb{C}$ 表示. 很明显, 在实数域内的一切代数恒等式在复数域内仍成立, 例如

$$z_1^2-z_2^2=(z_1+z_2)(z_1-z_2).$$

设复数 $z=x+\mathrm{i}y$, 称 $\sqrt{x^2+y^2}$ 为复数 z 的模, 记作 $|z|$. 显然有

(1) $|z_1 \pm z_2| \leqslant |z_1| + |z_2|$ (三角不等式).

(2) $|z| = |x + \mathrm{i}y| = 0$ 的充要条件是 $x = y = 0$.

称复数 $x - \mathrm{i}y$ 为复数 $z = x + \mathrm{i}y$ 的共轭复数, 记为 $\bar{z}$. 容易得到:

(1) $\overline{z_1 \pm z_2} = \overline{z_1} \pm \overline{z_2}$.

(2) $\overline{z_1 \cdot z_2} = \overline{z_1} \cdot \overline{z_2}$.

(3) $\overline{\left(\dfrac{z_1}{z_2}\right)} = \dfrac{\overline{z_1}}{\overline{z_2}} (z_2 \neq 0)$.

(4) $\overline{(\overline{z})} = z$.

(5) $|z|^2 = z \cdot \overline{z},\ 2 \cdot \mathrm{Re} z = z + \overline{z},\ 2\mathrm{i} \cdot \mathrm{Im} z = z - \overline{z}$.

在平面上取定直角坐标系, 则复数域与平面上的点可以建立一个一一对应, 这样就可以用平面上的点表示复数, 其中横坐标表示实部, 纵坐标表示虚部, 由此称 x 轴为实轴, y 轴为虚轴, 这样的平面称为复平面.

2. 复数的三角表示

设 P 是复平面 $\mathbb{C}$ 上的一点 (x, y), 它所表示的复数为 $z = x + \mathrm{i}y$, 而以原点 O 为起点, 终点为 P 的向量 $\overrightarrow{OP}$ 被称为复向量. 显然这三者之间是一一对应的, 今后将不再加以区别. 如图 1.1 所示.

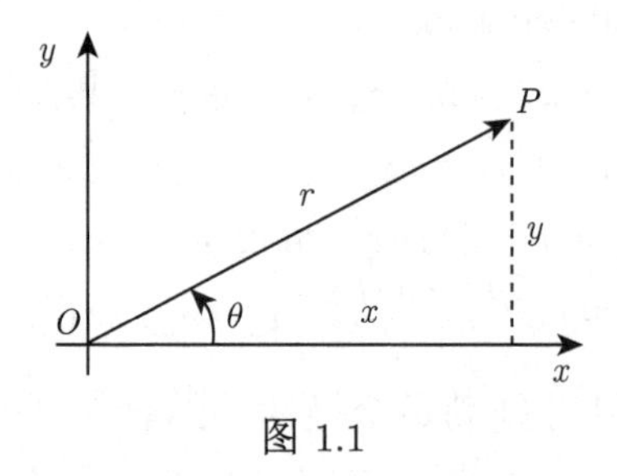

图 1.1

$$
\begin{aligned}
x &= \mathrm{Re} z = r\cos\theta = |z|\cos\theta, \\
y &= \mathrm{Im} z = r\sin\theta = |z|\sin\theta,
\end{aligned} \tag{1.1}
$$

其中 θ 是复向量 $\overrightarrow{OP}$ 与 x 轴正向的夹角, 称之为复数 z 的辐角. 显然, 若 $z \neq 0$, z 的辐角存在, 并且有无穷多个, 它们都相差 2π 的整数倍, 记为 $\mathrm{Arg}\, z$. 若在 $\mathrm{Arg}\, z$ 中取定一个值, 记为 $\arg z$, 这个值称为 z 的主辐角, 于是

$$
\mathrm{Arg}\, z = \arg z + 2k\pi, \quad k = 0, \pm 1, \pm 2, \cdots.
$$

当 $z \neq 0$ 时, 若主辐角 $\arg z$ 满足 $-\pi < \arg z \leqslant \pi$, 则它可以用复数 z 的实部与虚部 $\left(\text{或反正切} \arctan \dfrac{y}{x}\right)$ 来表示:

$$\arg z = \begin{cases} \arctan \dfrac{y}{x}, & x > 0, \\ \arctan \dfrac{y}{x} + \pi, & x < 0,\ y \geqslant 0, \\ \arctan \dfrac{y}{x} - \pi, & x < 0,\ y < 0, \\ \dfrac{\pi}{2}, & x = 0,\ y > 0, \\ -\dfrac{\pi}{2}, & x = 0,\ y < 0. \end{cases}$$

复数 $z=0$ 没有确定的辐角, 也称复数 0 的辐角没有意义.

由 (1.1) 式, 不难得到

$$z = x + \mathrm{i}y = r(\cos\theta + \mathrm{i}\sin\theta). \tag{1.2}$$

通常称 (1.2) 式为复数 z 的三角表示式. 如果再利用欧拉 (Euler) 公式

$$\mathrm{e}^{\mathrm{i}\theta} = \cos\theta + \mathrm{i}\sin\theta, \tag{1.3}$$

那么 (1.2) 式就可以有一个简洁的表达式

$$z = r\mathrm{e}^{\mathrm{i}\theta}. \tag{1.4}$$

通常称 (1.4) 式为复数 z 的指数表示式, 其中 $r=|z|$, θ 为 z 的任一个辐角.

例 1 求下列复数的模及其辐角.

(1) -2; (2) $1+\mathrm{i}$.

解 (1) 模 $|-2|=2$, 辐角 $\mathrm{Arg}\,(-2)=\pi+2k\pi, k=0,\pm1,\pm2,\cdots$.

(2) 模 $|1+\mathrm{i}|=\sqrt{1^2+1^2}=\sqrt{2}$, 辐角 $\mathrm{Arg}\,(1+\mathrm{i})=\dfrac{\pi}{4}+2k\pi, k=0,\pm1,\pm2,\cdots$.

例 2 将复数 $z=-1-\sqrt{3}\mathrm{i}$ 化为三角表示和指数表示.

解 因为 $x=-1$, $y=-\sqrt{3}$, 所以

$$|z| = \sqrt{(-1)^2 + (-\sqrt{3})^2} = 2.$$

又 z 在第三象限内, 从而有

$$\arg z = \arctan\frac{-\sqrt{3}}{-1} - \pi = -\frac{2\pi}{3}$$

或

$$\mathrm{Arg}\, z = \arctan\frac{-\sqrt{3}}{-1} - \pi + 2k\pi = -\frac{2\pi}{3} + 2k\pi, \quad k=0,\pm1,\pm2,\cdots.$$

故复数 z 的三角表示为

$$z=2\left[\cos\left(-\frac{2\pi}{3}\right)+\mathrm{i}\sin\left(-\frac{2\pi}{3}\right)\right]$$

或

$$z=2\left[\cos\left(-\frac{2\pi}{3}+2k\pi\right)+\mathrm{i}\sin\left(-\frac{2\pi}{3}+2k\pi\right)\right],\quad k=0,\pm1,\pm2,\cdots.$$

指数表示为

$$z=2\mathrm{e}^{-\frac{2\pi}{3}\mathrm{i}}\quad\text{或}\quad z=2\mathrm{e}^{-\frac{2\pi}{3}\mathrm{i}+2k\pi},\quad k=0,\pm1,\pm2,\cdots.$$

例 3　证明:

(1) $\mathrm{e}^{\mathrm{i}\theta_1}\cdot\mathrm{e}^{\mathrm{i}\theta_2}=\mathrm{e}^{\mathrm{i}(\theta_1+\theta_2)}$;　　(2) $(\mathrm{e}^{\mathrm{i}\theta})^n=\mathrm{e}^{\mathrm{i}n\theta}$;　　(3) $\dfrac{\mathrm{e}^{\mathrm{i}\theta_1}}{\mathrm{e}^{\mathrm{i}\theta_2}}=\mathrm{e}^{\mathrm{i}(\theta_1-\theta_2)}$.

证　我们只证 (1). 由 (1.3) 式

$$\begin{aligned}\mathrm{e}^{\mathrm{i}\theta_1}\cdot\mathrm{e}^{\mathrm{i}\theta_2}&=(\cos\theta_1+\mathrm{i}\sin\theta_1)(\cos\theta_2+\mathrm{i}\sin\theta_2)\\&=\cos\theta_1\cos\theta_2-\sin\theta_1\sin\theta_2+\mathrm{i}(\cos\theta_1\sin\theta_2+\cos\theta_2\sin\theta_1)\\&=\cos(\theta_1+\theta_2)+\mathrm{i}\sin(\theta_1+\theta_2)\\&=\mathrm{e}^{\mathrm{i}(\theta_1+\theta_2)}.\end{aligned}$$

由此可得

$$\operatorname{Arg}(z_1\cdot z_2)=\operatorname{Arg}z_1+\operatorname{Arg}z_2.\tag{1.5}$$

应该指出, (1.5) 式指的是两个集合相等.

因为 $|\mathrm{e}^{\mathrm{i}\theta}|=1$, 所以

$$|z_1\cdot z_2|=|z_1|\cdot|z_2|;\quad\left|\frac{z_1}{z_2}\right|=\frac{|z_1|}{|z_2|}\quad(z_2\neq0).\tag{1.6}$$

由例 3 中的 (2) 得到

$$(\cos\theta+\mathrm{i}\sin\theta)^n=\cos n\theta+\mathrm{i}\sin n\theta,$$

称为棣莫弗 (De Moivre) 公式.

例 4　求 $\cos3\theta$ 和 $\sin3\theta$ 用 $\cos\theta$ 和 $\sin\theta$ 表示的式子.

解　由棣莫弗公式,

$$\begin{aligned}\cos3\theta+\mathrm{i}\sin3\theta&=(\cos\theta+\mathrm{i}\sin\theta)^3\\&=\cos^3\theta+3\mathrm{i}\cos^2\theta\sin\theta-3\cos\theta\sin^2\theta-\mathrm{i}\sin^3\theta,\end{aligned}$$

因此,

$$\cos 3\theta = \cos^3\theta - 3\cos\theta\sin^2\theta = 4\cos^3\theta - 3\cos\theta,$$
$$\sin 3\theta = 3\cos^2\theta\sin\theta - \sin^3\theta = 3\sin\theta - 4\sin^3\theta.$$

注 如果把复数 $z = x + \mathrm{i}y$ 的这种表示称为代数表示法, 那么我们关于复数及其四则运算的定义都是从这种表示法开始的. 关于复数及其运算的几何解释却容易从向量表示法 (见前面的 $\overrightarrow{OP}$) 得到, 而关于复数运算中的模与辐角的变化规律则容易从三角表示或指数表示法得到. 所以, 前面涉及的几种表示法各有各的特点.

3. 复变函数

设 D 是复平面上的一个点集, 若 $f: D \to \mathbb{C}$ 是一个映射, 则称 f 是定义在 D 上的一个复变函数. 若 f 是单值的, 则称 f 为单值复变函数, 反之称为多值复变函数.

设 $w = u + \mathrm{i}v, z = x + \mathrm{i}y$, 则复变函数 $w = f(z)$ 可表示为 $w = f(z) = u(x,y) + \mathrm{i}v(x,y), z = x + \mathrm{i}y \in D$. 例如, $w = z^2$ 也可写成 $w = x^2 - y^2 + 2\mathrm{i}xy$.

例 5 讨论函数: $w = \sqrt[n]{z}$ ($z = w^n$ 的反函数).

解 (1) 若 $z = 0$, 则

$$w(0) = \sqrt[n]{0} = 0.$$

(2) 若 $z \neq 0$, 设 $z = r\mathrm{e}^{\mathrm{i}\theta}, w = \rho\mathrm{e}^{\mathrm{i}\varphi}$, 则

$$\rho^n \mathrm{e}^{\mathrm{i}n\varphi} = r\mathrm{e}^{\mathrm{i}\theta}.$$

因为左、右两端均是复数的三角表达式, 所以

$$\rho = \sqrt[n]{r}; \quad \varphi = \frac{\theta + 2k\pi}{n}, \quad k = 0, 1, \cdots, n-1,$$

即 $\sqrt[n]{z}$ 恰有 n 个值

$$w_k = \sqrt[n]{r}\mathrm{e}^{\mathrm{i}\frac{\theta+2k\pi}{n}}, \quad k = 0, 1, \cdots, n-1.$$

利用例 5 及复数的性质可以方便地证明初等数学中的一些结论.

例 6 证明: $\sin\frac{\pi}{7}\sin\frac{2\pi}{7}\sin\frac{3\pi}{7} = \frac{\sqrt{7}}{2^3}$.

证 因为 $z^7 - 1 = 0$ 的根为 $z = \sqrt[7]{1} = \mathrm{e}^{\mathrm{i}\frac{2k\pi}{7}}$, $k = 0, 1, \cdots, 6$, 即

$$1, \mathrm{e}^{\frac{2\pi}{7}\mathrm{i}}, \mathrm{e}^{\frac{4\pi}{7}\mathrm{i}}, \mathrm{e}^{\frac{6\pi}{7}\mathrm{i}}, \mathrm{e}^{\frac{8\pi}{7}\mathrm{i}}, \mathrm{e}^{\frac{10\pi}{7}\mathrm{i}}, \mathrm{e}^{\frac{12\pi}{7}\mathrm{i}},$$

所以

$$(z-1)(1+z+z^2+\cdots+z^6)=z^7-1=(z-1)(z-\mathrm{e}^{\mathrm{i}\frac{2\pi}{7}})\cdots(z-\mathrm{e}^{\mathrm{i}\frac{12\pi}{7}}).$$

消去 $z-1$, 并用 $z=1$ 代入得

$$\begin{aligned}7&=\left(1-\mathrm{e}^{\frac{2\pi}{7}\mathrm{i}}\right)\cdots\left(1-\mathrm{e}^{\frac{12\pi}{7}\mathrm{i}}\right)=\prod_{n=1}^{6}\mathrm{e}^{\frac{n\pi}{7}\mathrm{i}}\left(\mathrm{e}^{-\frac{n\pi}{7}\mathrm{i}}-\mathrm{e}^{\frac{n\pi}{7}\mathrm{i}}\right)\\&=\mathrm{e}^{\frac{21\pi}{7}\mathrm{i}}\prod_{n=1}^{6}(-1)^6(2\mathrm{i})^6\sin\frac{n\pi}{7}=2^6\left(\sin\frac{\pi}{7}\sin\frac{2\pi}{7}\sin\frac{3\pi}{7}\right)^2.\end{aligned}$$

故 $\sin\dfrac{\pi}{7}\sin\dfrac{2\pi}{7}\sin\dfrac{3\pi}{7}=\dfrac{\sqrt{7}}{2^3}$.

注 由 $\sin 2\alpha=2\sin\alpha\cos\alpha$, 很容易推得

$$\cos\frac{\pi}{7}\cos\frac{2\pi}{7}\cos\frac{3\pi}{7}=\frac{1}{8},$$

由此又可得到

$$\tan\frac{\pi}{7}\tan\frac{2\pi}{7}\tan\frac{3\pi}{7}=\sqrt{7}.$$

1.2 复数域上的极限和连续

1. 复点集

我们首先定义两个复数 $z_1=x_1+\mathrm{i}y_1, z_2=x_2+\mathrm{i}y_2$ 的距离为

$$\rho(z_1,z_2)=|z_1-z_2|=\sqrt{(x_1-x_2)^2+(y_1-y_2)^2}.$$

这就表明了复平面上的两个点的距离与相应的实平面两个点的距离相等, 即映射

$$z=x+\mathrm{i}y\to(x,y)$$

为一保距映射, 所以这两个平面的度量完全相同. 因此复平面上的点列极限完全等同实平面上的极限. 例如, 若 $z_n=x_n+\mathrm{i}y_n, n=1,2,\cdots,z_0=x_0+\mathrm{i}y_0$, 则

$$\lim_{n\to\infty}z_n=z_0$$

的充要条件是

$$\lim_{n\to\infty}x_n=x_0,\quad \lim_{n\to\infty}y_n=y_0.$$

复平面 $\mathbb{C}$ 上的邻域、开集、闭集、区域 (开区域)、闭域等概念完全是实平面中相应概念通过 “复化” 来实现的, 故我们不加解释地列出这些概念.

(1) **邻域** 设 $z_0 \in \mathbb{C}, \delta$ 为正数, 称集合

$$B(z_0,\delta)=\{z||z-z_0|<\delta\}$$

为以 z_0 为中心, δ 为半径的邻域. 而称集合

$$B^{\circ}(z_0,\delta)=\{z|0<|z-z_0|<\delta\}$$

为以 z_0 为中心, δ 为半径的空心邻域.

(2) **内点** 设 $z_0 \in E \subset \mathbb{C}$, 若存在 $\delta>0$, 使 $B(z_0,\delta)\subset E$, 则称 z_0 是 E 的一个内点. E 的内点的全体记作 $\text{int}E$.

(3) **开集** 设 $E \subset \mathbb{C}$, 若 $\text{int}E=E$, 则称 E 是开集.

(4) **聚点** 设 $z_0 \in \mathbb{C}, E \subset \mathbb{C}$, 若对任意正数 δ, 有

$$B^{\circ}(z_0,\delta)\cap E \neq \varnothing,$$

则称 z_0 是 E 的聚点, E 的聚点全体称为 E 的导集, 记为 E^d.

(5) **闭集** 设 $E \subset \mathbb{C}$, 若 $E^d \subset E$, 则称 E 是闭集.

(6) **闭包** 设 $E \subset \mathbb{C}$, 称 $E \cup E^d$ 为 E 的闭包, 记为 $\bar{E}$.

(7) **边界** 设 $z_0 \in \mathbb{C}, E \subset \mathbb{C}$. 若对于任意正数 δ, 有

$$B(z_0,\delta)\cap E \neq \varnothing, \quad B(z_0,\delta)\cap(\mathbb{C}-E)\neq \varnothing,$$

则称 z_0 是 E 的一个界点, E 的所有界点构成的集合称为 E 的边界, 记为 ∂E.

(8) **外点** 设 $z_0 \in \mathbb{C}, E \subset \mathbb{C}$, 若存在正数 $\delta>0$, 使

$$B(z_0,\delta)\cap E=\varnothing,$$

则称 z_0 是 E 的一个外点.

(9) **区域** 设 $D \subset \mathbb{C}$, 若 D 是连通的开集, 则称 D 是区域.

集合 D 是连通的, 是指 D 中任意两点都可用全在 D 内的折线连接.

(10) **闭区域** 若集合 $E \subset \mathbb{C}$, 且 E 可以写成一个区域 D 与该区域边界的并集, 称之为闭区域, 一般记为 $\bar{D}$.

应用关于复数 z 的不等式来表示 z 平面上的区域, 有时是很方便的. 例如, z 平面上以原点为圆心、R 为半径的圆盘 (圆形区域) 是 $|z|<R$, z 平面上以原点为圆心、R 为半径的闭圆盘 (圆形闭区域) 是 $|z|\leqslant R$. 它们都以圆周 $|z|=R$ 为边界.

例 7 将圆周曲线 $(x-x_0)^2+(y-y_0)^2=R^2$ 用复方程表示.

解 设 $z_0=x_0+\mathrm{i}y_0$, 圆周曲线的参数方程为

$$x=x_0+R\cos\theta; \quad y=y_0+R\sin\theta.$$

于是

$$z = x + \mathrm{i}y = z_0 + R\mathrm{e}^{\mathrm{i}\theta} \quad (0 \leqslant \theta \leqslant 2\pi) \quad \text{或} \quad |z - z_0| = R.$$

一般来说, 实平面上的曲线

$$\begin{cases} x = x(t), \\ y = y(t), \end{cases} \quad \alpha \leqslant t \leqslant \beta,$$

“复化” 后的方程为

$$z = z(t) = x(t) + \mathrm{i}y(t), \quad \alpha \leqslant t \leqslant \beta.$$

2. 复函数的极限和连续

定义 1.1 设 $w = f(z)$ 定义在复数集 D 上, $z_0 = x_0 + \mathrm{i}y_0$ 是 D 的一个聚点. 若对于任意的 $\varepsilon > 0$, 存在 $\delta > 0$, 当 $0 < |z - z_0| < \delta$ 均有

$$|f(z) - A| < \varepsilon,$$

则称 $f(z)$ 当 $z \to z_0$ 时以 A 为极限, 记为 $\lim\limits_{z \to z_0} f(z) = A$.

设 $f(x, y) = u(x, y) + \mathrm{i}v(x, y)$, $A = \alpha + \mathrm{i}\beta$, 则由不等式

$$|u(x,y) - \alpha| \leqslant |f(z) - A| \leqslant |u(x,y) - \alpha| + |v(x,y) - \beta|,$$

$$|v(x,y) - \beta| \leqslant |f(z) - A| \leqslant |u(x,y) - \alpha| + |v(x,y) - \beta|,$$

可得, $\lim\limits_{z \to z_0} f(z) = A(z_0 = x_0 + y_0)$ 的充要条件为

$$\lim_{(x,y)\to(x_0,y_0)} u(x,y) = \alpha, \quad \lim_{(x,y)\to(x_0,y_0)} v(x,y) = \beta.$$

因此, 实函数中有关极限的运算法则在复函数中也成立.

定义 1.2 设 $w = f(z)$ 定义在复数集 D 上, $z_0 = x_0 + \mathrm{i}y_0 \in D$ 是 D 的一个聚点. 若 $\lim\limits_{z \to z_0} f(z) = f(z_0)$, 则称 $f(z)$ 在点 z_0 连续.

注 若点 z_0 是 D 的一个孤立点, 则我们也认为 z_0 是 $f(z)$ 的一个连续点.

显然, $f(z)$ 在 $z_0 = x_0 + \mathrm{i}y_0$ 连续的充要条件是 $u(x,y), v(x,y)$ 在 (x_0, y_0) 连续.

$f(z)$ 在点集 D 上每一点连续, 我们就说 $f(z)$ 是 D 上的连续函数.

类似于实函数情形, 下面的结论同样成立:

(1) 如果 $f(z)$, $g(z)$ 在点 z_0 连续, 则 $f(z) + g(z)$, $f(z) - g(z)$, $f(z)g(z)$, $\dfrac{f(z)}{g(z)}$ $(g(z_0) \neq 0)$ 也在 z_0 连续.

(2) 如果函数 $u = g(z)$ 在点 z_0 处连续, $w = f(u)$ 在 $u_0 = g(z_0)$ 处连续, 则复合函数 $w = f(g(z))$ 在点 z_0 处连续.

例 8 求极限 $\lim\limits_{z\to1}\dfrac{z\overline{z}+2z-\overline{z}-2}{z^2-1}$.

解 $\lim\limits_{z\to1}\dfrac{z\overline{z}+2z-\overline{z}-2}{z^2-1}=\lim\limits_{z\to1}\dfrac{(\overline{z}+2)(z-1)}{(z+1)(z-1)}=\lim\limits_{z\to1}\dfrac{\overline{z}+2}{z+1}=\dfrac{3}{2}$.

例 9 函数 $w=x^2+y+\mathrm{i}\dfrac{x}{x^2+y^2}$ 在点 $(0,0)$ 无极限, 因为 $v=\dfrac{x}{x^2+y^2}$ 在点 $(0,0)$ 无极限.

例 10 证明函数

$$f(z)=\begin{cases}\dfrac{xy^3}{x^2+y^6}, & z\neq0,\\ 0, & z=0\end{cases}$$

在原点不连续.

解 当变点 $z=x+\mathrm{i}y$ 分别沿直线 $y=x$ 和曲线 $x=y^3$ 趋于原点时, 有

$$\lim_{\substack{z\to0\\ y=x}}f(z)=\lim_{x\to0}\frac{x^4}{x^2+x^6}=0,$$

$$\lim_{\substack{z\to0\\ y^3=x}}f(z)=\lim_{y\to0}\frac{y^6}{y^6+y^6}=\frac{1}{2},$$

所以, 当 z 沿不同路径趋于原点时, $f(z)$ 的极限值不同, 从而极限 $\lim\limits_{z\to0}f(z)$ 不存在, 故 $f(z)$ 在原点不连续.

在本节的最后, 我们给出简单曲线、光滑曲线以及单连通区域等概念.

若 $z=z(t)=x(t)+\mathrm{i}y(t)$ 在 $[\alpha,\beta]$ 上连续, 则称复曲线

$$C: z=z(t)=x(t)+\mathrm{i}y(t),\quad \alpha\leqslant t\leqslant\beta$$

为连续曲线. $z(\alpha),z(\beta)$ 分别称为曲线 C 的起点和终点. 若对于任意满足 $\alpha<t_1<\beta,\alpha\leqslant t_2\leqslant\beta,t_1\neq t_2$, 有 $z(t_1)\neq z(t_2)$, 则称曲线 C 为简单曲线. 所谓简单曲线就是无重点的曲线. $z(\alpha)=z(\beta)$ 的简单曲线称为简单闭曲线.

定义 1.3 设简单曲线 C 的方程为

$$z=z(t)=x(t)+\mathrm{i}y(t),\quad \alpha\leqslant t\leqslant\beta.$$

若 $x'(t),y'(t)$ 在 $[\alpha,\beta]$ 上连续, 并且 $x'(t)^2+y'(t)^2\neq0$, 则称 C 为光滑曲线.

设 $z'(t)=x'(t)+\mathrm{i}y'(t)$, 则光滑曲线 C 的长度为

$$l=\int_\alpha^\beta|z'(t)|\mathrm{d}t.$$

定义 1.4　由有限条光滑曲线衔接而成的连续曲线称为按段光滑曲线, 简单的按段光滑的闭曲线称为围线.

显然, 按段光滑曲线是可求长的.

今后, 我们所指的曲线, 若不加说明都是指按段光滑曲线.

定义 1.5　在复平面上, 如果区域 D 内任意一条简单闭曲线的内部都含于区域 D 内, 则称 D 为单连通区域. 否则, 称 D 为多连通区域.

1.3　闭域上连续函数的性质

定理 1.1　设 $w = f(z)$ 是有界闭集 E 上的一个连续函数, 则 $|f(z)|$ 在 E 上取到最大值和最小值.

证　因为 $w = f(z) = u(x,y) + \mathrm{i}v(x,y)$ 在 E 上连续, 所以 $u(z), v(z)$ 均在 E 上连续, 从而 $|f(z)| = \sqrt{u^2(x,y)+v^2(x,y)}$ 在 E 上连续, 故由实分析的最大最小值定理可知, $|f(z)|$ 在 E 上取最大、最小值.

定理 1.2　设 $w = f(z)$ 在有界闭集 E 上连续, 则 $f(z)$ 在 E 上一致连续.

证　设 $f(z) = u(x,y) + \mathrm{i}v(x,y)$, 而 $u(x,y), v(x,y)$ 在有界闭集 E 上一致连续, 从而由不等式

$$|f(z_1) - f(z_2)| \leqslant |u(x_1,y_1) - u(x_2,y_2)| + |v(x_1,y_1) - v(x_2,y_2)|$$

可得 $f(z)$ 在 E 上一致连续.

定义 1.6　设 $E \subset \mathbb{C}$, 若对任意的两点 $z_1, z_2 \in E$, 存在连续映射 $z = \varphi(t)$, $0 \leqslant t \leqslant 1$, 使得

(1) $\varphi(0) = z_1, \varphi(1) = z_2$.

(2) $\varphi(t) \in E, 0 \leqslant t \leqslant 1$.

则称 E 是道路连通的.

定理 1.3　设 $f(z)$ 在 E 上连续, 而 E 是道路连通集, 则 $f(E) = \{w|w = f(x), z \in E\}$ 是道路连通的.

证　对 $f(E)$ 内的任意两点 w_1, w_2, 由定义, 存在 $z_1, z_2 \in E$, 使 $f(z_1) = w_1$, $f(z_2) = w_2$. 因为 E 是道路连通的, 所以存在连续映射 $z = \varphi(t), t \in [0,1]$, 使得 $\varphi(0) = z_1, \varphi(1) = z_2, \varphi(t) \in E$. 于是曲线 $f(\varphi(t))$ 满足

(1) $f(\varphi(0)) = f(z_1) = w_1, f(\varphi(1)) = f(z_2) = w_2$.

(2) $f(\varphi(t)) \in f(E), t \in [0,1]$.

从而 $f(E)$ 是道路连通的.

1.4 复球面与无穷远点

复数还有一种几何表示方法, 这种方法是将球面上的点与复平面上的点对应起来, 从中我们还可以较直观地引入无穷远点这个重要概念.

设球面 S (图 1.2)

$$x_1^2 + x_2^2 + x_3^2 = 1.$$

其中, $N = (0,0,1)$, 称之为北极. 我们现在来建立 $S \backslash \{N\}$ 与复平面 $\mathbb{C}$ 之间的一一对应.

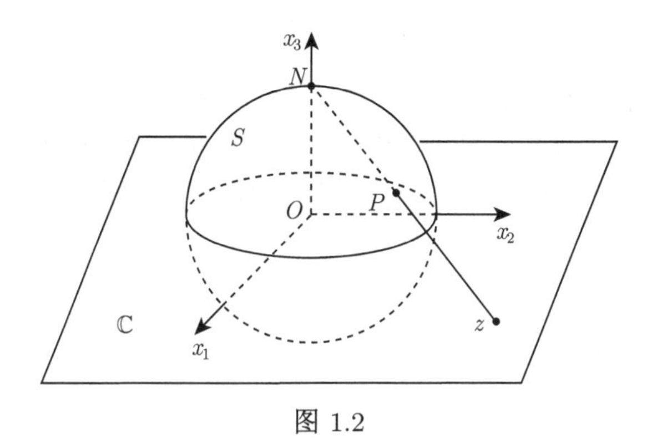

图 1.2

任取 $z \in \mathbb{C}$, 在空间作一条连接 N, z 的直线, 该直线与球面有唯一的异于 N 的交点 P. 从几何上, 容易看出, 当 $|z| > 1$ 时, P 位于上半球面; 当 $|z| < 1$ 时, P 位于下半球面. 反之, 在球面上任取一异于 N 的点 P, 过 N 与 P 的直线与复平面有唯一的交点 z, 所以按照这种对应方法得到了 $\mathbb{C}$ 与 $S \backslash \{N\}$ 的一一映射, 称之为球极射影.

设 $z = x + \mathrm{i}y, z$ 所对应的点 P 的坐标为 (x_1, x_2, x_3), 用初等方法容易计算出

$$\begin{aligned} x_1 &= \frac{z + \bar{z}}{|z|^2 + 1}, \\ x_2 &= \frac{z - \bar{z}}{\mathrm{i}(|z|^2 + 1)}, \\ x_3 &= \frac{|z|^2 - 1}{|z|^2 + 1}. \end{aligned} \tag{1.7}$$

并且也可解得

$$z = x + \mathrm{i}y = \frac{x_1 + \mathrm{i}x_2}{1 - x_3}. \tag{1.8}$$

值得注意的是, 复平面 $\mathbb{C}$ 上的任何一圆周球极射影后在球面的像是球面上的圆周, 复平面上直线球极射影后在球面上的像是过北极 N (不含 N) 的圆周, 反之亦然.

由 (1.8) 式, 当 $|z| \to \infty$ 时, $x_3 \to 1$. 这就是说, 当 z 的模趋于 ∞ 时, 其像趋于北极 N. 我们规定 N 与 $z = \infty$ 对应, 这样球面与 $\mathbb{C} \cup \{\infty\}$ 构成了一一对应.

现在规定 $z = \infty$ 的邻域为

$$U(\infty, R) = \{z \| z| > R\}.$$

显然, 其在球面 S 上的像是含北极 N 的一个小圆. 记

$$\overline{\mathbb{C}} = \mathbb{C} \cup \{\infty\},$$

并称之为扩充复平面. 也就是说, 扩充复平面 $\overline{\mathbb{C}} = \mathbb{C} \cup \{\infty\}$ 是复平面 $\mathbb{C}$ 上扩充一个称之为无穷远点 (记为 ∞) 的 "理想点", 使其与北极 N 对应. 这样, $\overline{\mathbb{C}}$ 就与前面讨论的球面建立了一一对应, 这个球面称为复球面. 通过复球面这个模型, 我们不仅看到了 ∞ 的存在性, 而且说明了 ∞ 的唯一性.

在扩充复平面 $\overline{\mathbb{C}}$ 上, ∞ 也可以参与各种运算, 但需要作如下一些规定:

(1) $\forall a \in \overline{\mathbb{C}}$, $a \pm \infty = \infty \pm a = \infty$, $\dfrac{a}{\infty} = 0$, $\dfrac{\infty}{a} = \infty$.

(2) $\forall a \in \overline{\mathbb{C}}$ 但 $a \neq 0$ 时, $a \cdot \infty = \infty \cdot a = \infty$, $\dfrac{a}{0} = \infty$.

(3) $\infty \pm \infty$, $0 \cdot \infty$, $\dfrac{\infty}{\infty}$, $\dfrac{0}{0}$ 都无意义.

(4) ∞ 的实部、虚部及辐角都无意义, $|\infty| = +\infty$.

(5) $\overline{\mathbb{C}}$ 上每条直线都通过 ∞, 同时, ∞ 不属于任何一个半平面.

为了给出扩充复平面的度量, 首先引入弦距的概念.

设 z_1, z_2 是扩充复平面上的两个点, 其在球极映射下的像为 P_1, P_2, 称弦长 $|\overline{P_1 P_2}|$ 为 z_1, z_2 的球面距离, 记作

$$[z_1, z_2] = |\overline{P_1 P_2}|.$$

容易得到, 当 $z_1 \neq \infty, z_2 \neq \infty$ 时

$$[z_1, z_2] = \frac{2|z_1 - z_2|}{\sqrt{1 + |z_1|^2}\sqrt{1 + |z_2|^2}}. \tag{1.9}$$

事实上, 记 P_1 与 P_2 的坐标分别为 (x_1, x_2, x_3) 与 (x_1^1, x_2^1, x_3^1), 则

$$|\overline{P_1 P_2}| = \sqrt{(x_1 - x_1^1)^2 + (x_2 - x_2^1)^2 + (x_3 - x_3^1)^2}.$$

注意到 P_1 与 P_2 在球面 S 上, 上式变为

$$|\overline{P_1P_2}| = \sqrt{2 - 2(x_1x_1^1 + x_2x_2^1 + x_3x_3^1)},$$

再利用 (1.7) 式, 立即得到 (1.9) 式.

当 z_1 或 z_2 中有一个为 ∞ 时, 有

$$[\infty, z] = [z, \infty] = \frac{2}{\sqrt{1+|z|^2}}. \tag{1.10}$$

这样在扩充复平面 $\overline{\mathbb{C}}$ 中的任意两点 z_1, z_2 的距离可用 $[z_1, z_2]$ 来定义.

第 1 章习题

1. 求下列复数的模、辐角以及共轭复数.

(1) $1 + \mathrm{i}$; (2) $1 + \cos\theta - \mathrm{i}\sin\theta$; (3) $\dfrac{1+\mathrm{i}}{1-\mathrm{i}}$.

2. 将下列复数写成 $a + b\mathrm{i}$ 形式, 其中 a, b 是实数.

(1) $\dfrac{1+\mathrm{i}}{1-\mathrm{i}}$; (2) $\dfrac{3+4\mathrm{i}}{(1+\mathrm{i})(2-\mathrm{i})}$.

3. 下列复数写成三角形式.

(1) $1 + \sqrt{3}\mathrm{i}$; (2) $\dfrac{1}{(1+\mathrm{i})^{10}}$;

(3) $2 - 5\mathrm{i}$; (4) $\dfrac{1}{\mathrm{e}^{\theta\mathrm{i}} - 1}$, θ 为实数, 且 $\theta \neq 2k\pi$.

4. 设 $|a| \neq 1$, 求 $\left|\dfrac{\mathrm{e}^{\mathrm{i}\theta} - a}{1 - \bar{a}\mathrm{e}^{\mathrm{i}\theta}}\right|$, 其中 θ 是实数.

5. 求证:

(1) $|z_1 - z_2|^2 = |z_1|^2 + |z_2|^2 - 2\mathrm{Re} z_1\overline{z_2}$;

(2) $|z_1 + z_2|^2 + |z_1 - z_2|^2 = 2(|z_1|^2 + |z_2|^2)$, 并说明其几何意义.

6. 设 T_1 是以 z_1, z_2 与 z_3 为顶点的三角形, T_2 是以 w_1, w_2 与 w_3 为顶点的三角形, 若

$$\frac{z_2 - z_1}{z_3 - z_1} = \frac{w_2 - w_1}{w_3 - w_1},$$

则 T_1 与 T_2 相似.

7. 证明: 对任意的正整数 n, 有 $\sin\dfrac{\pi}{2n+1}\sin\dfrac{2\pi}{2n+1}\cdots\sin\dfrac{n\pi}{2n+1} = \dfrac{\sqrt{2n+1}}{2^n}$.

8. 非零复向量 z_1, z_2 垂直的充要条件是 $\mathrm{Re} z_1\overline{z_2} = 0$.

9. 设 $|z_1| < 1, |z_2| < 1$, 求证

$$\frac{|z_1| - |z_2|}{1 - |z_1z_2|} \leqslant \left|\frac{z_1 - z_2}{1 - \bar{z}_1z_2}\right| \leqslant \frac{|z_1| + |z_2|}{1 + |z_1z_2|}.$$

10. 求证复平面上的圆周方程为

$$Az\bar{z}+\bar{B}z+B\bar{z}+C=0 \quad (A\neq 0),$$

其中 A, C 为实数, $|B|^2-AC>0$. 并求圆心与半径.

11. 求出下列关系式所确定的 z 的集合 E, 作图并指出哪些是区域, 哪些是闭域.

(1) $\left|\dfrac{z-1}{z+\mathrm{i}}\right|<1$; (2) $\mathrm{Re}(\mathrm{i}z)\geqslant 1$;

(3) $|x|\leqslant|y|$; (4) $0<\arg\dfrac{z+1}{z-1}<\dfrac{\pi}{4}$.

12. 设 $f(z)=u(x,y)+\mathrm{i}v(x,y)$ 在点 $z_0=x_0+\mathrm{i}y_0$ 连续, 证明: $u(x,y), v(x,y)$ 在 (x_0,y_0) 也连续, 反之亦然.

13. 证明: $\lim\limits_{n\to\infty}z_n=z_0(z_0\neq 0)$ 的充要条件是: $\lim\limits_{n\to\infty}|z_n|=|z_0|$, $\lim\limits_{n\to\infty}\arg z_n=\arg z_0$ (要在取定合适的辐角主值后).

14. 设 A, B 是 $\mathbb{C}$ 上的两个有界闭集, 定义

$$d(A,B)=\inf_{\substack{z_1\in A\\ z_2\in B}}|z_1-z_2|.$$

证明: 存在 $z_1^*\in A, z_2^*\in B$, 使

$$d(A,B)=|z_1^*-z_2^*|.$$

15. 求证不等式, 对 $\mathbb{C}$ 上的任意三点 a,b,c, 有 $[a,c]\leqslant[a,b]+[b,c]$.

16. 通过计算 $(5-\mathrm{i})^4(1+\mathrm{i})$, 证明

$$\frac{\pi}{4}=4\arctan\frac{1}{5}-\arctan\frac{1}{239}.$$

17. 设 $f(z)$ 在 $z=z_0$ 连续, 求证 $\overline{f(z)}$ 在点 z_0 连续.

18. 设 $x_n+\mathrm{i}y_n=(1-\mathrm{i}\sqrt{3})^n(x_n, y_n$ 是实数, n 为正整数), 求证

$$x_ny_{n-1}-x_{n-1}y_n=4^{n-1}\sqrt{3}.$$

19. 求证: 四个互不相同的点 z_1,z_2,z_3,z_4 共圆的充要条件 $\dfrac{z_1-z_4}{z_1-z_2}:\dfrac{z_3-z_4}{z_3-z_2}$ 为实数.

第 2 章　解析函数与保形变换

解析函数是本书研究的主要对象. 我们将从 Cauchy-Riemann (柯西–黎曼) 条件开始, 逐步研究它的一般性质. 特别地, 对初等单值解析函数、初等多值解析函数、分式线性变换等保形变换的映射性质进行深入的讨论.

2.1　可微的定义与基本性质

1. 导数的定义

定义 2.1　设 $w=f(z)$ 在 $z_0=x_0+\mathrm{i}y_0$ 的某邻域内有定义, 若极限

$$\begin{aligned}\lim_{\Delta z\to 0}\frac{\Delta w}{\Delta z}&=\lim_{\Delta z\to 0}\frac{f(z_0+\Delta z)-f(z_0)}{\Delta z}\\&=\lim_{z\to z_0}\frac{f(z)-f(z_0)}{z-z_0}\end{aligned}\tag{2.1}$$

存在, 称 $f(z)$ 在点 z_0 **可导 (可微)**, 极限值称为 $f(z)$ **在点** z_0 **处的导数**, 记为 $f'(z_0)$.

从形式上看, 复函数的导数定义与数学分析中的导数定义完全一致, 因此几乎所有的导数计算公式可沿用到复函数上, 以后我们将不加证明地直接引用.

注　当 $\Delta z\to 0$ 时 (或 $z\to z_0$), 要求 Δz 沿定义域内的各种路径趋于零. 换句话说, 其极限值与 Δz 趋于零的路径无关.

例 1　证明: $f(z)=z^n$ (n 为正整数) 在复平面上的每一点可导, 并且 $(z^n)'=nz^{n-1}$.

证

$$\begin{aligned}f'(z)&=\lim_{\Delta z\to 0}\frac{f(z+\Delta z)-f(z)}{\Delta z}\\&=\lim_{\Delta z\to 0}\frac{(z+\Delta z)^n-z^n}{\Delta z}\\&=\lim_{\Delta z\to 0}\left[nz^{n-1}+\frac{n(n-1)}{2}z^{n-2}\Delta z+\cdots+\Delta z^{n-1}\right]\\&=nz^{n-1}.\end{aligned}$$

例 2　证明: $f(z)=\bar{z}$ 在复平面上的每个点都不可导.

证　因为

$$\lim_{\Delta z\to 0}\frac{f(z+\Delta z)-f(z)}{\Delta z}=\lim_{z\to 0}\frac{\overline{z+\Delta z}-\bar{z}}{\Delta z}=\lim_{z\to 0}\frac{\overline{\Delta z}}{\Delta z}.$$

设 $\Delta z = r\mathrm{e}^{\mathrm{i}\theta}$, 则 $\overline{\Delta z} = r\mathrm{e}^{-\mathrm{i}\theta}$, 则

$$\lim_{\Delta z\to 0}\frac{f(z+\Delta z)-f(z)}{\Delta z}=\mathrm{e}^{-2\theta\mathrm{i}}.$$

这就是说 Δz 沿着射线 $\arg z = \theta$ 趋于零时, 极限值与 θ 有关, 从而导数不存在.

例 3 证明: $f(z) = z\mathrm{Re}z$ 除在 $z = 0$ 可导外, 在复平面上其他点处均不可导.

证 因为

$$\lim_{z\to 0}\frac{f(z)-f(0)}{z-0}=\lim_{z\to 0}\frac{z\mathrm{Re}z}{z}=\lim_{z\to 0}\mathrm{Re}z=0,$$

所以, $f(z)$ 在 $z=0$ 可导, 且导数 $f'(0)=0$.

当 $z\neq 0$ 时,

$$\begin{aligned}\frac{\Delta f}{\Delta z}&=\frac{f(z+\Delta z)-f(z)}{\Delta z}=\frac{(z+\Delta z)\mathrm{Re}(z+\Delta z)-z\mathrm{Re}z}{\Delta z}\\&=\frac{z[\mathrm{Re}(z+\Delta z)-\mathrm{Re}z]}{\Delta z}+\mathrm{Re}(z+\Delta z).\end{aligned}$$

记 $\Delta z = \Delta x + \mathrm{i}\Delta y$, 则当 Δz 沿 $\Delta x = 0, \Delta y \to 0$ 的方式趋于 0 时, 上式的极限为 $\lim\limits_{\substack{\Delta y\to 0\\ \Delta x=0}}\frac{\Delta f}{\Delta z}=\mathrm{Re}z$. 而当 $\Delta y = 0, \Delta x \to 0$ 时, $\lim\limits_{\substack{\Delta x\to 0\\ \Delta y=0}}\frac{\Delta f}{\Delta z}=z+\mathrm{Re}z$. 故 $f(z)$ 在 $z\neq 0$ 处不可导.

2. 有限增量公式

与数学分析中的实函数一样, 若 $f(z)$ 在点 z 可导, 则

$$f(z+\Delta z)-f(z)=f'(z)\Delta z+\eta\Delta z, \tag{2.2}$$

其中, $\lim\limits_{\Delta z\to 0}\eta = 0$. 称式 (2.2) 为 $w = f(z)$ 在点 z 的有限增量公式, $f'(z)\Delta z$ 称为 $f(z)$ 在点 z 的微分, 记作

$$\mathrm{d}w = f'(z)\Delta z.$$

因为 z 是自变量, $\mathrm{d}z = \Delta z$, 所以

$$\mathrm{d}w = f'(z)\mathrm{d}z \quad 或者 \quad \frac{\mathrm{d}w}{\mathrm{d}z}=f'(z). \tag{2.3}$$

这就是说, 函数的导数等于函数的微分与自变量微分的商.

由有限增量公式立即得到: 若 $f(z)$ 在 z_0 可微, 则 $f(z)$ 在 z_0 处连续. 但反之不真, 即若 $f(z)$ 在 z_0 连续, 则 $f(z)$ 在 z_0 不一定可微. 例如, 例 2 中的复函数在复平面上每一点都连续, 但不可微.

3. 导数的基本运算性质

由于复函数的导数的定义在形式上与数学分析中实函数一样, 因此相应的关于导数的运算法则依然成立.

设 $f(z), g(z)$ 在点 $z=z_0$ 可导, 则

(1) 函数 $f(z)\pm g(z)$ 在 z_0 可导, 且

$$(f(z)\pm g(z))'_{z=z_0}=f'(z_0)\pm g'(z_0).$$

(2) 函数 $f(z)\cdot g(z)$ 在 z_0 可导, 且

$$(f(z)\cdot g(z))'_{z=z_0}=f'(z_0)g(z_0)+f(z_0)g'(z_0).$$

(3) 若 $g(z_0)\neq 0$, 则函数 $\dfrac{f(z)}{g(z)}$ 在 z_0 可导, 且

$$\left.\left(\frac{f(z)}{g(z)}\right)'\right|_{z=z_0}=\frac{f'(z_0)g(z_0)-f(z_0)g'(z_0)}{g^2(z_0)}.$$

对于复合函数与反函数也有类似的性质.

(4) 设 $w=f(\xi)$ 在 ξ_0 可微, $\xi=\varphi(z)$ 在 z_0 可微, $\xi_0=\varphi(z_0)$, 则 $w=f(\varphi(z))$ 在 z_0 可微, 且

$$\left.\frac{\mathrm{d}w}{\mathrm{d}z}\right|_{z=z_0}=f'(\xi_0)\varphi'(z_0).$$

(5) 设 $w=f(z)$ 在 z_0 可微, 且 $f'(z_0)\neq 0$, 则反函数 $z=g(w)$ (如果存在) 在 $w_0=f(z_0)$ 可微, 并且

$$g'(w_0)=\frac{1}{f'(z_0)}.$$

以上性质的证明均与实分析中方法相同, 故略.

从导数的运算性质及前面的例 1 可知, 所有多项式函数在复平面内是处处可导的, 任何一个有理分式函数 $\dfrac{P(z)}{Q(z)}$($P(z), Q(z)$ 为互质的多项式) 在分母不为零的点处是可导的.

在学习了复变函数的可导概念和运算法则后, 读者可能产生一个疑问, 复可导函数就是实的一元函数的推广吧? 因为从形式上看, 复可导与实可导很相似, 但实际上它们之间存在着本质上的区别. 直观上讲, 在复平面上一个变量 z 可以从无穷多个方向趋于定点 z_0, 但在直线上一个变量仅从两个方向趋于定点 z_0, 这是一元实函数不同于复函数的根源之一. 我们再看一个例子:

设 f 是复变数 (自变量为复数) z 的实值函数, 并且在点 z_0 复可导, 则 $f'(z_0)$ 为实数, 因为 $f'(z_0)$ 是商

$$\frac{f(z_0+h)-f(z_0)}{h}$$

当 h 取实数趋于零时的极限. 另一方面, 它也是 h 沿虚轴趋于零时的极限 (此时, 商式中的分子为实数, 分母为纯虚数), 因此 $f'(z_0)$ 为零. 由此可知, 一个复变数的实值函数其导数要么为零, 要么不存在.

复可微函数与实的一元可微函数还有许多不同的地方. 例如以后将会证明: 区域上的复可微函数是无限可微的. 其他不同且重要的性质以后会陆续讨论.

2.2　Cauchy-Riemann 条件与解析函数

1. Cauchy-Riemann 条件

从前面所述可以看出, 在形式上复函数的导数及其运算法则与一元实函数完全类似, 然而, 在实质上两者之间存在很大差异. 复函数的可微不但要求其实部与虚部两个二元实函数可微, 而且它们之间还必须有某种联系.

设 $w=f(z)=u(x,y)+\mathrm{i}v(x,y)$ 在点 $z_0=x_0+\mathrm{i}y_0$ 可微, 则

$$f'(z_0)=\lim_{\Delta z\to 0}\frac{\Delta w}{\Delta z}=\lim_{(\Delta x,\Delta y)\to(0,0)}\frac{\Delta u+\mathrm{i}\Delta v}{\Delta x+\mathrm{i}\Delta y}.$$

令 $\Delta y=0,\Delta x\to 0$, 得

$$f'(z_0)=u_x(x_0,y_0)+\mathrm{i}v_x(x_0,y_0). \tag{2.4}$$

若令 $\Delta x=0,\Delta y\to 0$, 得

$$f'(z_0)=v_y(x_0,y_0)-\mathrm{i}u_y(x_0,y_0). \tag{2.5}$$

由 (2.4) 和 (2.5) 式, 有

$$\frac{\partial u(x_0,y_0)}{\partial x}=\frac{\partial v(x_0,y_0)}{\partial y},\quad \frac{\partial u(x_0,y_0)}{\partial y}=-\frac{\partial v(x_0,y_0)}{\partial x}. \tag{2.6}$$

偏微分方程 (2.6) 称为 $f(z)$ 在 $z_0=x_0+\mathrm{i}y_0$ 的 Cauchy-Riemann 条件 (简称 C-R 条件). Cauchy-Riemann 条件是 $f(z)$ 可微的必要条件. 下面的例子说明这个条件不是充分的.

例 4　设 $f(z)=\sqrt{|xy|}$, 证明 $f(z)$ 在 $z_0=0$ 满足 Cauchy-Riemann 条件, 但不可微.

证　因为 $u(x,y)=\sqrt{|xy|},v(x,y)=0$, 所以

$$v_x(0,0)=0,\quad v_y(0,0)=0,$$

$$u_x(0,0)=\lim_{\Delta x\to 0}\frac{u(\Delta x,0)-u(0,0)}{\Delta x}=0,$$

$$u_y(0,0)=\lim_{\Delta y\to 0}\frac{u(0,\Delta y)-u(0,0)}{\Delta y}=0.$$

从而,

$$u_x(0,0)=v_y(0,0),\quad u_y(0,0)=-v_x(0,0), \tag{2.7}$$

即 $f(z)$ 在 $z_0=0$ 满足 Cauchy-Riemann 条件. 但极限

$$\lim_{\Delta z\to 0}\frac{f(0+\Delta z)-f(0)}{\Delta z}=\lim_{\substack{\Delta x\to 0\\ \Delta y\to 0}}\frac{\sqrt{|\Delta x\Delta y|}}{\Delta x+\mathrm{i}\Delta y}$$

不存在, 这是由于如果令 Δz 沿直线 $\Delta y=k\Delta x$(不妨设 $\Delta x>0$) 趋于零, 上式的极限是一个与 k 有关的值 $\dfrac{\sqrt{|k|}}{1+\mathrm{i}k}$. 所以, $f(z)$ 在 $z_0=0$ 不可微.

定理 2.1 (复变函数可微的充要条件) $f(z)=u(x,y)+\mathrm{i}v(x,y)$ 在点 $z_0=x_0+\mathrm{i}y_0$ 可微的充要条件是:

(1) $f(z)$ 在点 z_0 满足 Cauchy-Riemann 条件.

(2) $u(x,y),v(x,y)$ 在点 (x_0,y_0) 处可微.

证 充分性. 因为 $u(x,y),v(x,y)$ 在点 (x_0,y_0) 可微, 所以

$$\begin{aligned}\Delta u&=u(x_0+\Delta x,y_0+\Delta y)-u(x_0,y_0)\\&=u_x(x_0,y_0)\Delta x+u_y(x_0,y_0)\Delta y+o(\rho),\quad \rho=\sqrt{(\Delta x)^2+(\Delta y)^2},\end{aligned} \tag{2.8}$$

$$\begin{aligned}\Delta v&=v(x_0+\Delta x,y_0+\Delta y)-v(x_0,y_0)\\&=v_x(x_0,y_0)\Delta x+v_y(x_0,y_0)\Delta y+o(\rho).\end{aligned} \tag{2.9}$$

由于 $f(z)$ 在点 z_0 满足 Cauchy-Riemann 条件, 则

$$u_x(x_0,y_0)=v_y(x_0,y_0),\quad u_y(x_0,y_0)=-v_x(x_0,y_0). \tag{2.10}$$

根据 (2.8)—(2.10), 整理后得

$$\Delta w=\Delta u+\mathrm{i}\Delta v=(u_x(x_0,y_0)+\mathrm{i}v_x(x_0,y_0))\Delta z+o(\rho),$$

所以 $w=f(z)$ 在 z_0 点可微. 必要性的证明留给读者自己完成.

实际上, 我们顺便也得到了

$$f'(z_0)=u_x(x_0,y_0)+\mathrm{i}v_x(x_0,y_0)=v_y(x_0,y_0)-\mathrm{i}u_y(x_0,y_0).$$

2. 解析函数

定义 2.2 若 $f(z)$ 在区域 D 上每一点可导, 则称 $f(z)$ 在区域 D 上解析, 也称 $f(z)$ 是 D 上的一个解析函数. 在复平面 $\mathbb{C}$ 上的解析函数又称为**整函数**.

$f(z)$ 在一点 z 处**解析**, 是指 $f(z)$ 在 z 的某个邻域内每一点可导.

显然, $f(z)$ 在区域 D 解析的充要条件是 $f(z)$ 在 D 内每一点解析.

注 (1) 解析函数总是和区域相联系的. 而且, 若 $f(z)$ 在 z_0 解析, 则 $f(z)$ 在 z_0 一定可导. 反之不真! 例如, 2.1 节例 3 中的函数 $f(z) = z\mathrm{Re}z$ 在 $z_0 = 0$ 可导, 但它在 $z_0 = 0$ 处不解析.

(2) 解析函数的和、差、积、商以及复合函数的解析性与复函数导数的性质类似.

(3) 若 $f(z)$ 在区域 D 上每一点解析, 则 $f(z)$ 在 D 上解析. 因此, $f(z)$ 在 D 上解析也常常称为 $f(z)$ 在 D 上处处解析.

利用解析函数的定义及定理 2.1, 立即得到刻画解析函数的一个充要条件.

定理 2.2 函数 $f(z) = u(x, y)+\mathrm{i}v(x, y)$ 在区域 D 内解析的充要条件是 $u(x, y)$, $v(x, y)$ 在区域 D 内每一点都可微, 且 Cauchy-Riemann 条件成立.

此外, 由数学分析我们知道, $u(x, y), v(x, y)$ 具有一阶连续偏导数是 u, v 可微的充分条件. 因此, 由前面的讨论立即得到下面的定理.

定理 2.3 函数 $f(z) = u(x, y)+\mathrm{i}v(x, y)$ 在区域 D 内解析的充分条件是 $u(x, y)$, $v(x, y)$ 在区域 D 内具有一阶连续偏导数, 且 Cauchy-Riemann 条件成立. 此外, 若导数 $f'(z)$ 存在, 则

$$\begin{aligned} f'(z) &= \frac{\partial u(x,y)}{\partial x} + \mathrm{i}\frac{\partial v(x,y)}{\partial x} = \frac{\partial v(x,y)}{\partial y} + \mathrm{i}\frac{\partial v(x,y)}{\partial x} \\ &= \frac{\partial u(x,y)}{\partial x} - \mathrm{i}\frac{\partial u(x,y)}{\partial y} = \frac{\partial v(x,y)}{\partial y} - \mathrm{i}\frac{\partial u(x,y)}{\partial y}. \end{aligned}$$

实际上, 定理 2.3 中的条件也是 $f(z)$ 在区域 D 内解析的必要条件. 必要条件的证明, 需待以后证明了解析函数 $f(z)$ 的导函数 $f'(z)$ 仍是解析的, 才能知道 $f'(z) = u_x + \mathrm{i}v_x = v_y - \mathrm{i}u_y$ 是连续的, 从而得到 u, v 在 D 内有一阶连续偏导数.

例 5 证明 $f(z) = \mathrm{e}^x(\cos y + \mathrm{i}\sin y)$ 在复平面 $\mathbb{C}$ 上解析, 并求 $f'(z)$.

证 设 $u(x, y) = \mathrm{e}^x \cos y$, $v(x, y) = \mathrm{e}^x \sin y$, 则

$$u_x = \mathrm{e}^x \cos y, \quad u_y = -\mathrm{e}^x \sin y,$$

$$v_x = \mathrm{e}^x \sin y, \quad v_y = \mathrm{e}^x \cos y$$

在平面 $\mathbb{R}^2$ 上连续, 且满足 Cauchy-Riemann 条件：$u_x = v_y, u_y = -v_x$. 因此, $f(z)$ 在复平面 $\mathbb{C}$ 上解析, 且

$$f'(z) = u_x + \mathrm{i}v_x = \mathrm{e}^x(\cos y + \mathrm{i}\sin y) = f(z).$$

例 6 讨论复函数 $f(z) = x^2 - y - x + \mathrm{i}(2xy - y^2)$ 的可微性及解析性.

解 记 $u(x,y)=x^2-y-x, v(x,y)=2xy-y^2$, 则

$$u_x=2x-1,\quad u_y=-1,\quad v_x=2y,\quad v_y=2x-2y$$

在平面 $\mathbb{R}^2$ 上连续, 从而 u,v 在 $\mathbb{R}^2$ 上可微.

又 $f(z)$ 只有在直线 $y=\dfrac{1}{2}$ 上满足 Cauchy-Riemann 条件.

因此, $f(z)$ 在直线 $y=\dfrac{1}{2}$ 即在点集 $\left\{z=x+\mathrm{i}y\,\middle|\,x\in\mathbb{R},y=\dfrac{1}{2}\right\}$ 上可微, 但在复平面 $\mathbb{C}$ 上每一点都不解析.

例 7 设 $f(z),\overline{f(z)}$ 均在区域 D 内解析, 则 $f(z)$ 恒为常数.

证 设 $f(z)=u(x,y)+\mathrm{i}v(x,y)$, 则 $\overline{f(z)}=u(x,y)-\mathrm{i}v(x,y)$, 因为 f 与 $\bar{f}$ 同时在区域 D 内解析, 故这两个函数均满足 Cauchy-Riemann 条件, 所以

$$u_x(x,y)=v_y(x,y),\quad u_y(x,y)=-v_x(x,y)$$

及

$$u_x(x,y)=-v_y(x,y),\quad u_y(x,y)=v_x(x,y),$$

从而在 D 内恒有

$$u_x(x,y)=u_y(x,y)=v_x(x,y)=v_y(x,y)\equiv 0.$$

因此 $u(x,y)=C_1, v(x,y)=C_2$, 即

$$f(z)=C_1+\mathrm{i}C_2=C.$$

2.3 实可微与复可微的关系

由定理 2.1, 若 $f(z)=u(x,y)+\mathrm{i}v(x,y)$ 在 $z_0=x_0+\mathrm{i}y_0$ 处复可微, 则 $f(z)$ 的实部 $u(x,y)$ 和虚部 $v(x,y)$ 不仅在 (x_0,y_0) 处实可微, 而且还要满足 Cauchy-Riemann 条件.

为了讨论方便, 我们引进算符

$$\frac{\partial}{\partial z}=\frac{1}{2}\left(\frac{\partial}{\partial x}-\mathrm{i}\frac{\partial}{\partial y}\right),\quad \frac{\partial}{\partial \bar{z}}=\frac{1}{2}\left(\frac{\partial}{\partial x}+\mathrm{i}\frac{\partial}{\partial y}\right).$$

定理 2.4 设 $f(z)=u(x,y)+\mathrm{i}v(x,y)$, 若 $u(x,y),v(x,y)$ 在点 (x_0,y_0) 可微, 则

$$\Delta f=\frac{\partial f}{\partial z}\Delta z+\frac{\partial f}{\partial \bar{z}}\Delta\bar{z}+o(\Delta z). \tag{2.11}$$

证　由条件和二元函数可微的定义, 得

$$\Delta u = u_x \Delta x + u_y \Delta y + o(|\Delta z|),$$

$$\Delta v = v_x \Delta x + v_y \Delta y + o(|\Delta z|).$$

又因 $\Delta x = \dfrac{\Delta z + \Delta \bar{z}}{2}, \Delta y = \dfrac{\Delta z - \Delta \bar{z}}{2\mathrm{i}}$, 故

$$\begin{aligned}\Delta f &= \Delta u + \mathrm{i}\Delta v = (u_x + \mathrm{i}v_x)\Delta x + (u_y + \mathrm{i}v_y)\Delta y + o(|\Delta z|)\\ &= \frac{\partial f}{\partial x}\Delta x + \frac{\partial f}{\partial y}\Delta y + o(|\Delta z|)\\ &= \frac{1}{2}\left(\frac{\partial f}{\partial x} - \mathrm{i}\frac{\partial f}{\partial y}\right)\Delta z + \frac{1}{2}\left(\frac{\partial f}{\partial x} + \mathrm{i}\frac{\partial f}{\partial y}\right)\Delta \bar{z} + o(\Delta z)\\ &= \frac{\partial f}{\partial z}\Delta z + \frac{\partial f}{\partial \bar{z}}\Delta \bar{z} + o(\Delta z).\end{aligned}$$

这与有限增量公式 (2.2) 比较, 多出了 $\dfrac{\partial f}{\partial \bar{z}}\Delta \bar{z}$ 这一项, 而 $\dfrac{\partial f}{\partial \bar{z}}=0$ 恰好是 Cauchy-Riemann 条件, 由此得到如下推论.

推论 1　设 $u(x,y), v(x,y)$ 在点 (x_0, y_0) 可微, 则函数 $f(z) = u(x,y) + \mathrm{i}v(x,y)$ 在 $z_0 = x_0 + \mathrm{i}y_0$ 可微的充要条件是

$$\left.\frac{\partial f}{\partial \bar{z}}\right|_{z=z_0} = 0.$$

推论 2　设 $u(x,y), v(x,y)$ 在区域 D 上可微, 则 $f(z) = u(x,y) + \mathrm{i}v(x,y)$ 在 D 上解析的充要条件是

$$\frac{\partial f}{\partial \bar{z}} \equiv 0.$$

注　对于复数 $z = x + \mathrm{i}y$, 有 $x = \dfrac{z+\bar{z}}{2}, y = -\mathrm{i}\dfrac{z-\bar{z}}{2}$. 如果把函数 $f(z)$ 写成 $f(x,y) = f\left(\dfrac{z+\bar{z}}{2}, -\mathrm{i}\dfrac{z-\bar{z}}{2}\right)$, 并看作是两个独立变量 $z, \bar{z}$ 的函数. 应用导数链式法则, 得到

$$\frac{\partial f}{\partial z} = \frac{\partial f}{\partial x}\frac{\partial x}{\partial z} + \frac{\partial f}{\partial y}\frac{\partial y}{\partial z} = \frac{1}{2}\left(\frac{\partial f}{\partial x} - \mathrm{i}\frac{\partial f}{\partial y}\right),$$

$$\frac{\partial f}{\partial \bar{z}} = \frac{\partial f}{\partial x}\frac{\partial x}{\partial \bar{z}} + \frac{\partial f}{\partial y}\frac{\partial y}{\partial \bar{z}} = \frac{1}{2}\left(\frac{\partial f}{\partial x} + \mathrm{i}\frac{\partial f}{\partial y}\right).$$

这也是算符 $\dfrac{\partial}{\partial z}, \dfrac{\partial}{\partial \bar{z}}$ 表达式的由来.

例 8　讨论复函数 $f(z) = \mathrm{e}^{-|z^2|}$ 的可微性.

解 由 $f(z)=\mathrm{e}^{-|z^2|}=\mathrm{e}^{-z\bar{z}}$, 得 $\dfrac{\partial f}{\partial \bar{z}}=-z\mathrm{e}^{-z\bar{z}}$. 只有在 $z=0$ 处有 $\dfrac{\partial f}{\partial \bar{z}}=0$.

又由于 $f(z)$ 的实部 $u=\mathrm{e}^{-|z^2|}=\mathrm{e}^{-(x^2+y^2)}$ 与虚部 $v=0$ 是可微的实函数. 因此, $f(z)=\mathrm{e}^{-|z^2|}$ 仅在 $z=0$ 可微.

定义 2.3 设 $u(x,y)$ 是区域 D 上的二元函数, 且 $u(x,y)$ 连续二阶可微. 如果

$$\Delta u\equiv 0,$$

则称 $u=u(x,y)$ 是 D 上的调和函数, 其中 $\Delta=\dfrac{\partial^2}{\partial x^2}+\dfrac{\partial^2}{\partial y^2}$ 称为 Laplace(拉普拉斯) 算子.

容易验证, $\Delta u=4\dfrac{\partial^2 u}{\partial z\partial\bar{z}}$. 事实上, 由于 $\dfrac{\partial u}{\partial \bar{z}}=\dfrac{1}{2}\left(\dfrac{\partial u}{\partial x}+\mathrm{i}\dfrac{\partial u}{\partial y}\right)$, 所以

$$\begin{aligned}
\frac{\partial^2 u}{\partial z\partial\bar{z}}&=\frac{\partial}{\partial z}\left(\frac{1}{2}\left(\frac{\partial u}{\partial x}+\mathrm{i}\frac{\partial u}{\partial y}\right)\right)\\
&=\frac{1}{4}\frac{\partial}{\partial x}\left(\frac{\partial u}{\partial x}+\mathrm{i}\frac{\partial u}{\partial y}\right)-\frac{\mathrm{i}}{4}\frac{\partial}{\partial y}\left(\frac{\partial u}{\partial x}+\mathrm{i}\frac{\partial u}{\partial y}\right)\\
&=\frac{1}{4}\left(\frac{\partial^2 u}{\partial x^2}+\mathrm{i}\frac{\partial^2 u}{\partial x\partial y}-\mathrm{i}\frac{\partial^2 u}{\partial y\partial x}+\frac{\partial^2 u}{\partial y^2}\right)\\
&=\frac{1}{4}\left(\frac{\partial^2 u}{\partial x^2}+\frac{\partial^2 u}{\partial y^2}\right)=\frac{1}{4}\Delta u.
\end{aligned}$$

例 9 求证 $u(z)=\ln|z|$ 为 $\mathbb{C}\backslash\{0\}$ 上的调和函数.

证 因为 $u(z)=\dfrac{1}{2}\ln z\bar{z}$, 所以

$$\frac{\partial^2}{\partial z\partial\bar{z}}u(z)=\frac{\partial}{\partial z}\left(\frac{1}{2\bar{z}}\right)=0,$$

所以 $u(z)=\ln|z|$ 是 $\mathbb{C}\backslash\{0\}$ 上调和函数.

设 $f(z)=u(x,y)+\mathrm{i}v(x,y)$ 在区域 D 上解析, 则

$$u_x=v_y,\quad u_y=-v_x.$$

再设 u,v 均是二阶连续可微 (这个条件可去掉), 则

$$u_{xx}=v_{yx},\quad u_{yy}=-v_{xy}=-v_{yx},$$

得

$$\Delta u=u_{xx}+u_{yy}=0.$$

故 $u(x,y)$ 是调和函数. 同理可证 $v(x,y)$ 也是调和函数.

但两个调和函数分别作为实、虚部所产生的复函数不一定是解析的, 如 $x+\mathrm{i}x$ 处处不解析.

定义 2.4　设 $u(x,y),v(x,y)$ 为区域 D 上的调和函数. 如果 $u(x,y)+\mathrm{i}v(x,y)$ 在区域 D 上解析, 称 $v(x,y)$ 是 $u(x,y)$ 的一个共轭调和函数.

一般来说, 对区域 D 上的调和函数 $u(x,y)$, 其共轭调和函数不一定存在, 但有如下定理.

定理 2.5　设 $u(x,y)$ 为单连通区域 D 上的调和函数, 则它的共轭调和函数 $v(x,y)$ 存在, 并等于

$$v(x,y)=\int_{(x_0,y_0)}^{(x,y)}-u_y\mathrm{d}x+u_x\mathrm{d}y+C,\quad (x_0,y_0),(x,y)\in D. \tag{2.12}$$

证　因为 $\dfrac{\partial u_x}{\partial x}-\dfrac{\partial(-u_y)}{\partial y}=u_{xx}+u_{yy}=0$, 所以线积分 (2.12) 与路径无关, 从而存在 $v(x,y)$, 使

$$\mathrm{d}v=-u_y\mathrm{d}x+u_x\mathrm{d}y,$$

即

$$v_x=-u_y,\quad v_y=u_x,$$

即 $f(z)=u+\mathrm{i}v$ 在 D 上满足 Cauchy-Riemann 条件, 因而在 D 上解析.

例 10　设 $u(x,y)=y^3-3x^2y$, 试求解析函数 $f(z)=u+\mathrm{i}v$.

解　(解法 1) 显然, u 满足 Laplace 方程: $\Delta u=0$.

再由 $\dfrac{\partial u}{\partial x}=-6xy$, $\dfrac{\partial u}{\partial y}=3y^2-3x^2$ 及 Cauchy-Riemann 条件, 得

$$\frac{\partial v}{\partial y}=-6xy,\quad \frac{\partial v}{\partial x}=-(3y^2-3x^2).$$

解之得 $v=-3xy^2+\varphi(x)$ 及 $\varphi'(x)=3x^2$. 从而, $\varphi(x)=x^3+C_1$, C_1 为实常数. 故 $v=-3xy^2+x^3+C_1$, 且 v 也满足 Laplace 方程: $\Delta v=0$. 所以,

$$f(z)=y^3-3x^2y+\mathrm{i}(-3xy^2+x^3+C_1)=\mathrm{i}z^3+C$$

为所求的解析函数, 其中 $C=\mathrm{i}C_1$ 为复常数.

上面的解法 1 是通过 Cauchy-Riemann 条件进行求解, 下面利用定理 2.4 及 (2.12) 来求解.

(解法 2) 由于 $\dfrac{\partial u}{\partial x}=-6xy$, $\dfrac{\partial u}{\partial y}=3y^2-3x^2$, 且 $\dfrac{\partial^2 u}{\partial x^2}+\dfrac{\partial^2 u}{\partial y^2}=0$, 则 $u(x,y)$ 为

调和函数.

利用式 (2.12) 求 $v(x,y)$. 取积分路线为从 (x_0,y_0) 到 (x,y_0), 再从 (x,y_0) 到 (x,y) 的线段. 这里, (x_0,y_0) 取为原点 $(0,0)$, 得到

$$\begin{aligned}v(x,y)&=\int_{(0,0)}^{(x,y)}(-3y^2+3x^2)\mathrm{d}x-6xy\mathrm{d}y+C\\&=\int_0^x 3x^2\mathrm{d}x+\int_0^y(-6xy)\mathrm{d}y+C\\&=x^3-3xy^2+C.\end{aligned}$$

故 $f(z)=y^3-3x^2y+\mathrm{i}(x^3-3xy^2+C)=\mathrm{i}(z^3+C)$.

2.4 初等解析函数

本节着重介绍几个初等单值解析函数以及它们的映射性质.

1. 指数函数

定义 2.5 对于任意复数 $z=x+\mathrm{i}y$, 由关系式

$$\mathrm{e}^z=\mathrm{e}^{x+\mathrm{i}y}=\mathrm{e}^x(\cos y+\mathrm{i}\sin y)$$

确定的函数称为指数函数. 有时也记作 $\mathrm{e}^z=\exp z$.

由上面的定义, $\mathrm{e}^{\mathrm{i}y}=\mathrm{e}^0(\cos y+\mathrm{i}\sin y)=\cos y+\mathrm{i}\sin y$, 故

$$\mathrm{e}^{x+\mathrm{i}y}=\mathrm{e}^x(\cos y+\mathrm{i}\sin y)=\mathrm{e}^x\cdot\mathrm{e}^{\mathrm{i}y}.$$

指数函数 $w=\mathrm{e}^z$ 有下列性质:

(1) e^z 是整函数, 且 $(\mathrm{e}^z)'=\mathrm{e}^z$.

(2) $|\mathrm{e}^z|=\mathrm{e}^x=\mathrm{e}^{\mathrm{Re}z}>0$, 且当 $z=x$ 时, $\mathrm{e}^z=\mathrm{e}^x$ 即为实指数函数.

(3) $\mathrm{e}^{z_1}\cdot\mathrm{e}^{z_2}=\mathrm{e}^{z_1+z_2}, \dfrac{\mathrm{e}^{z_1}}{\mathrm{e}^{z_2}}=\mathrm{e}^{z_1-z_2}$.

(4) $f(z)=\mathrm{e}^z$ 是以 $2\pi\mathrm{i}$ 为周期的周期函数.

(5) $\mathrm{e}^z=1$ 的全部解为 $z_k=2k\pi\mathrm{i}, k=0,\pm1,\pm2,\cdots$.

证 性质 (1) 参看 2.2 节例 5 可得. 下面证明 (3) 的第一部分和 (4), 其余的请读者自己完成.

(3) 设 $z_1=x_1+\mathrm{i}y_1, z_2=x_2+\mathrm{i}y_2$, 则

$$\begin{aligned}\mathrm{e}^{z_1}\cdot\mathrm{e}^{z_2}&=\mathrm{e}^{x_1+x_2}\cdot\mathrm{e}^{\mathrm{i}(y_1+y_2)}\\&=\mathrm{e}^{x_1+x_2}(\cos(y_1+y_2)+\mathrm{i}\sin(y_1+y_2))\\&=\mathrm{e}^{z_1+z_2}.\end{aligned}$$

(4) 由于对任意整数 k, $\mathrm{e}^{2k\pi\mathrm{i}} = \cos 2k\pi + \mathrm{i}\sin 2k\pi = 1$, 从而, 对任意的复数 z, 有

$$\mathrm{e}^{z+2k\pi\mathrm{i}} = \mathrm{e}^{z} \cdot \mathrm{e}^{2k\pi\mathrm{i}} = \mathrm{e}^{z}.$$

因此, $2k\pi\mathrm{i}$ 为函数 $w = \mathrm{e}^z$ 的周期, $k = 1$ 时周期为 $2\pi\mathrm{i}$. 易证, 除此之外 $w = \mathrm{e}^z$ 没有其他周期. 这个复变数指数函数具有周期性, 与实变数指数函数是很不同的：实变数指数函数 e^x 是严格单调的, 它不以任何数为周期.

现在考虑由函数 $w = \mathrm{e}^z$ 所构成的映射. 由函数 $w=\mathrm{e}^z$ 的周期性, 只需在 $-\pi < \mathrm{Im}z \leqslant \pi$(或 $0 < \mathrm{Im}z \leqslant 2\pi$) 上讨论. 设

$$z = x + \mathrm{i}y, \quad w = \rho\mathrm{e}^{\mathrm{i}\theta},$$

则 $\rho\mathrm{e}^{\mathrm{i}\theta} = \mathrm{e}^z = \mathrm{e}^x\mathrm{e}^{\mathrm{i}y}$, 从而有

$$\begin{cases} \rho = \mathrm{e}^x, \\ \mathrm{e}^{\mathrm{i}\theta} = \mathrm{e}^{\mathrm{i}y}, \end{cases} \quad \text{或写成} \quad \begin{cases} \rho = \mathrm{e}^x, \\ \theta = y + 2k\pi, \end{cases} \quad \text{其中 } k \text{ 为整数.}$$

这表明, z 平面上的竖直直线 $x = x_0$ 经 $w = \mathrm{e}^z$ 映射为 w 平面上的圆周 $\rho = \mathrm{e}^{x_0}$ 或 $|w| = \mathrm{e}^{x_0}$(图 2.1). 当 x_0 在 $(-\infty, +\infty)$ 内连续地由小变大时, 对应的圆周就连续地扫过 w 平面上除原点外的多连通区域

$$0 < |w| < +\infty.$$

z 平面上的水平直线 $y = y_0$ 经 $w = \mathrm{e}^z$ 映射为 w 平面上的射线 $\theta = y_0 + 2k\pi$ 或 $\arg z = y_0$ (图 2.1). 当 y_0 在 $(-\pi, \pi]$ 上连续地由小变大时, 对应的射线 $\arg z = y_0$ 就从负实轴的下沿开始, 绕原点连续地逆时针方向扫过 w 平面上除原点外的多连通区域而到达负实轴上沿, 这个区域为 $-\pi < \arg w \leqslant \pi$.

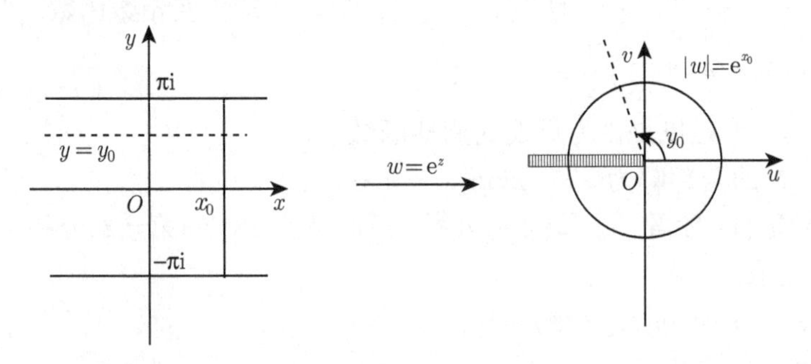

图 2.1

注　这里为使原像与像集之间的点一一对应, 把 y_0 的范围取为 $(-\pi, \pi]$. 因为由 $w = \mathrm{e}^z$ 的定义知, 当 $y_0 = -\pi$ 时, 其像为 w 平面上的负实轴. 因此, 如果同时取

$y_0 = \pi$ 和 $y_0 = -\pi$, 则它们的像将在 w 平面的负实轴上重叠. 这样, w 平面的负实轴上的点就有两个原像与之对应.

综上所述, 指数函数 $w = \mathrm{e}^z$ 将 z 平面上带形区域

$$-\pi < \mathrm{Im}z < \pi, \quad -\infty < \mathrm{Re}z < +\infty$$

一一对应地映射到 w 平面上的角形区域

$$0 < |w| < +\infty, \quad -\pi < \arg w < \pi,$$

即不包含负实轴的平面 (图 2.2).

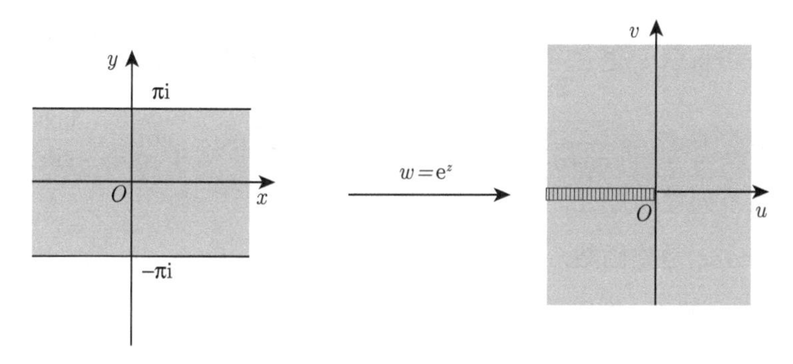

图 2.2

将 z 平面上带形区域

$$0 < \mathrm{Im}z < \pi, \quad -\infty < \mathrm{Re}z < +\infty,$$

一一对应地映射成 w 平面上不包含实轴的上半平面

$$0 < |w| < +\infty, \quad 0 < \arg w < \pi.$$

将带形区域

$$0 < \mathrm{Im}z < 2\pi, \quad -\infty < \mathrm{Re}z < +\infty,$$

映射成不包含正实轴的平面

$$0 < |w| < +\infty, \quad 0 < \arg w < 2\pi.$$

2. 三角函数

由欧拉公式知,

$$\mathrm{e}^{\mathrm{i}x} = \cos x + \mathrm{i}\sin x, \quad \mathrm{e}^{-\mathrm{i}x} = \cos x - \mathrm{i}\sin x, \quad \text{其中 } x \text{ 为实数}.$$

由此可得

$$\cos x = \frac{e^{ix} + e^{-ix}}{2}, \quad \sin x = \frac{e^{ix} - e^{-ix}}{2i}.$$

这就是实变数三角函数与复变数指数函数之间的关系. 现在把上式中的实变量 x 推广到复变量 z, 并利用复指数函数的性质, 得到

$$\frac{e^{iz} + e^{-iz}}{2} \quad \text{和} \quad \frac{e^{iz} - e^{-iz}}{2i}$$

在整个复平面内处处有定义, 且保持实变数的余弦函数和正弦函数的若干性质, 比如可导性、周期性等.

定义 2.6

正弦函数 $\sin z = \dfrac{e^{iz} - e^{-iz}}{2i}$; **余弦函数** $\cos z = \dfrac{e^{iz} + e^{-iz}}{2}$;

正切函数 $\tan z = \dfrac{\sin z}{\cos z}$; **余切函数** $\cot z = \dfrac{\cos z}{\sin z}$.

容易推得下列性质成立.

(1) $\sin z, \cos z$ 是整函数, $\tan z$ 在 $\mathbb{C} \Big\backslash \left\{ k\pi - \dfrac{\pi}{2}, k = 0, \pm 1, \cdots \right\}$, $\cot z$ 在 $\mathbb{C} \backslash \{k\pi, k = 0, \pm 1, \cdots\}$ 上解析, 并且

$$(\sin z)' = \cos z, \quad (\cos z)' = -\sin z;$$

$$(\tan z)' = \frac{1}{\cos^2 z}, \quad (\cot z)' = -\frac{1}{\sin^2 z}.$$

比如, 对任意复数 z,

$$(\sin z)' = \left(\frac{e^{iz} - e^{-iz}}{2i} \right)' = \frac{1}{2i}[ie^{iz} + ie^{-iz}] = \cos z.$$

(2) 当 $z = x$ 时, 上述三角函数与相应的实三角函数是一致的, 且所有的零点均是实数.

(3) $\sin z, \cos z$ 是以 2π 为周期的周期函数, $\tan z, \cot z$ 是以 π 为周期的周期函数.

(4) $\sin\left(\dfrac{\pi}{2} - z\right) = \cos z$ 等诱导公式成立.

(5) $\sin(z_1 \pm z_2) = \sin z_1 \cos z_2 \pm \cos z_1 \sin z_2$,

$\cos(z_1 \pm z_2) = \cos z_1 \cos z_2 \mp \sin z_1 \sin z_2$.

这些关系式都可以从三角函数的定义出发直接给出证明. 比如,

$$\sin z_1 \cos z_2 + \cos z_1 \sin z_2$$

$$= \frac{e^{iz_1}-e^{-iz_1}}{2i}\frac{e^{iz_2}+e^{-iz_2}}{2}+\frac{e^{iz_1}+e^{-iz_1}}{2}\frac{e^{iz_2}-e^{-iz_2}}{2i}$$
$$= \frac{e^{i(z_1+z_2)}-e^{-i(z_1+z_2)}}{2i}=\sin(z_1+z_2).$$

(6) $\sin z$, $\cos z$ 在复平面上无界.

特别注意, 在复变数的情形, 不等式 $|\sin z|\leqslant 1$ 和 $|\cos z|\leqslant 1$ 不再成立. 例如, 当 y 为实数时, $\cos(\mathrm{i}y)=\dfrac{e^{-y}+e^{y}}{2}$, $\lim\limits_{y\to+\infty}\cos(\mathrm{i}y)=+\infty$.

由于三角函数的映射性质比较复杂, 故在此略去.

例 11 求 $\cos(1+\mathrm{i})$ 的值 (表示成 $x+\mathrm{i}y$ 的形式).

解
$$\begin{aligned}\cos(1+\mathrm{i})&=\cos 1\cos\mathrm{i}-\sin 1\sin\mathrm{i}\\&=\frac{1}{4}(e^{\mathrm{i}}+e^{-\mathrm{i}})(e^{-1}+e)+\frac{1}{4}(e^{\mathrm{i}}-e^{-\mathrm{i}})(e^{-1}-e)\\&=\frac{1}{4}(e+e^{-1})(2\cos 1)+\frac{1}{4}(e^{-1}-e)(2\mathrm{i}\sin 1)\\&=\frac{\cos 1}{2}(e+e^{-1})+\frac{\sin 1}{2}(e^{-1}-e)\mathrm{i}.\end{aligned}$$

此外, 利用指数函数也可以定义双曲函数

$$\mathrm{sh}z=\frac{e^z-e^{-z}}{2},\quad \mathrm{ch}z=\frac{e^z+e^{-z}}{2i},$$

$$\mathrm{th}z=\frac{\mathrm{sh}z}{\mathrm{ch}z},\quad \mathrm{cth}z=\frac{\mathrm{ch}z}{\mathrm{sh}z},$$

并分别称为双曲正弦、双曲余弦、双曲正切和双曲余切函数.

它们都是相应的实双曲函数在复数范围内的推广. 由于 e^z 及 e^{-z} 以 $2\pi\mathrm{i}$ 为周期, 故双曲正弦函数 $\mathrm{sh}z$ 及双曲余弦函数 $\mathrm{ch}z$ 也以 $2\pi\mathrm{i}$ 为周期. 而且, 不难验证 $\mathrm{sh}z$ 和 $\mathrm{ch}z$ 都是复平面内的解析函数, 且 $(\mathrm{sh}z)'=\mathrm{ch}z, (\mathrm{ch}z)'=\mathrm{sh}z$.

3. 幂函数 $w=z^n, n$ 为正整数

本章的例 1 已证明, 函数 $w=z^n$ 在复平面上解析. 现在来讨论它的映射性质.

首先, 以 $w=z^3$ 为例来讨论. 记 $z=|z|e^{\mathrm{i}\theta}$, 则 $w=|w|e^{\mathrm{i}\varphi}=|z|^3e^{\mathrm{i}3\theta}$. 给定 z 平面上的区域 D:

$$0<|z|<+\infty,\quad 0<\arg z<\alpha.$$

当 z 的模 $|z|$ 从 0 变到 $+\infty$ 时, w 的模 $|w|=|z|^3$ 也从 0 变到 $+\infty$. 当 z 的辐角 $\arg z$ 从 0 变到 α 时, w 的辐角 $\arg w=3\arg\alpha$, 则从 0 变到 3α. 所以, 区域 D 在 $w=z^3$ 下映射成 w 平面上的区域 (图 2.3)

$$0<|w|<+\infty,\quad 0<\arg w<3\alpha.$$

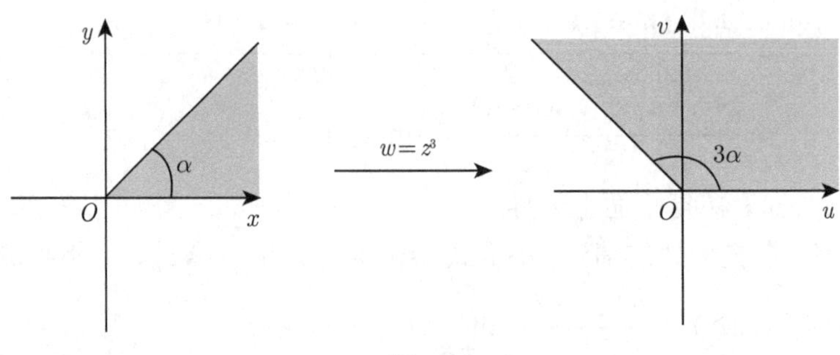

图 2.3

如果 $\alpha=\dfrac{\pi}{6}$, 则 z 平面上的区域 D 就映射成 w 平面上第一象限的内部.

如果 $\alpha=\dfrac{2\pi}{3}$, 则 z 平面上的区域 D 就映射成 w 平面上去掉了正实轴 (包括原点) 后的 w 平面, 或者说沿正实轴割破了的 w 平面 (图 2.4). 这时, w 平面上的正实轴实际分成了上、下两岸. 正实轴上岸每点的辐角 $\arg w$ 等于 0, 下岸每点的辐角 $\arg w$ 等于 2π.

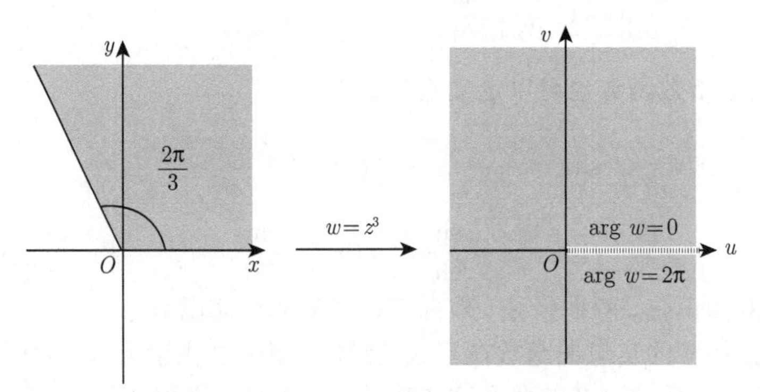

图 2.4

一般地, z 平面上的角形区域

$$0<\arg z<\alpha \quad \left(0<\alpha<\frac{2\pi}{n}\right),$$

经 $w=z^n$ 映射成 w 平面上的角形区域

$$0<\arg w<n\alpha.$$

2.5 初等多值函数

本节研究多值函数, 我们总是通过把问题转化为单值函数的情形进行讨论. 为此, 要解决以下两个问题：一是通过限制值域的方式使多值函数单值化, 也就是取定它的单值分支. 二是确定适当的区域 D, 使自变量在 D 上连续变化时, 所有的单值分支都在各自的取值范围内连续变化.

首先我们引入单叶函数和单叶性区域概念.

定义 2.7 设 $f: D \to \mathbb{C}$ 是一个复函数, 如果对区域 D 中的任意两点 z_1, z_2 $(z_1 \neq z_2)$, 必有 $f(z_1) \neq f(z_2)$, 则称 f 在 D 上是单叶的, D 称为 f 的单叶性区域. 如果 f 在 D 上是单叶且解析的函数, 则称 f 为 D 上的单叶解析函数.

1. 对数函数

给定 $z \in \mathbb{C}$, 满足 $z = \mathrm{e}^w$ 的 w 称为 z 的对数, 记为

$$w = \mathrm{Ln} z.$$

由于 $\mathrm{e}^w \neq 0$, 因此, $w = \mathrm{Ln} z$ 是定义在 $\mathbb{C} \setminus \{0\}$ 的函数, 称为对数函数.

现在由上面的定义给出由 z 计算 $w = \mathrm{Ln} z$ 的公式. 设 $z = r\mathrm{e}^{\mathrm{i}\theta}$, $w = u + \mathrm{i}v$, 则 $r\mathrm{e}^{\mathrm{i}\theta} = \mathrm{e}^{u+\mathrm{i}v}$, 从而 $\mathrm{e}^u = r = \ln|z|, v = \theta + 2k\pi$. 于是, 对任意 $z \neq 0$,

$$\begin{aligned}\mathrm{Ln} z &= \ln|z| + \mathrm{i}\arg z + 2k\pi\mathrm{i} \quad (k = 0, \pm 1, \pm 2, \cdots) \\ &= \ln|z| + \mathrm{i}\mathrm{Arg}\, z.\end{aligned}$$

所以, 对数函数 $w = \mathrm{Ln} z$ 是一个无穷多值函数. 如果上式中的 $\mathrm{Arg}\, z$ 取主辐角 $\arg z$, 则此时 $\mathrm{Ln} z$ 为一单值函数, 记为 $\ln z$, 也称为 $\mathrm{Ln} z$ 的主值. 特别地, 如果正实数的主辐角取值为 0, 则当 $z = x > 0$ 时, $\ln z = \ln x$ 就是实函数中的对数函数.

例 12 求 $\mathrm{Ln}2$, $\mathrm{Ln}(-1)$ 和 $\mathrm{Ln}\mathrm{i}$ 的值.

解

$$\mathrm{Ln}2 = \ln 2 + 2k\pi\mathrm{i}, \quad k = 0, \pm 1, \pm 2, \cdots,$$

$$\mathrm{Ln}(-1) = \ln 1 + \pi\mathrm{i} + 2k\pi\mathrm{i} = (2k + 1)\pi\mathrm{i},$$

$$\mathrm{Ln}\mathrm{i} = \ln|\mathrm{i}| + \frac{\pi}{2}\mathrm{i} + 2k\pi\mathrm{i} = \left(2k + \frac{1}{2}\right)\pi\mathrm{i}.$$

设 f 是某区域内的多值函数, F 是该区域的单值解析函数, 如果 $F(z)$ 在区域内每一点的值都等于 $f(z)$ 在该点的一个值, 则称 $F(z)$ 为 $f(z)$ 的一个单值解析分支. 对多值函数来说, 一个重要的问题是: 在什么样的区域中, 这个多值函数能分解出单值的解析分支? 为了保证解析, F 的值不能从 f 中任意选取.

下面讨论对数函数的单值解析分支问题. 由于对数函数是指数函数 $z = \mathrm{e}^w$ 的反函数, 因此, 我们先对指数函数的单叶性区域进行讨论.

(1) 指数函数的单叶性区域.

设 $\mathrm{e}^{w_1}=\mathrm{e}^{w_2}$, 由指数函数的性质, 得 $w_1=w_2+2k\pi\mathrm{i}$, 即 $z=\mathrm{e}^w$ 在下述区域

$$D_{\alpha\beta}=\{w|\alpha<\mathrm{Im}w<\beta,\beta-\alpha\leqslant 2\pi\}$$

上单叶.

(2) $D_{\alpha\beta}$ 的像区域.

设 $w=u+\mathrm{i}v\in D_{\alpha\beta}$, 则

$$\mathrm{e}^w=\mathrm{e}^u\mathrm{e}^{\mathrm{i}v},$$

所以 $D_{\alpha\beta}$ 中的水平线 $\mathrm{Im}w=v_0$ 的像为 z 平面的射线

$$\arg z=v_0.$$

$D_{\alpha\beta}$ 可视为水平线 $\mathrm{Im}w=v_0$ 从 $v_0=\alpha$ 至 $v_0=\beta$ 扫射的轨迹 (当然 $v_0=\alpha,v_0=\beta$ 不在其内). 从而其像区域为相应的射线 $\arg z=v_0$ 扫射的结果. 从而得到: 带形区域 $\{w|\alpha<\mathrm{Im}w<\beta,\beta-\alpha\leqslant 2\pi\}$ 在 $z=\mathrm{e}^w$ 下的像区域为角域 $\{z|\alpha<\arg z<\beta,\beta-\alpha\leqslant 2\pi\}$.

特别地

$$D_k=\{w|-\pi+2k\pi<\mathrm{Im}w<\pi+2k\pi\}$$

在 $z=\mathrm{e}^w$ 下的像区域为

$$G=\mathbb{C}\backslash\{负实轴\}.$$

见图 2.5.

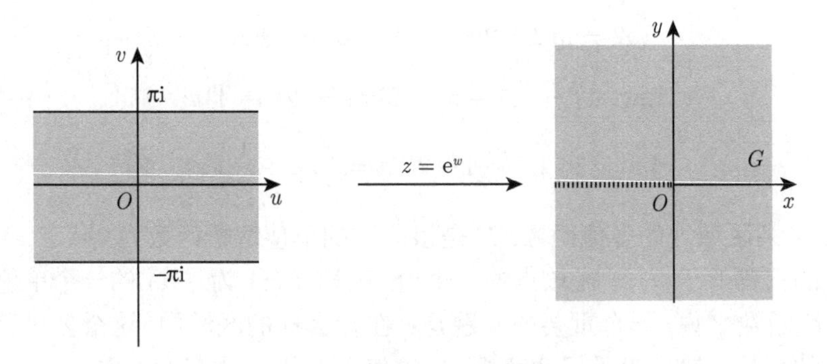

图 2.5

所以存在反函数 $w=f_k(z):G\to D_k$. 记 $f_k(z)=(\mathrm{Ln}z)_k$, 它在 G 上解析, 并且

$$f_k'(z)=\frac{1}{(\mathrm{e}^w)'}=\frac{1}{\mathrm{e}^w}=\frac{1}{z},$$

称 $f_k(z)$ 为 $z=\mathrm{e}^w$ 的反函数 $\mathrm{Ln}z$ 的单值解析分支, 一般我们称 $(\mathrm{Ln}z)_0$ 为 $\mathrm{Ln}z$ 的主支, 记为 $\ln z$.

前面的讨论说明, 如果限定对数函数 $w=\mathrm{Ln}z$ 的值域为水平带形区域

$$\{-\pi<\mathrm{Im}w<\pi\},$$

则在 $G=\mathbb{C}\setminus\{x+\mathrm{i}y|x\leqslant 0,y=0\}$ 上就得到对数函数 $w=\mathrm{Ln}z$ 的单值解析分支 $f_0(z)=(\mathrm{Ln}z)_0$.

如果限定 $w=\mathrm{Ln}z$ 的值域为带形区域 $\{\pi<\mathrm{Im}w<3\pi\}$, 则在 G 上得到对数函数 $w=\mathrm{Ln}z$ 的另一个单值解析分支 $f_1(z)=(\mathrm{Ln}z)_1$.

这里的区域 G 相当于割破了负实轴的 z 平面, 在这样割破了负实轴的 z 平面内, 对数函数 $w=\mathrm{Ln}z$ 就分解出无穷多个单值解析分支 (当然也是单值连续分支):

$$f_k(z)=(\mathrm{Ln}z)_k=\ln z+2k\pi\mathrm{i},\quad k=0,\pm1,\pm2,\cdots.$$

一般地, 如果D是不包含原点和无穷远点 ∞ 的单连通区域, 则对数函数 $\mathrm{Ln}z$ 在 D 上总能分解出无穷多个单值解析分支. 这是因为, 对给定的 z, 选定它的辐角 $\theta=\arg z+2k\pi\mathrm{i}$, 这里 $\arg z$ 表示取值于某个特定范围内的 z 的辐角, k 为一个任意给定的整数, 在 D 上定义

$$(\mathrm{Ln}z)_k=\ln|z|+\mathrm{i}\arg z+2k\pi\mathrm{i},\quad k=0,\pm1,\pm2,\cdots,$$

就是 $\mathrm{Ln}z$ 的无穷多个单值解析分支.

但是, 如果区域 D 包含原点 $z=0$, 则 D 中就包含绕原点的简单闭曲线, 比如取圆周 $C_\rho=\{z||z|=\rho,\rho>0\}$, 其中 ρ 充分小. 在曲线 C_ρ 上取定一点 z_0, 并取定 $\mathrm{Ln}z_0=(\mathrm{Ln}z_0)_k$, 则当点 z 从点 z_0 开始沿 C_ρ 的逆时针方向连续地变化而回到 z_0 时, z 的辐角增加了 2π, $\mathrm{Ln}z_0$ 的值从 $(\mathrm{Ln}z_0)_k$ 连续地变为 $(\mathrm{Ln}z_0)_{k+1}$ 而没有再回到原来的值 $(\mathrm{Ln}z_0)_k$. 因此, 在包含原点的区域上多值函数 $\mathrm{Ln}z$ 不能分出单值连续分支. 类似地, 如果 D 包含无穷远点 $z=\infty$, 由于当 ρ 足够大时, C_ρ 也可看作是绕 ∞ 的简单闭曲线, 从而在这样的 D 上 $\mathrm{Ln}z$ 也不能分出单值连续分支.

一般来说, 如果当动点 z 绕某点 z_0 的充分小的邻域内的一条简单闭曲线连续变动一周而回到出发点时, 多值函数的值从一支变到另一支, 则称点 z_0 为该多值函数的一个**支点**.

$z=0$ 和 $z=\infty$ 是 $w=\mathrm{Ln}z$ 的两个支点. 而且易证, 除这两点外 $w=\mathrm{Ln}z$ 不再有其他的支点. 如果记 L 是连接 0 和 ∞ 的简单连续曲线, 则在区域 $\mathbb{C}\setminus L$ 内的任一闭曲线 C, 既不可能绕原点也不可能绕 ∞, 从而, $\mathrm{Ln}z$ 在 $\mathbb{C}\setminus L$ 上可分解成单值的解析分支. 这样的曲线 L 称为 $\mathrm{Ln}z$ 的一条支割线, 如负实轴 $(-\infty,0]$ 是 $\mathrm{Ln}z$ 的一条支割线.

对于复多值函数 $f(z)$ 来说, 用来割破 z 平面, 借以分解出单值解析分支的一条或多条简单连续曲线, 称为 $f(z)$ 的**支割线**.

同样可说明, $\mathrm{Ln}(z-a)$ 的支点为 $z=a, z=\infty$. 任意连接 a 与 ∞ 的连续曲线都是支割线.

例 13　求 $w=\mathrm{Ln}\dfrac{z-a}{z-b}(a\neq b)$ 的支点和支割线.

解　可能的支点为 $\dfrac{z-a}{z-b}=0, \dfrac{z-a}{z-b}=\infty$, 即 $z=a, z=b$. 可验证: $z=a, z=b$ 的确是支点, 从而支割线可取为连接 a 与 b 的直线段.

2. 根式函数

函数 $z=w^n$ (n 为正整数) 的反函数记为

$$w=\sqrt[n]{z}.$$

这是一个 n 值的复变函数. 因为若

$$w_1^n=w_2^n,$$

则 $w_1=w_2\mathrm{e}^{\frac{2k\pi}{n}\mathrm{i}}, k=0,1,2,\cdots,n-1$. 由此, 函数 $z=w^n$ 在区域

$$D_k=\left\{w\left|\frac{-\pi+2k\pi}{n}<\arg w<\frac{\pi+2k\pi}{n}\right.\right\}$$

上单叶, 其值域均为 $G=\mathbb{C}\backslash\{负实轴\}$, 从而存在反函数 $w=f_k(z)$,

$$f_k:G\to D_k,\quad f_k(z)=\sqrt[n]{|z_n|}\mathrm{e}^{\mathrm{i}\frac{\arg z+2k\pi}{n}}.$$

设 $f_k(z)=(\sqrt[n]{z})_k(k=0,1,\cdots,n-1)$. 因为 $z=w^n$ 在 D_k 上解析, 则 $(\sqrt[n]{z})_k$ 在 G 上也解析, 并且

$$(\sqrt[n]{z})_k'=\frac{1}{(w^n)'}=\frac{1}{nw^{n-1}}=\frac{1}{n}\frac{(\sqrt[n]{z})_k}{z},\quad k=0,1,\cdots,n-1.$$

设 $C_\rho=\{z||z|=\rho,\rho>0\}$, 其中 ρ 充分小. 在 C_ρ 上取定一点 z_0, 取定 $\sqrt[n]{z_0}=(\sqrt[n]{z_0})_0$, 当 z_0 沿 C_ρ 的逆时针方向变化一周至 z_0, $\sqrt[n]{z_0}$ 就从 $(\sqrt[n]{z_0})_0$ 连续变化到 $(\sqrt[n]{z_0})_1$, 连续变化 n 周后又返回初始值 $(\sqrt[n]{z_0})_0$. 显然有

$$(\sqrt[n]{z_0})_k=(\sqrt[n]{z_0})_0\mathrm{e}^{\frac{2k\pi}{n}\mathrm{i}}.$$

同理可以证明: $z=0,\infty$ 为 $w=\sqrt[n]{z}$ 的支点, 任意连接 0 与 ∞ 的简单曲线为 $\sqrt[n]{z}$ 的支割线 (特别负实轴为支割线), 在复平面挖掉支割线后 $w=\sqrt[n]{z}$ 有 n 个单值的解析分支, 一般我们将在正实轴上取正值的那一支记为主支.

注 $\sqrt[n]{f(z)}$ 的支点产生于使 $f(z)=0$ 或 $f(z)=\infty$ 的点中.

例 14 平面割破负实轴后, 求

(1) $\mathrm{Ln}z$ 在 $z=1$ 取值 $2\pi\mathrm{i}$ 的那一支在 $z=2\mathrm{i}$ 的值.

(2) $\sqrt[3]{z}$ 在 $z=1$ 取正值的那一支在 $z=8\mathrm{i}$ 的值.

解 (1) 因为

$$\mathrm{Ln}z=\ln|z|+(\arg z+2k\pi)\mathrm{i};$$

$$2\pi\mathrm{i}=\ln 1+2k\pi\mathrm{i}.$$

于是 $k=1$, 所以

$$\mathrm{Ln}2\mathrm{i}=\ln|2\mathrm{i}|+\left(\frac{\pi}{2}+2\pi\right)\mathrm{i}=\ln 2+\frac{5}{2}\pi\mathrm{i}.$$

(2) 因为

$$1=\sqrt[3]{1}=1\cdot\mathrm{e}^{\frac{(\arg 1+2k\pi)\mathrm{i}}{3}}=\mathrm{e}^{\frac{2k\pi}{3}\mathrm{i}},$$

所以 $k=0$. 因而

$$\sqrt[3]{8\mathrm{i}}=2\sqrt[3]{\mathrm{i}}=2\mathrm{e}^{\frac{1}{3}\frac{\pi}{2}\mathrm{i}}=2\mathrm{e}^{\frac{\pi}{6}\mathrm{i}}.$$

注 1 这里我们取定 $\arg 1=0$, 若取 $\arg 1=2\pi$, 此时 $\arg 8\mathrm{i}=2\pi+\dfrac{\pi}{2}$ 可得同样的结果.

注 2 若例题中条件改为 “平面沿射线 $\arg z=\dfrac{\pi}{4}$ 割破”, 你将得到什么结论.

例 15 设 $f(z)=\sqrt{z(z-1)}$, 求 $f(z)$ 的支点和支割线. 若取 $f(2)>0$, 当 $z=2$ 由 A 沿着 AB 弧 (图 2.6) 连续变化至 $z=\mathrm{i}$ 时, 求 $f(\mathrm{i})$ 的值.

解 $f(z)$ 可能的支点为 $z=0,1,\infty$.

以 $z=0$ 为圆心, 充分小的正数 ρ 为半径做小圆周 C_ρ, 从 C_ρ 上的一点出发, 沿 C_ρ 的逆时针方向运动一周返回起点, 经过计算, 有

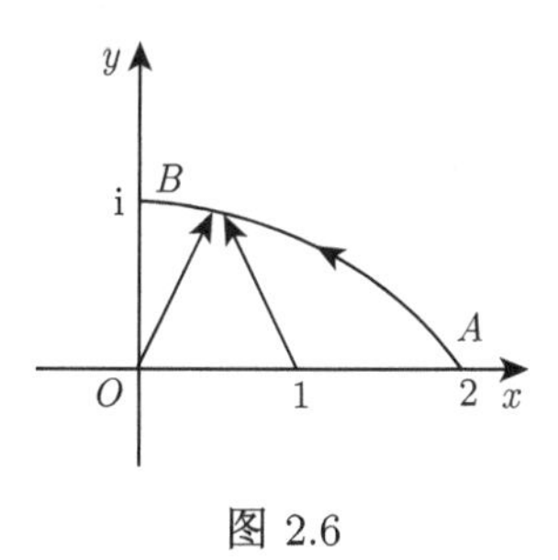

图 2.6

(1) 复向量 z 的辐角增加了 2π, 即 $\Delta_{C_\rho}\arg z=2\pi$;

(2) 复向量 $z-1$ 的辐角无增减, 即 $\Delta_{C_\rho}\arg(z-1)=0$.

从而

$$\Delta_{C_\rho}\arg f(z)=\pi,$$

即 $f(z)$ 的起点值与终点值不同, 从而 $z=0$ 是支点.

同理可证, $z=1$ 也是支点.

最后, 当 z 沿 ∞ 邻域内的圆周仍取 C_ρ(这里 $\rho>1$) 顺时针方向 (体现绕 ∞ 的正向, 当然也可取逆时针方向) 绕行一周, z 的辐角获得增量 -2π, $z-1$ 的辐角也获得增量 -2π, 从而 $z(z-1)$ 的辐角获得增量 -4π, 因此函数 $f(z)=\sqrt{z(z-1)}$ 的辐角获得增量 -2π. 由于 $e^{-2\pi i}=1$, 因此 $f(z)$ 的值未发生变化, 故 $z=\infty$ 不是支点.

综上, $z=0$ 和 $z=1$ 为 $f(z)=\sqrt{z(z-1)}$ 的支点. 从而支割线可选区间 $[0,1]$.

当 z 从 A 点沿 AB 变化至 B 时,

$$\Delta_{\widehat{AB}}\arg z=\frac{\pi}{2},\quad \Delta_{\widehat{AB}}\arg(z-1)=\frac{3}{4}\pi.$$

故

$$\Delta_{\widehat{AB}}\arg f(z)=\frac{5}{8}\pi,$$

所以

$$f(\mathrm{i})=e^{\mathrm{i}\frac{5}{8}\pi}\sqrt{|\mathrm{i}(\mathrm{i}-1)|}=\sqrt[4]{2}e^{\mathrm{i}\frac{5}{8}\pi}.$$

注　由已给单值解析分支的初值 $f(z_1)$, 计算终值 $f(z_2)$ 可通过下面两种方法进行:

方法 1　借助每一单值解析分支 $f(z)$ 的连续性, 先计算当 z 从 z_1 沿曲线 C (不穿过支割线) 到终点 z_2 时, $f(z)$ 的辐角的连续改变量 $\Delta_C\arg f(z)$, 再利用下面的公式计算终值 $f(z_2)$:

$$f(z_2)=|f(z_2)|e^{\mathrm{i}\Delta_C\arg f(z)}\cdot e^{\mathrm{i}\arg f(z_1)},$$

其中 $\Delta_C\arg f(z)$ 与 $\arg f(z_1)$ 的取值无关, $\arg f(z_1)$ 可以相差 2π 的整数倍. 如例 15.

方法 2　由单值解析分支的初值 $f(z_1)$, 求出单值解析分支的解析表达式 (或者说先求出 k), 再求出终值 $f(z_2)$. 如例 14.

3. 幂函数

幂函数 $w=z^\alpha$ 定义为

$$w=z^\alpha=e^{\alpha\mathrm{Ln}z},$$

其中 α 为复常数.

由于 $\mathrm{Ln}z$ 是多值函数, 所以 $e^{\alpha\mathrm{Ln}z}$ 一般也是多值函数. 由 $\mathrm{Ln}z=\ln z+2k\pi\mathrm{i}$, 得

$$w=z^\alpha=e^{\alpha\mathrm{Ln}z}=e^{\alpha\ln z+\mathrm{i}2\alpha k\pi},\quad k=0,\pm1,\pm2,\cdots,$$

这里 $\ln z$ 为 $\mathrm{Ln}z$ 的某一单值解析分支, 因此幂函数的多值性与后一式中含 k 的因子 $\mathrm{e}^{\mathrm{i}2\alpha k\pi}$ 有关. 容易证明:

(1) 当 $\alpha=n$ 为整数时, z^α 是单值函数, 它与通常意义下的 "$|n|$ 个 z 相乘或其倒数 $(n<0)$" 是一致的.

(2) 当 $\alpha=\dfrac{m}{n}$ 为有理数 (m,n 为互质的整数, $n>0$) 时, z^α 是 n 值的.

(3) 当 α 为其他复数时, z^α 是无穷多值的.

(4) $z=0$ 与 ∞ 为其支点. 在平面割破负实轴后, z^α 可以分出单值解析分支, 且 $(z^\alpha)'=\dfrac{\alpha z^\alpha}{z}$, 这里 z^α 表示某个特定的分支.

例 16 求 i^{i} 和 $(-3)^{\sqrt{5}}$ 的值.

解 由幂函数的定义有

$$\begin{aligned}
\mathrm{i}^{\mathrm{i}}&=\mathrm{e}^{\mathrm{i}\mathrm{Ln}\mathrm{i}}=\mathrm{e}^{\mathrm{i}(\ln|\mathrm{i}|+\mathrm{i}\arg\mathrm{i}+\mathrm{i}2k\pi)}=\mathrm{e}^{-\frac{\pi}{2}-2k\pi},\quad k=0,\pm1,\pm2,\cdots,\\
(-3)^{\sqrt{5}}&=\mathrm{e}^{\sqrt{5}\mathrm{Ln}(-3)}=\mathrm{e}^{\sqrt{5}(\ln|-3|+\mathrm{i}\arg(-3)+\mathrm{i}2k\pi)}=\mathrm{e}^{\sqrt{5}\ln3}\mathrm{e}^{\mathrm{i}\pi(1+2k)\sqrt{5}}\\
&=\mathrm{e}^{\sqrt{5}\ln3}\left[\cos\left(\pi(1+2k)\sqrt{5}\right)+\mathrm{i}\sin\left(\pi(1+2k)\sqrt{5}\right)\right],\quad k=0,\pm1,\pm2,\cdots.
\end{aligned}$$

4. 指数函数

指数函数 $w=a^z$ 定义为

$$w=a^z=\mathrm{e}^{z\mathrm{Ln}a}.$$

这是一个多值函数, 但它与幂函数不同, 它的多值性是由于 $\mathrm{Ln}a$ 的多值性. 这样的多值函数是没有支点的, 只要固定 $\mathrm{Ln}a$ 的一个值, 它就是一个单值函数. 因此, 它实际上是无限多个单值解析函数

$$w_k=(a^z)_k=\mathrm{e}^{z(\ln|a|+\mathrm{i}\arg a+2k\pi\mathrm{i})}=\mathrm{e}^{z\ln a}\cdot\mathrm{e}^{2zk\pi\mathrm{i}},\quad k=0,\pm1,\pm2,\cdots$$

的函数组.

5. 反三角函数

反三角函数定义为三角函数的反函数. 由方程 $z=\sin w$ 所确定的解 w, 称为 z 的反正弦函数, 记作 $w=\mathrm{Arcsin}z$. 因为

$$z=\sin w=\frac{\mathrm{e}^{\mathrm{i}w}-\mathrm{e}^{-\mathrm{i}w}}{2\mathrm{i}}=\frac{\mathrm{e}^{2\mathrm{i}w}-1}{2\mathrm{i}\mathrm{e}^{\mathrm{i}w}},$$

从而有 $\mathrm{e}^{2\mathrm{i}w}-2\mathrm{i}z\mathrm{e}^{\mathrm{i}w}-1=0$, 解之得

$$w=\frac{1}{\mathrm{i}}\mathrm{Ln}(\mathrm{i}z+\sqrt{1-z^2}),$$

即

$$w=\mathrm{Arcsin}z=\frac{1}{\mathrm{i}}\mathrm{Ln}(\mathrm{i}z+\sqrt{1-z^2}).$$

这是一个多值函数, 类似前面的讨论可知 $z=\pm 1$ 与 ∞ 为 $w=\mathrm{Arcsin}z$ 的支点. 在连接支点适当割破的复平面上, 它可以分解出单值解析分支. 实际上, 反正弦函数 $w=\mathrm{Arcsin}z$ 由

$$w_1=\mathrm{i}z+\sqrt{1-z^2},\quad w_2=\mathrm{Ln}w_1,\quad w=\frac{1}{\mathrm{i}}w_2$$

复合而成, 而根式函数和对数函数前面已经讨论, 这里的情况只是比较复杂和困难些, 但方法类似, 因此我们不再详述. 下面给出反余弦和反正切函数的表达式:

$$w=\mathrm{Arccos}z=\frac{1}{\mathrm{i}}\mathrm{Ln}(z+\mathrm{i}\sqrt{1-z^2}),$$

$$w=\mathrm{Arctan}z=\frac{1}{2\mathrm{i}}\mathrm{Ln}\frac{1+\mathrm{i}z}{1-\mathrm{i}z}.$$

2.6 保形变换与分式线性变换

复函数 $w=f(z)$ 在几何上可以看作 z 平面上的点集到 w 平面上点集的映射 (或复平面到复平面上的变换). 本节我们首先讨论解析函数的导数的几何性质, 并引入保形变换 (或称之为共形变换) 的概念, 然后讨论简单且重要的分式线性变换以及它与一些初等函数所构成的保形变换的性质.

1. 保角性

设 $w=f(z)$ 在区域 D 内解析. $z_0\in D$, 并设曲线

$$C: z=z(t),\quad \alpha\leqslant t\leqslant\beta$$

为过 $z(t_0)=z_0$ 的一条光滑曲线, 则在 z_0 点的切向量为 $z'(t_0)$. 因为 C 在 w 平面上的像为

$$\varGamma: w=f(z(t)).$$

若 $f'(z_0)\neq 0$, 那么在点 $w_0=f(z_0)$ 处 $\varGamma$ 的切向量为 $f'(z_0)z'(t_0)$. 记 C 在 z_0 的切线的倾角为 φ, $\varGamma$ 在 $f(z_0)$ 的切向量的倾角为 ψ, 则

$$\psi=\varphi+\arg f'(z_0).$$

因为 $\arg f'(z_0)$ 与过 z_0 的曲线无关, 所以若 C_1,C_2 为过点 z_0 的两条光滑曲线, $\varGamma_1,\varGamma_2$ 分别为 C_1,C_2 的像, 那么 C_1 与 C_2 在点 z_0 的夹角与 $\varGamma_1$ 与 $\varGamma_2$ 在 $f(z_0)$ 处的夹角相等, 而且方向也是一致的, 这种性质我们称为解析函数的保角性.

由上面的讨论立即得到下面的定理.

定理 2.6 若函数 $w=f(z)$ 在区域 D 上解析, 则在 $f'(z)\neq 0$ 的点处 $w=f(z)$ 是保角的.

2. 保形变换

设 $w=f(z)$ 在区域 $D\subset\mathbb{C}$ 内解析, $z_0\in D$ 且 $f'(z_0)\neq 0$, 则由前面的讨论已经知道, 过点 z_0 的任意两条光滑曲线的夹角的大小与旋转方向是保持不变的, 即 $f(z)$ 在 z_0 处具有保角性. 另一方面, 由于

$$f'(z_0)=\lim_{z\to z_0}\frac{f(z)-f(z_0)}{z-z_0},$$

任取过点 z_0 的曲线 $C: z=z(t)$, 在映射 $f(z)$ 下变成曲线 $\Gamma: w=f(z(t))$, 则

$$\lim_{\substack{z\to z_0\\ z\in C}}\frac{|f(z)-f(z_0)|}{|z-z_0|}=\lim_{\substack{z\to z_0\\ z\in C}}\frac{|w-w_0|}{|z-z_0|}=|f'(z_0)|.$$

这表明, 模 $|f'(z_0)|$ 等于曲线 Γ 上从 $w_0=f(z_0)$ 出发的无穷小的弦长与曲线 C 上从 z_0 出发的无穷小的弦长之比的极限, 称 $|f'(z_0)|$ 为 $f(z)$ 在点 z_0 的**伸缩率**. 显然, 伸缩率仅与 z_0 有关, 而与过 z_0 的曲线 C 的形状及方向无关, 这个性质称为**伸缩率的不变性**.

因此, z 平面上任意一个以 z_0 为顶点的小三角形, 经过单叶解析函数 $w=f(z)$ 变换到 w 平面上以 $w_0=f(z_0)$ 为顶点的曲边三角形. 如果旋转角不变, 则这两个三角形的对应角相等; 如果伸缩率不变, 在不计无穷小量情况下, 这两个三角形的对应边的比等于 $|f'(z_0)|$. 这说明, 映射 $w=f(z)$ 在 z_0 点的小邻域内, 近似地具有几何上称之为同向相似变换的性质, 这种性质称为保形性 (图 2.7).

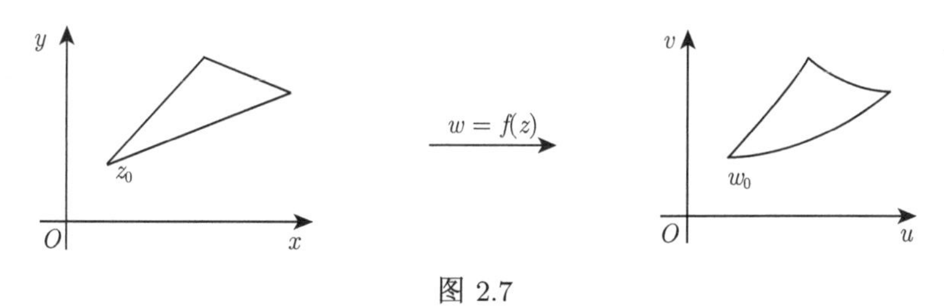

图 2.7

定义 2.8 设函数 $w=f(z)$ 在点 z_0 的邻域内有定义, $f(z)$ 在 z_0 具有保角性和伸缩率的不变性, 则称 $f(z)$ 在点 z_0 具有保形性. 若 $f(z)$ 区域 D 内每一点都具有保形性, 则称 $f(z)$ 为区域 D 上的**保形变换**(或**共形变换**).

在第 5 章我们将会证明, 区域 D 上单叶解析函数的导数处处不为零. 而由前面的讨论知, 若 $f(z)$ 在 z_0 点解析且 $f'(z_0)\neq 0$, 则 $w=f(z)$ 在 z_0 点具有保角性和伸缩率的不变性. 因此, 区域 D 上的单叶解析函数 $w=f(z)$ 是保形的.

3. 线性变换

形如 $w=\dfrac{az+b}{cz+d}\ (ad-bc\neq 0)$ 的分式函数称为 (分式) 线性变换.

线性变换是保形变换中比较简单而又重要的一类变换, 也称为 Möbius(默比乌斯) 变换. 这里 $ad-bc\neq 0$ 的限制是必要的, 否则 $w\equiv$ 常数或无意义. 我们还约定: 当 $c\neq 0$ 时, 分式函数 $w=\dfrac{az+b}{cz+d}$ 在点 $z=-\dfrac{d}{c}$ 的值等于 ∞, 在点 $z=\infty$ 的值等于 $\lim\limits_{z\to\infty} w=\dfrac{a}{c}$. 当 $c=0$ 时, 在点 $z=\infty$ 的值等于 ∞.

显然线性变换 $w=\dfrac{az+b}{cz+d}$ 具有以下几个简单性质.

(1) 它将扩充复平面一一地映射至扩充复平面.

(2) 它的反函数仍是线性变换.

这是因为, 由 $w=\dfrac{az+b}{cz+d}$ 解出 $z=\dfrac{-dw+b}{cw-a}$ 且 $(-a)(-d)-bc\neq 0$.

(3) 它可由 $w=kz+h\ (k\neq 0)$(称为整线性变换) 与 $w=\dfrac{1}{z}$(称为反演变换) 复合而成, 或者说, 它可分解为平移、旋转、伸缩和反演四类简单变换.

事实上, 当 $c=0$ 时, $w=\dfrac{a}{d}z+\dfrac{b}{d}$.

当 $c\neq 0$ 时, $w=\dfrac{a}{c}+\dfrac{bc-ad}{c^2}\dfrac{1}{z+\dfrac{d}{c}}$, 这由

$$\varsigma=z+\frac{d}{c},\quad \xi=\frac{1}{\varsigma},\quad w=\frac{bc-ad}{c^2}\xi+\frac{a}{c}$$

复合而成.

如果记 $k=r\mathrm{e}^{\mathrm{i}\theta}$, 则整线性变换 $w=r\mathrm{e}^{\mathrm{i}\theta}z+h$ 可以分解为下面三个简单变换:

(a) $w=z+h,\ h\in\mathbb{C}$, 平移变换;

(b) $w=\mathrm{e}^{\mathrm{i}\theta}z,\ \theta\in\mathbb{R}$, 旋转变换;

(c) $w=rz,\ r>0$, 伸缩变换.

因此, 线性变换由平移、旋转、伸缩和反演变换复合而成.

(4) 它将扩充复平面上的圆周曲线 (含直线) 变成圆周. 这一性质通常称为保圆性. 注意, 在扩充复平面上直线可看成是半径为无穷大的圆周或者是过点 ∞ 的圆周.

显然, 平移、旋转以及伸缩变换将圆周或直线变为圆周或直线. 下面只需说明反演变换将扩充复平面上的圆周变成圆周即可.

设 $w=\dfrac{1}{z}$. 由第 1 章习题 10 知道, 圆周曲线方程为

$$Az\overline{z}+\overline{B}z+B\overline{z}+C=0, \tag{2.13}$$

其中 A,C 为实数, $|B|^2>AC$ (特别地, 当 $A\neq 0$ 时 (2.13) 表示半径有限的圆周, 当 $A=0$ 时为直线). 将 $w=\dfrac{1}{z}$ 代入 (2.13) 得到

$$A+\overline{B}\overline{w}+Bw+Cw\overline{w}=0. \tag{2.14}$$

这说明其像曲线仍为圆周.

根据线性变换的保圆性, 容易推得: 在分式线性变换下, 若给定的圆周或直线上没有点映射成无穷远点, 则它就映射成半径有限的圆周; 若有一个点映射成无穷远点, 则它就映射成直线.

线性变换除了保圆性外, 还有其他重要的性质, 如保交比性、保对称点性. 为此, 引入交比的概念.

定义 2.9 设 $z_i(i=1,2,3,4)$ 是扩充复平面上四个不相等的点. 若它们均不为 ∞, 则称

$$(z_1,z_2,z_3,z_4)=\frac{z_4-z_1}{z_4-z_2}:\frac{z_3-z_1}{z_3-z_2} \tag{2.15}$$

为 z_1,z_2,z_3,z_4 的交比. 若有一个 $z_i(1\leqslant i\leqslant 4)$ 为 ∞, 则考虑其极限, 也就是在 (2.15) 中将含有 z_i 的因式用 1 代替, 例如, 若 $z_1=\infty$, 则

$$(\infty,z_2,z_3,z_4)=\frac{1}{z_4-z_2}:\frac{1}{z_3-z_2}.$$

下面的定理说明, 交比是分式线性变换的不变量.

定理 2.7 设 $w=w(z)$ 是一线性变换, $w(z_i)=w_i(i=1,2,3,4)$, 则

$$(w_1,w_2,w_3,w_4)=(z_1,z_2,z_3,z_4).$$

证 先设 $w=az+h$, 于是 $w_i=az_i+h(i=1,2,3,4)$. 易知

$$(w_1,w_2,w_3,w_4)=(z_1,z_2,z_3,z_4).$$

若 $w=\dfrac{1}{z}$, 则 $w_i=\dfrac{1}{z_i}(i=1,2,3,4)$, 从而

$$(w_1,w_2,w_3,w_4)=\frac{\dfrac{1}{z_4}-\dfrac{1}{z_1}}{\dfrac{1}{z_4}-\dfrac{1}{z_2}}:\frac{\dfrac{1}{z_3}-\dfrac{1}{z_1}}{\dfrac{1}{z_3}-\dfrac{1}{z_2}}=(z_1,z_2,z_3,z_4).$$

若在上述情况中出现 0 与 ∞, 只需考虑相应的极限即可, 而线性变换可视为 $w=az+h$ 与 $w=\dfrac{1}{z}$ 的若干次复合, 从而定理证毕.

下面的定理说明线性变换仅含有三个参数.

定理 2.8 设 $w=w(z)$ 是一个线性变换, 则其被在三个点上的值唯一确定.

证 设 $w_i=w(z_i), i=1,2,3$, 则对任意 $z\neq z_i$, 有

$$(w_1,w_2,w_3,w(z))=(z_1,z_2,z_3,z),$$

从而可解出 $w=w(z)$.

定理 2.7 和定理 2.8 说明, 对于扩充 z 平面上任意三个相异的点 z_1,z_2,z_3 以及扩充 w 平面上任意三个相异的点 w_1,w_2,w_3, 存在唯一的线性变换, 把 z_1,z_2,z_3 分别映射成 w_1,w_2,w_3. 因此, 又有如下结论.

定理 2.9 扩充 z 平面上的任何一个圆周 C, 可以用一个线性变换映射成扩充 w 平面上任何一个圆周 Γ.

证 在已给圆周 C 和 Γ 上分别选出相异三点 z_1,z_2,z_3 和相异三点 w_1,w_2,w_3, 则由平面几何中过平面上三个相异点只能做出唯一的圆周以及线性变换的保圆性可知, 把 z_1,z_2,z_3 分别映射成 w_1,w_2,w_3 的线性变换就是把圆周 C 映射为 Γ 的线性变换.

下面讨论线性变换的保对称点性.

定义 2.10 称平面上的点 z_1,z_2 关于圆周 $C:|z-a|=R$ 是对称的, 若 z_1,z_2 满足方程:

$$(z_2-a)(\overline{z_1-a})=R^2.$$

其几何意义为 z_1,z_2 在同一条从圆心发出的射线上, 并且

$$|z_1-a||z_2-a|=R^2.$$

因为 $z_1\to a$ 时, 必有 $z_2\to\infty$. 所以规定圆心 a 关于圆周 C 的对称点是 ∞.

注 关于直线对称点的定义与解析几何中的定义一致, 即若 L 为 z_1 与 z_2 连线 $\overline{z_1z_2}$ 的垂直平分线, 则称 z_1 与 z_2 关于直线 L 对称. 而 z_1, z_2 关于直线 L 对称的定义可以看作定义 2.10 的一个特例. 理由如下.

设点 p 为射线 $\overrightarrow{az_1z_2}$ 与半径为 R 的圆周的交点 (图 2.8(a)). 由定义 2.10 得, $(R-|pz_1|)(R+|pz_2|)=R^2$ 或 $|pz_2|-|pz_1|=\dfrac{|pz_2|\cdot|pz_1|}{R}$. 当 $R\to+\infty$ 时, $|pz_2|=|pz_1|$(图 2.8(b)).

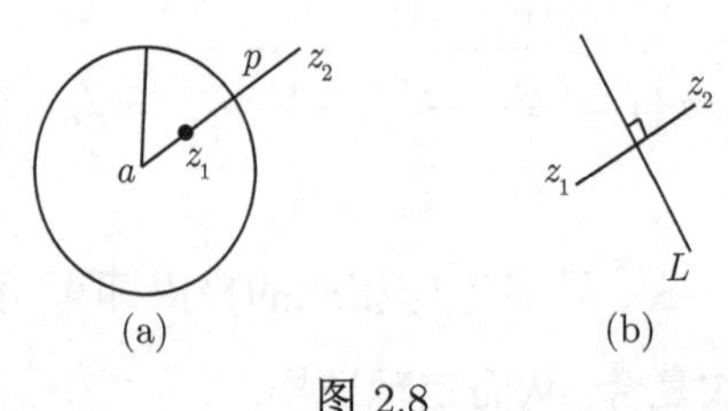

图 2.8

下面的定理是关于对称点的一个几何刻画.

定理 2.10 圆心发出的射线上的两点 z_1, z_2 关于该圆周对称的充要条件是: 过 z_1, z_2 的任意圆周与该圆周正交.

证 这是一个初等几何问题 (图 2.9), 请读者自己给出证明.

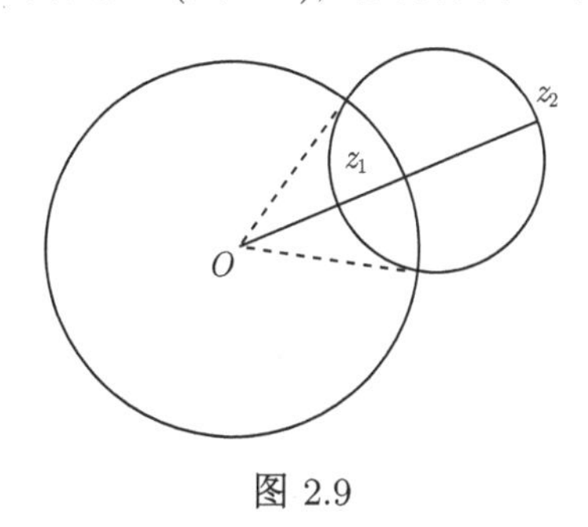

图 2.9

定理 2.11 设 $w = w(z)$ 为线性变换, z_1, z_2 为圆周 γ 的对称点, 则 $w_1 = w(z_1), w_2 = w(z_2)$ 关于圆周 Γ 对称, 其中 $\Gamma = w(\gamma)$.

证 设 Γ_1 是过 w_1, w_2 上的任意一个圆周, 则 $\gamma_1 = w^{-1}(\Gamma_1)$ 是 z 平面上的过 z_1, z_2 的圆周, 因为 z_1, z_2 关于 γ 对称, 所以由定理 2.10, γ 与 γ_1 正交, 由线性变换的保角性, Γ 与 Γ_1 正交, 再由定理 2.10, w_1, w_2 关于 Γ 对称.

最后说明, 线性变换在扩充复平面上是保角的.

为此, 引进在无穷远点处夹角的概念. 规定: 两条伸向无穷远的曲线在 ∞ 的夹角是指它们在映射 $w = \dfrac{1}{z}$ 下的像曲线在原点的夹角.

研究线性变换的保角性,只需对反演变换和整线性变换进行讨论即可. 对反演变换 $w = \dfrac{1}{z}$, 由于 $\dfrac{\mathrm{d}w}{\mathrm{d}z} = -\dfrac{1}{z^2}$, 因此当 $z \neq 0, \infty$ 时, 它是保角的. 又按上规定, 它在 $0, \infty$ 也是保角的, 从而 $w = \dfrac{1}{z}$ 在扩充复平面上是保角的.

对于整线性变换 $w = kz + h\ (k \neq 0)$, 由于 $\dfrac{\mathrm{d}w}{\mathrm{d}z} = k \neq 0$, 因此, 当 $z \neq \infty$ 时它是保角的. 为说明它在 $z = \infty$ 的保角性, 引入反演变换 $\lambda = \dfrac{1}{z}, \mu = \dfrac{1}{w}$, 它们分别将扩充 z 平面和扩充 w 平面上的 ∞ 变到扩充 λ 平面和 μ 平面上的原点, 且在 ∞ 是保角的. 将其代入 $w = kz + h$ 得变换 $\mu = \dfrac{\lambda}{h\lambda + k}$, 它将扩充 λ 平面上的原点变成扩充 μ 平面上的原点, 且 $\left.\dfrac{\mathrm{d}\mu}{\mathrm{d}\lambda}\right|_{\lambda=0} = \dfrac{1}{k} \neq 0$, 即它在 $\lambda = 0$ 保角. 由复合变换的保角性, $w = kz + h$ 在 ∞ 是保角的.

综上, 线性变换在扩充 z 平面上是保角的.

前面我们讨论了线性映射的单叶性、保角性、保圆性、保交比性和保对称点性，同时定理 2.9 说明如果给定 z 平面上的圆周 C 及 w 平面上的圆周 Γ，必能找到一个分式线性映射将 C 映射为 Γ. 这个映射会把 C 的内部映射到哪里？下面就这个问题进行讨论.

(1) 在这个分式线性映射下，圆周 C 的内部要么映射成 Γ 的内部，要么映射成 Γ 的外部. 理由如下：设 z_1, z_2 是 C 内部的任意两点，用直线段把这两点连接起来，线段 $\overline{z_1 z_2}$ 的像为圆弧或直线段 $\widehat{w_1 w_2}$. 若 w_1 在 Γ 内部，w_2 在 Γ 外部，则弧 $\widehat{w_1 w_2}$ 必与 Γ 交于一点 Q(图 2.10). 由于 Q 在 Γ 上，所以它必是 C 上某一点的像. 又由假设，Q 也是线段 $\overline{z_1 z_2}$ 上某点的像，因而就有两个不同的点 (一个在圆周 C 上，另一个在 C 的内部) 映射为同一点 Q，这与线性映射是一一映射相矛盾.

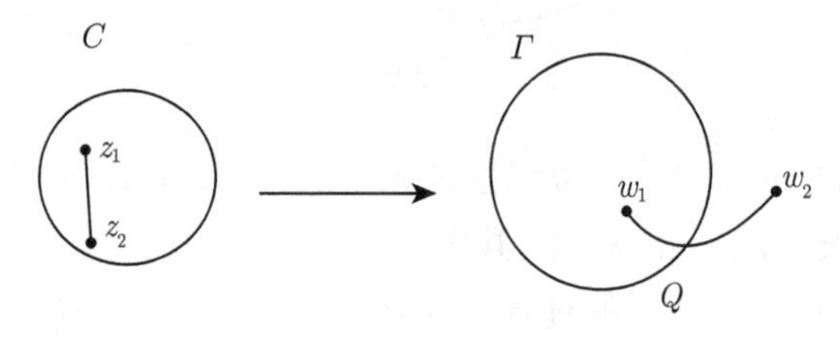

图 2.10

(2) 由 (1) 推知，在分式线性映射下，如果在 C 的内部任取一点 z_0，而点 z_0 的像在 Γ 的内部，那么 C 的内部就映射成 Γ 的内部；如果 z_0 的像在 Γ 的外部，那么 C 的内部就映射成 Γ 的外部.

这也是确定 C 的内、外部在线性映射下的像的方法. 除此之外，还可以利用下面的方法确定.

在 C 上取定三点 z_1, z_2, z_3，它们在 Γ 上的像分别为 w_1, w_2, w_3. 若 C 依 $z_1 \to z_2 \to z_3$ 的绕向与 Γ 依 $w_1 \to w_2 \to w_3$ 的绕向相同，则 C 的内部就映射成 Γ 的内部；相反时，C 的内部就映射成 Γ 的外部 (图 2.11).

事实上，由线性映射的保角性，在过 z_2 的半径上取一点 z，线段 $\overline{z_2 z}$ 的像 $\widehat{w_2 w}$ 必正交于 Γ，且当绕向相同时，w 在 Γ 内部，当绕向相反时 w 在 Γ 外部.

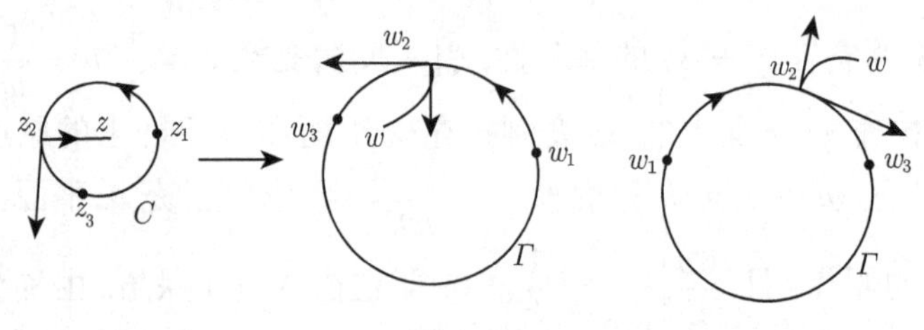

图 2.11

类似地，若 C 为圆周，Γ 为直线，则线性变换将 C 的内部变为 Γ 的某一侧的半平面. 究竟是哪一侧, 由绕向而定. 其他情况, 结论类似.

例 17 作一线性变换, 将 z 平面上的上半平面保形变换至 w 平面上的上半平面.

解 设 $z=x+\mathrm{i}y, w=u+\mathrm{i}v$, 上半平面的边界恰好是实轴, 而将实轴映射至实轴的线性变换可设为

$$w=\frac{az+b}{cz+d},$$

其中 a,b,c,d 均为实数, 因为解析函数是保向的, 从而 $w=\dfrac{az+b}{cz+d}$ 在 x 轴上的定义区间内作为实函数应是递增的, 从而

$$\frac{\mathrm{d}w}{\mathrm{d}z}=\left.\frac{ad-bc}{(cz+d)^2}\right|_{z=x}>0,$$

即 $ad-bc>0$. 这就是说, 所求的线性变换为

$$w=\frac{az+b}{cz+d},\quad a,b,c,d \text{ 均为实数, 且 } ad-bc>0.$$

例 18 求一线性变换将上半平面 $\mathrm{Im}z>0$ 保形变换至单位圆盘 $|w|<1$, 并且 $w(a)=0(\mathrm{Im}a>0)$.

解 因为所涉及的两个边界均为圆周, 并且 $z=a$ 关于 x 轴的对称点为 $\bar{a}, w=0$ 关于 $|w|=1$ 的对称点为 ∞. 由定理 2.11 有 $w(\bar{a})=\infty$, 所以

$$w=k\frac{z-a}{z-\bar{a}}.$$

因为当 $z=x$ 时, $|w|=1$, 即

$$1=|k|\cdot\left|\frac{z-a}{z-\bar{a}}\right|=|k|\left|\frac{x-a}{x-\bar{a}}\right|=|k|,$$

所以 $k=\mathrm{e}^{\mathrm{i}\theta}$, 从而

$$w=\mathrm{e}^{\mathrm{i}\theta}\frac{z-a}{z-\bar{a}}.$$

例 19 求作一线性变换 $w=w(z)$, 将 z 平面的单位圆盘 $|z|<1$ 保形映射至 w 平面上的单位圆盘 $|w|<1$, 且 $w(a)=0$, 这里 $|a|<1$.

解 $z=a$ 关于 $|z|=1$ 的对称点为 $\dfrac{1}{\bar{a}}, w=0$ 关于 $|w|<1$ 的对称点为 $w=\infty$, 故

$$w(z)=k\frac{z-a}{z-\dfrac{1}{\bar{a}}}=-k\bar{a}\frac{z-a}{1-\bar{a}z}.$$

因为当 $|z|=1$ 时, $|w|=1$, 故

$$1=|-k\bar{a}|\left|\frac{\mathrm{e}^{\mathrm{i}\theta}-a}{1-\bar{a}\mathrm{e}^{\mathrm{i}\theta}}\right|=|-k\bar{a}|.$$

令 $-k\bar{a}=\mathrm{e}^{\mathrm{i}\varphi}$, 则

$$w(z)=\mathrm{e}^{\mathrm{i}\varphi}\frac{z-a}{1-\bar{a}z}.$$

注　(1) 上面的三个例子在建立边界为圆弧或直线的区域之间的保形变换时起着重要的作用.

(2) 如果例 18(或例 19) 所得的线性变换中的 θ(或 φ) 与 a 都确定了, 则所求变换是唯一的. 当然, 这需要附加条件. 比如, 指定线性变换在点 $z=a$ 的旋转角 $\arg w'(a)$, 或指定实轴 (或单位圆周) 上一点到单位圆周上一点的对应关系. 此外, 容易验证：例 18 得到的线性变换中的 θ 与该变换在点 a 的旋转角 $\arg w'(a)$ 的关系是 $\theta=\arg w'(a)+\dfrac{\pi}{2}$, 例 19 得到的线性变换中的 φ 与该变换在点 a 的旋转角 $\arg w'(a)$ 的关系是 $\varphi=\arg w'(a)$.

例 20　求上半平面 $\mathrm{Im}z>0$ 到单位圆盘 $|w|<1$ 的线性变换 $w=w(z)$, 且使 $w(\mathrm{i})=0, w'(\mathrm{i})<0$.

解　由例 18, 所求变换为 $w=\mathrm{e}^{\mathrm{i}\theta}\dfrac{z-\mathrm{i}}{z+\mathrm{i}}$.

又由 $w'(\mathrm{i})=\dfrac{1}{2\mathrm{i}}\mathrm{e}^{\mathrm{i}\theta}<0$ 得 $\mathrm{e}^{\mathrm{i}\theta}=-\mathrm{i}$, 从而 $w(z)=-\mathrm{i}\dfrac{z-\mathrm{i}}{z+\mathrm{i}}$ 即为所求变换.

此外, 这里 θ 的确定也可以利用前面的注 (2). 由条件 $w'(\mathrm{i})<0$ 得 $\arg w'(\mathrm{i})=\pi$, 从而 $\theta=\arg w'(\mathrm{i})+\dfrac{\pi}{2}=\dfrac{3\pi}{2}$.

例 21　求线性变换 $w=f(z)$, 它将点 $z_1=-1, z_2=0, z_3=1$ 依次映射成 $w_1=1, w_2=\mathrm{i}, w_3=-1$, 并求 $w=f(z)$ 将 $|z|<1$ 映射成的区域.

解　由 $(1,\mathrm{i},-1,w)=(-1,0,1,z)$, 即

$$\frac{w-1}{w-\mathrm{i}}:\frac{-1-1}{-1-\mathrm{i}}=\frac{z+1}{z-0}:\frac{1+1}{1-0}$$

得到所求的线性变换为 $w=\dfrac{z-\mathrm{i}}{\mathrm{i}z-1}$.

经计算 $w=\dfrac{z-\mathrm{i}}{\mathrm{i}z-1}$ 将圆周 $|z|=1$ 上的点 $1,\mathrm{i},-1$ 依次映射成 $-1,0,1$. 由线性变换的保圆性, 圆周 $C:|z|=1$ 的像为实轴 $\varGamma:\mathrm{Im}w=0$. 又依 $1\to\mathrm{i}\to-1$ 绕向的圆周 C 的内部 $|z|<1$ 在 C 的左侧, 从而它的像在依 $-1\to0\to1$ 绕向的直线 $\varGamma$ 的左侧, 即 $w=\dfrac{z-\mathrm{i}}{\mathrm{i}z-1}$ 将圆盘 $|z|<1$ 映射成上半平面 $\mathrm{Im}w>0$.

例 22 求将上半平面 $\mathrm{Im}z>0$ 变到 $|w-w_0|<R$ 的线性变换 $w=w(z)$, 并使 $w(\mathrm{i})=w_0$, $w'(\mathrm{i})>0$.

解 首先, 作变换 $\xi=\dfrac{w-w_0}{R}$, 则它将 $|w-w_0|<R$ 变成 $|\xi|<1$.

其次, 作上半平面 $\mathrm{Im}z>0$ 到 $|\xi|<1$ 的线性变换并使 $z=\mathrm{i}$ 变成 $\xi=0$, 于是

$$\xi=\mathrm{e}^{\mathrm{i}\theta}\frac{z-\mathrm{i}}{z+\mathrm{i}}.$$

二者复合得

$$\frac{w-w_0}{R}=\mathrm{e}^{\mathrm{i}\theta}\frac{z-\mathrm{i}}{z+\mathrm{i}}.$$

再利用条件 $w'(\mathrm{i})>0$, 得 $\mathrm{e}^{\mathrm{i}\theta}=\mathrm{i}$. 故所求的满足条件的线性变换为

$$w=\mathrm{i}R\frac{z-\mathrm{i}}{z+\mathrm{i}}+w_0.$$

4. 一些初等函数的变换

由前面讨论知道, 幂函数 $w=z^{\alpha}(\alpha>0,\alpha$ 是实数) 在开度不大于 $\dfrac{2\pi}{\alpha}(\leqslant 2\pi)$ 的角状区域上为单叶解析函数 (若 α 不是整数, 需先确定其一个解析分支). 设

$$D=\left\{z\middle|0<\arg z<\theta_0, 0<\theta_0<\frac{2\pi}{\alpha}\right\},$$

我们先研究区域 D 在映射 $w=z^{\alpha}$ 下的像区域.

因为当 α 不是整数时, z^{α} 是多值函数, 故我们先取定 $z^{\alpha}|_{z=1}=1$, 对任意的 θ, $0<\theta<\theta_0$, 射线

$$\arg z=\theta$$

在映射 $w=z^{\alpha}$ 下的像曲线为

$$\arg w=\alpha\theta.$$

角域 D 可视为射线 $\arg z=\theta$ 从 $\theta=0$ 至 $\theta=\theta_0$ 所扫射后的轨迹, 自然其像区域也理应如此. 所以不难得到像区域应为

$$\Omega=\{w|0<\arg w<\alpha\theta_0\}.$$

同样我们也可说明角状区域

$$D=\left\{z\middle|-\varphi_0<\arg z<\varphi_0; 0<\varphi_0<\frac{\pi}{\alpha}\right\}$$

在映射 $w = z^\alpha (z^\alpha|_{z=1} = 1)$ 下的像区域为

$$\Omega = \{w| - \alpha\varphi_0 < \arg w < \alpha\varphi_0\}.$$

例 23 求一保形变换 $w = w(z)$, 将 $|z-1| < \sqrt{2}$ 与 $|z+1| < \sqrt{2}$ 的公共部分 D 映射成单位圆盘 $|w| < 1$.

解 圆周 $|z-1| = \sqrt{2}$ 与圆周 $|z+1| = \sqrt{2}$ 的交点为 $z = \pm\mathrm{i}$. 用线性变换

$$w_1 = \frac{z-\mathrm{i}}{z+\mathrm{i}}$$

将圆周 $|z-1| = \sqrt{2}$ 变为直线 Γ_1, 圆周 $|z+1| = \sqrt{2}$ 变为直线 Γ_2, 区域 D 保形地变为角形域 D_1 (图 2.12(b)).

作旋转变换

$$w_2 = \mathrm{e}^{-\frac{3\pi}{4}\mathrm{i}} w_1,$$

它将 D_1 变为角形域 $D_2 = \left\{ w_2 \middle| 0 < \arg w_2 < \frac{\pi}{2} \right\}$ (图 2.12(c)). 再用幂函数

$$w_3 = w_2^2$$

将角形域 D_2 变为上半平面 D_3 (图 2.12(d)). 最后, 用线性变换

$$w = \frac{w_3 - \mathrm{i}}{w_3 + \mathrm{i}}$$

将 D_3 变为 $|w| < 1$(图 2.12(e)). 复合上述函数就得到所求的保形变换为

$$w = \frac{-2\mathrm{i}z}{z^2 - 1}.$$

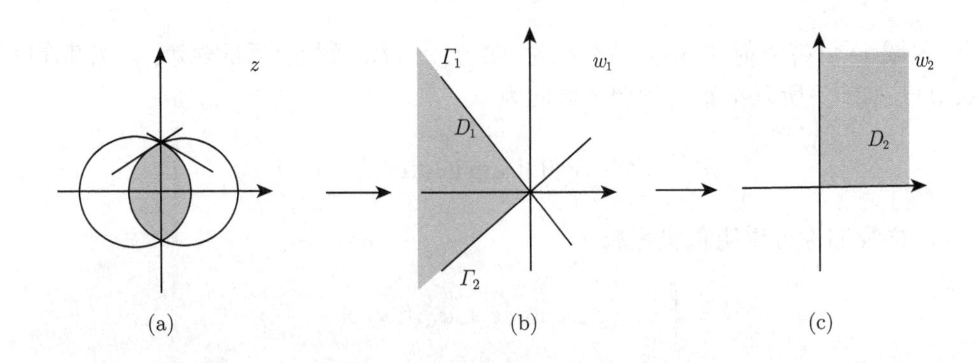

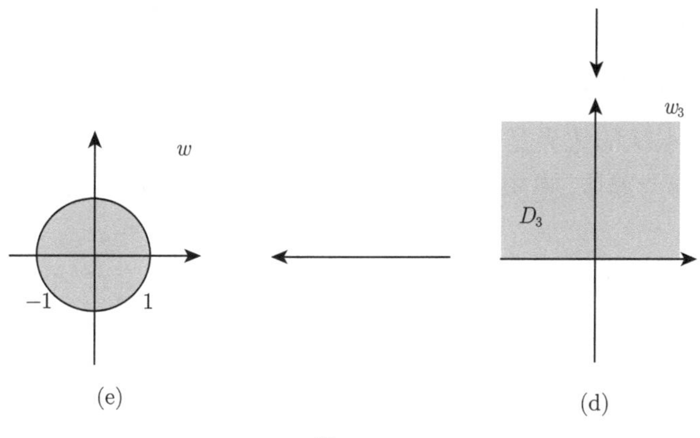

图 2.12

例 24 求把带形 $a < \mathrm{Re}z < b$ $(0 < a < b)$ 映射成上半平面 $\mathrm{Im}w > 0$ 的保形映射.

解 带形 $a < \mathrm{Re}z < b$ 经过平移变换 $w_1 = z - a$ 变为 $D_1 = \{w_1 | 0 < \mathrm{Re}w_1 < b - a\}$ (图 2.13(b)). D_1 经过旋转变换 $w_2 = \mathrm{e}^{\frac{\pi}{2}\mathrm{i}} w_1$, 即 $w_2 = \mathrm{i}w_1$ 变为水平带形

$$D_2 = \{w_2 | 0 < \mathrm{Im}w_2 < b - a\} \quad (\text{图 } 2.13(\mathrm{c})).$$

D_2 经过相似变换 $w_3 = \dfrac{\pi}{b-a} w_2$ 变为 $D_3 = \{w_3 | 0 < \mathrm{Im}w_3 < \pi\}$ (图 2.13(d)). 最后, 用指数函数 $w = \mathrm{e}^{w_3}$ 将 D_3 映射成上半平面 $\mathrm{Im}w > 0$(图 2.13(e)). 上述所有的映射复合起来就得到所求的映射

$$w = \mathrm{e}^{\frac{\pi \mathrm{i}}{b-a}(z-a)}.$$

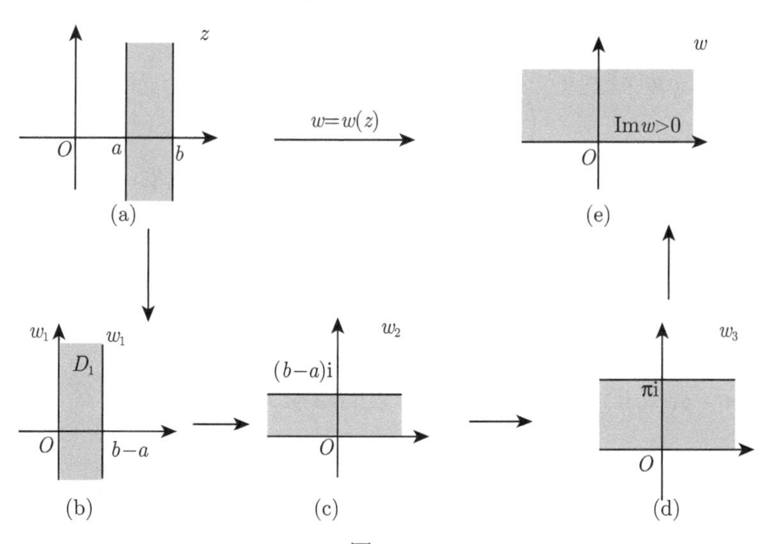

图 2.13

例 25　求一共形变换 $w = w(z)$, 将 z 平面上的上半单位圆盘 $D = \{z||z| < 1, \mathrm{Im}z > 0\}$ 保形变换至 w 平面上的单位圆盘 $|w| < 1$, 且 $w\left(\dfrac{\mathrm{i}}{2}\right) = 0, w'\left(\dfrac{\mathrm{i}}{2}\right) > 0$.

解　注意到 D 的边界是由两条圆弧所组成的, 类似于例 23. 因此先用一线性变换将 D 变为第一象限, 再用平方变换将其变换至上半平面, 最后用线性变换变为单位圆盘.

设 $\xi = \dfrac{1+z}{1-z}$, 由保角性可知

$$D_1 = \xi(D) = \{\xi|\mathrm{Im}\xi > 0, \mathrm{Re}\xi > 0\};$$

$$\xi\left(\frac{\mathrm{i}}{2}\right) = \frac{3}{5} + \frac{4}{5}\mathrm{i}.$$

再设 $\eta = \xi^2$, 则

$$D_2 = \eta(D_1) = \{\eta|\mathrm{Im}\eta > 0\}, \quad \eta\left(\frac{3}{5} + \frac{4}{5}\mathrm{i}\right) = \frac{1}{25}(-7+24\mathrm{i}).$$

映射

$$w = \mathrm{e}^{\mathrm{i}\theta} \cdot \frac{\eta - \dfrac{1}{25}(-7+24\mathrm{i})}{\eta - \dfrac{1}{25}(-7-24\mathrm{i})}$$

将 D_2 保形映射至 $|w| < 1$, 且 $w\left(\dfrac{1}{25}(-7+24\mathrm{i})\right) = 0$.

由上述三个函数的复合得

$$\begin{aligned} w(z) &= \mathrm{e}^{\mathrm{i}\theta} \frac{\left(\dfrac{1+z}{1-z}\right)^2 - \dfrac{1}{25}(-7+24\mathrm{i})}{\left(\dfrac{1+z}{1-z}\right)^2 - \dfrac{1}{25}(-7-24\mathrm{i})} \\ &= \mathrm{e}^{\mathrm{i}\theta} \frac{2(4-3\mathrm{i})z^2 + 3(3+4\mathrm{i})z + 2(4-3\mathrm{i})}{2(4+3\mathrm{i})z^2 + 3(3-4\mathrm{i})z + 2(4+3\mathrm{i})}. \end{aligned}$$

因为

$$w'\left(\frac{\mathrm{i}}{2}\right) = \frac{5}{3}\mathrm{e}^{\mathrm{i}\theta} \cdot \frac{24+7\mathrm{i}}{25} > 0,$$

所以应取 $\theta = -\arctan\dfrac{7}{24}$, 这样就得到所求的映射为

$$w(z) = \mathrm{e}^{-\mathrm{i}\arctan\frac{7}{24}} \frac{2(4-3\mathrm{i})z^2 + 3(3+4\mathrm{i})z + 2(4-3\mathrm{i})}{2(4+3\mathrm{i})z^2 + 3(3-4\mathrm{i})z + 2(4+3\mathrm{i})}.$$

*2.7 Riemann 曲 面

为了把多值函数 $w=f(z)$ 也像单值函数那样去研究, Riemann 提出了 Riemann 曲面这种模型代替通常的 z 平面, 从而能够使 w 的值与 z 的值一一对应. 所谓多值函数的 Riemann 曲面是指把该多值函数的各个分支在 z 平面上的解析区域看作是按照某种方式粘合起来的叶片 (或直观上说, 许多平面层粘合在一起). 利用这种曲面不仅可以有效地使多值函数成为单值函数, 而且还可以使多值函数本身和分支、支点、支割线等概念在几何上具有直观的表示和说明. 本节通过具体的例子讨论初等多值函数的 Riemann 曲面.

1. 根式函数 $\sqrt[n]{z}$ ($n \geqslant 2$ 为正整数) 的 Riemann 曲面

由 2.5 节我们知道, $w=\sqrt[n]{z}$ 是一个 n 值函数, $z=0,\infty$ 为其支点, 连接 0 和 ∞ 的任一简单连续曲线为其支割线. 这里我们取正实轴 (含原点) 为其支割线, 支割线具有两个 "边缘", 一个在上方称为上沿 (或上岸), 另一个在下方称为下沿 (或下岸). 在沿正实轴割破的 z 平面上, $w=\sqrt[n]{z}$ 可以分解出 n 个单值解析分支, 第 k 个分支将割破后的 z 平面保形映射为角形域

$$w_k=\left\{w\left|\frac{2k\pi}{n}<\arg w<\frac{2(k+1)\pi}{n}\right.\right\},\quad k=0,1,\cdots,n-1,$$

且将割破的正实轴的上沿和下沿分别映射为此角形域的两条射线. w 平面被这样的 n 个角形域所分割, 反之, 这 n 个角形域对应于 n 张沿正实轴割破的 z 平面.

为了将这个多值函数的 n 个解析分支作为整体研究, 我们将这 n 张沿正实轴割破的 z 平面 (称为 n 个叶片), 记为 $R_0,R_1,\cdots,R_{n-1}$, 按如下方式叠放在一起: R_0 重叠在 R_1 之上, R_1 重叠在 R_2 之上, 依此类推, 最后 R_{n-2} 重叠在 R_{n-1} 之上. 并且将这 n 叶平面作如下粘合: 第一叶 R_0 的下沿与第二叶 R_1 的上沿粘合在一起, 第二叶 R_1 的下沿与第三叶 R_2 的上沿粘合在一起, 依此类推, 第 $n-1$ 叶 R_{n-2} 的下沿与第 n 叶 R_{n-1} 的上沿粘合在一起, 最后第 n 叶 R_{n-1} 的下沿与第一叶 R_0 的上沿粘合在一起 (这种粘合是设想的). 这样确定的曲面称为 $w=\sqrt[n]{z}$ 的 Riemann 曲面, 对根式函数来说它是由 n 层平面所组成的循环体 (图 2.14 是 $n=4$ 的情形).

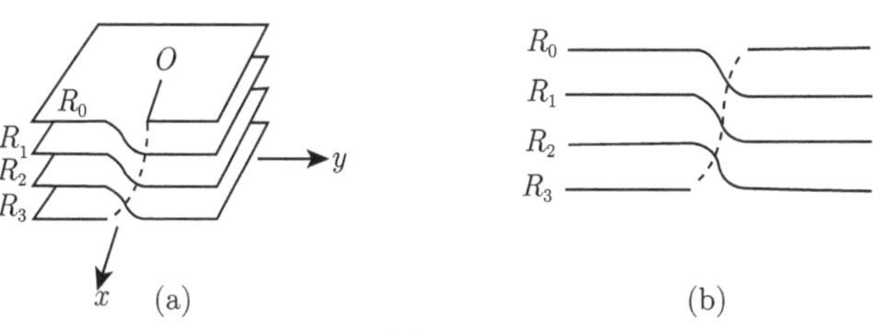

图 2.14

下面通过考察 z 在 Riemann 曲面上的连续变化, 说明函数 $w=\sqrt[n]{z}$ 是 Riemann 曲面上的单值函数.

在 Riemann 曲面上, 当 z 沿连续曲线变化时, $\sqrt[n]{z}$ 的值是连续的. 点 z 从 R_0 叶片的正实轴上沿的一点出发, 逆时针方向绕原点 $z=0$ 连续变动一周, 辐角由 0 变到 2π 且点 z 从叶片 R_0 进入叶片 R_1, 函数 $w=\sqrt[n]{z}$ 的值由 w_0 变到 w_1; 接着 z 在 R_1 叶片上连续变动一周, 辐角从 2π 变到 4π 且点 z 进入下一个叶片, 函数值由 w_1 变到 w_2. 这样继续绕行 n 周, 辐角从 $2(n-1)\pi$ 变到 $2n\pi$, 函数值由 w_{n-2} 变到 w_{n-1}. 如果点 z 再继续绕动, 它就回到叶片 R_0 上, 辐角可以认为由 $2n\pi$ 变到 $2(n+1)\pi$, 但函数值仍与 w_0 相同. 因此, 当 z 在 Riemann 曲面上绕 $z=0$ 一周回到原来的位置时, $w=\sqrt[n]{z}$ 也回到原来的值. 而当 z 不绕原点连续变化一周 (且不越过支割线) 时, w 始终在同一单值分支中变化, 不会变到另一个分支. 如果越过支割线, 那么函数就定义在另一叶片上. 因此, 在这个 Riemann 曲面上函数 $w=\sqrt[n]{z}$ 是单值函数.

其次, $w=\sqrt[n]{z}$ 将 Riemann 曲面一对一地 (除 $z=0$ 外) 映射到 w 平面, 而且在 Riemann 曲面上单值函数 $w=\sqrt[n]{z}$ 除原点外都是解析的. 这是因为, Riemann 曲面的 R_k 叶片在映射 $w=\sqrt[n]{z}$ 下的像为 w_k, $k=0,1,\cdots,n-1$, 而在每一叶片上, 函数是解析的. 如果越过支割线, 那么函数就定义在另一叶片上, 同样函数也是解析的.

最后, 点 $z=0$ 处于一个特殊的位置, 它连接 Riemann 曲面所有的叶片, 而且点 z 绕 $z=0$ 一周回到原来的位置时必须在各层上转一周. 这样的点称为支点. 另外, 从复球上看, 与 $z=0$ 对应的 $z=\infty$ 也是它的支点.

2. 对数函数 Lnz 的 Riemann 曲面

由 2.5 节的讨论我们知道, 这是一个无穷多值函数, $z=0,\infty$ 为其支点, 这里我们仍取正实轴为支割线. 在沿正实轴割破的 z 平面上, 它可以分解出无穷多个单值解析分支:

$$w=(\mathrm{Ln}z)_k=\ln z+2k\pi\mathrm{i},\quad k=0,\pm1,\pm2,\cdots.$$

第 k 个分支将割破正实轴的平面保形映射为带形域:

$$\{w|2k\pi<\mathrm{Im}w<2(k+1)\pi\},\quad k=0,\pm1,\pm2,\cdots,$$

且将割破的正实轴的上沿和下沿分别映射为该带形域的下水平直线和上水平直线. 这个函数的 Riemann 曲面是由无穷多个沿正实轴割破的 z 平面按如下方式粘合而成: 将第 k 层割破的 z 平面的正实轴的上沿与第 $k+1$ 层的下沿粘合, 这样无穷尽地粘合下去, 就构成了由无穷多个叶片构成的 Riemann 曲面. 在 Riemann 曲面上

函数 $w=\mathrm{Ln}z$ 是单值的, 而且是该曲面上的解析函数 (除 $z=0$ 外). 同样, $z=0$ 处于特殊的位置, 它与每一层相衔接但不是任何一层上的点, 它是函数的支点.

类似地, 也可以作出其他函数的 Riemann 曲面. 然而, 对于许多函数来说, 要用若干叶片适当地连接成一个 Riemann 曲面的工作相当复杂, 且需要一定的技巧. 除此之外, 未必所有的多值函数都可以用一个简单的曲面去几何地表示它. 因此, 这里仅以上面两个例子为代表说明 Riemann 曲面的概念. 关于 Riemann 曲面的一般定义和基本理论, 需要用到现代数学的一些术语, 有兴趣的读者可以查看相关的书籍, 这里不再进一步讨论.

第 2 章习题

1. 判断下列函数的可微性与解析性.

(1) $f(z)=x^2+y^2$;　　(2) $f(z)=x^2+\mathrm{i}y^2$.

2. 设 $f(z)=ax^2-by^2+xy\mathrm{i}$ 在原点解析, 求实常数 a 与 b.

3. 设 $f(z)=\begin{cases}\dfrac{x^3-y^3+\mathrm{i}(x^3+y^3)}{x^2+y^2}, & z\neq 0,\\ 0, & z=0.\end{cases}$ 求证:

(1) $f(z)$ 在 $z=0$ 连续;

(2) $f(z)$ 在 $z=0$ 满足 Cauchy-Riemann 条件;

(3) $f'(0)$ 不存在.

4. 设 $f(z)$ 在区域 D 上解析, 求证: 若 $f(z)$ 在 D 内满足下列条件之一, 则 $f(z)$ 恒为常数.

(1) $f'(z)\equiv 0$;

(2) $\mathrm{Re}f(z)\equiv$ 常数, 或 $\mathrm{Im}f(z)\equiv$ 常数;

(3) $|f(z)|\equiv$ 常数.

5. 将下列函数值写成 $a+b\mathrm{i}$ 形式.

(1) $\sin\mathrm{i}$; (2) $\mathrm{e}^{1+\mathrm{i}}$; (3) $\ln(1+\sqrt{3}\mathrm{i})$; (4) $\mathrm{e}^{\sin\mathrm{i}m}$.

6. 求 $(1+\mathrm{i})^{\mathrm{i}}$ 的所有值.

7. 证明:

(1) $|\sin z|^2=\mathrm{sh}^2y+\sin^2x$;

(2) $|\cos z|^2=\mathrm{sh}^2y+\cos^2x$.

8. 求证: 方程 $\tan z=\pm\mathrm{i}$ 无解.

9. 证明函数 $f(z)=\mathrm{e}^x(x\cos y-y\sin y)+\mathrm{i}\mathrm{e}^x(y\cos y+x\sin y)$ 在复平面上解析, 并求 $f'(z)$.

10. 证明 Cauchy-Riemann 条件的极坐标形式为

$$\frac{\partial u}{\partial r}=\frac{1}{r}\frac{\partial v}{\partial\theta},\quad \frac{\partial v}{\partial r}=-\frac{1}{r}\frac{\partial u}{\partial\theta}.$$

11. 设区域 D 位于上半平面, D_1 是 D 关于 x 轴的对称区域, 若 $f(z)$ 在区域 D 上解析, 求证

$$F(z)=\overline{f(\bar{z})}$$

在区域 D_1 上解析.

12. 求函数 $u(x,y)=x^2-y^2-y$ 的共轭调和函数.

13. 设 $f(z)$ 为区域 D 上的解析函数, $s(w)=s(u,v)$ 在 $f(D)$ 上为调和函数, 求证 $s(f(z))$ 为 D 上的调和函数.

14. 设函数 $f_\alpha(z)=z^2+\alpha z+3$ 在单位圆域上单叶解析, 求 α 的范围.

15. 证明: 函数 $f(z)=\mathrm{e}^{\sin(z^2+\bar{z})}$ 在 $\mathbb{C}$ 上无处解析.

16. 求 $f(z)=\sqrt[3]{z(z^2-1)}$ 的支点和支割线. 设 $f(2)>0$, 当 z 从 $z=2$ 沿曲线 $C_i(i=1,2,3)$ 变化至 $z=\mathrm{i}$ 时 (图 2.15). 求 $f(\mathrm{i})$.

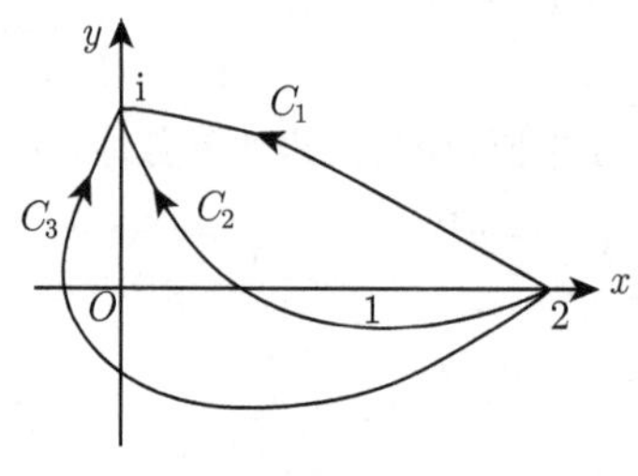

图 2.15

17. 试证在 z 平面适当割开后, 函数 $f(z)=\sqrt[3]{(1-z)z^2}$ 能分出三个单值解析分支. 在去掉支割线 $[0,1]$ 后, 求出在点 $z=2$ 取负值的那个分支在 $z=\mathrm{i}$ 的值.

18. 设 z_1,z_2,z_3,z_4 是圆周上按顺序排列的四个不同的点, 证明交比

$$(z_1,z_2,z_3,z_4)<1.$$

19. 分别求出上半平面 $\mathrm{Im}z>0$ 到单位圆盘 $|w|<1$ 的线性变换 $w=w(z)$ 使其满足:

(1) $w(\mathrm{i})=0, w(-1)=1$;

(2) $w(\mathrm{i})=0, \arg w'(\mathrm{i})=0$;

(3) $w(\mathrm{i})=0, w'(-1)=1$.

20. 分别求单位圆盘 $|z|<1$ 到单位圆盘 $|w|<1$ 的线性变换 $w=w(z)$, 使其满足:

(1) $w\left(\dfrac{1}{2}\right)=0, w(1)=-1$;

(2) $w\left(\dfrac{\mathrm{i}}{2}\right)=0, \arg w'\left(\dfrac{\mathrm{i}}{2}\right)=\dfrac{\pi}{2}$.

21. 设线性变换 $w=\dfrac{az+b}{cz+d}$ 将单位圆周变换至平面上的直线, 求其系数应满足的条件.

22. 设 $w=\dfrac{az+b}{cz+d}$ 将 $|z|<1$ 映射至半平面 $u+v>0$, 求出该映射.

23. 求一共形映射 $w = w(z)$, 将复平面挖去负实轴的区域映射至 $|w| < 1$, 并满足 $w(1) = 0, w'(1) > 0$.

24. 求一共形映射 $w = w(z)$, 将区域 $|z| < 1, |z-1| < 1$ 的交共形映射至 $|w| < 1$, 并且 $w\left(\dfrac{1}{2}\right) = 0, w'\left(\dfrac{1}{2}\right) > 0$.

25. 设 $f(z) = \dfrac{z}{1-z^2}$, 求 $\mathrm{Re}\left[z\dfrac{f'(z)}{f(z)}\right]$.

26. 设 $f(z) = u + \mathrm{i}v$ 是 z 的解析函数, $u - v = x^2 - y^2 - 2xy$, 求 $f(z)$.

第 3 章　复　积　分

复积分在复变函数理论中的地位特别突出, 许多关于解析函数的深刻理论往往要通过复积分导出. 本章将要讨论的 Cauchy 积分定理和 Cauchy 积分公式是研究解析函数理论的重要基础.

3.1　复积分的基本概念和性质

1. 复积分概念

复积分主要考虑的是复平面上曲线的积分. 在这部分主要给出复积分的定义、复积分存在的条件及其计算方法.

设 C 为有向按段光滑曲线 (图 3.1), A, B 分别是 C 的起点和终点, $f(z)$ 沿 C 有定义. 在 C 上依次插入 $n-1$ 个分点

$$T: \quad A = z_0, z_1, \cdots, z_n = B,$$

在弧段 $z_{i-1}z_i$ 上任取一点 ξ_i, 若极限

$$\lim_{\|T\|\to 0}\sum_{i=1}^{n} f(\xi_i)(z_i - z_{i-1}) = J, \quad \|T\| = \max_{1\leqslant i\leqslant n} |\,\widehat{z_{i-1}z_i}\,|(\text{最大弧长})$$

存在, 且该极限与介点 ξ_i 的选取无关. 称 $f(z)$ 沿曲线 C 可积, J 为 $f(z)$ 沿有向曲线 C 的复积分, 记作

$$\int_C f(z)\mathrm{d}z = J.$$

很明显, 若 C^- 是 C 的负方向, 则

$$\int_{C^-} f(z)\mathrm{d}z = -\int_C f(z)\mathrm{d}z.$$

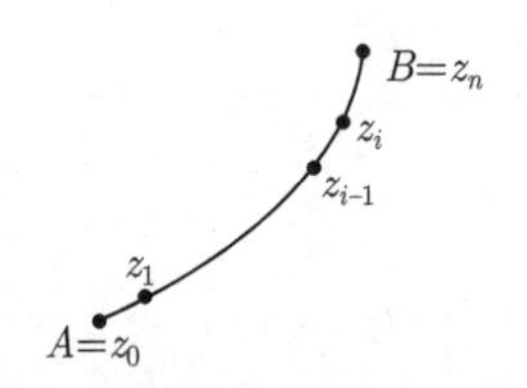

图 3.1

定理 3.1 设 $f(z)$ 在有向曲线

$$C: z = z(t) = x(t) + \mathrm{i}y(t), \quad \alpha \leqslant t \leqslant \beta$$

上连续, 则

$$\int_C f(z)\mathrm{d}z = \int_C u\mathrm{d}x - v\mathrm{d}y + \mathrm{i}\int_C u\mathrm{d}y + v\mathrm{d}x, \tag{3.1}$$

其中 $f(z) = u(x,y) + \mathrm{i}v(x,y)$.

证 记 $\Delta x_k = x_k - x_{k-1}, \Delta y_k = y_k - y_{k-1}, z(t_k) = x_k + \mathrm{i}y_k, z(t_k') = \xi_k = \zeta_k + \mathrm{i}\eta_k$. 则

$$\begin{aligned}&\sum_{k=1}^{n} f(\xi_k)\Delta z_k = \sum_{k=1}^{n}[u(\zeta_k,\eta_k) + \mathrm{i}v(\zeta_k,\eta_k)][\Delta x_k + \mathrm{i}\Delta y_k]\\ =&\sum_{k=1}^{n} u(\zeta_k,\eta_k)\Delta x_k - v(\zeta_k,\eta_k)\Delta y_k + \mathrm{i}\sum_{k=1}^{n} u(\zeta_k,\eta_k)\Delta y_k + v(\zeta_k,\eta_k)\Delta x_k.\end{aligned}$$

当 $\|T\| \to 0$, 可得

$$\int_C f(z)\mathrm{d}z = \int_C u\mathrm{d}x - v\mathrm{d}y + \mathrm{i}\int_C u\mathrm{d}y + v\mathrm{d}x.$$

定理 3.2 设 $f(z)$ 沿光滑曲线 $C: z = z(t), \alpha \leqslant t \leqslant \beta$ 连续, 则

$$\int_C f(z)\mathrm{d}z = \int_\alpha^\beta f(z(t))z'(t)\mathrm{d}t.$$

证 因为

$$\int_C u\mathrm{d}x - v\mathrm{d}y = \int_\alpha^\beta [u(x(t),y(t)]x'(t) - v[x(t),y(t)]y'(t))\mathrm{d}t,$$

$$\int_C u\mathrm{d}y + v\mathrm{d}x = \int_\alpha^\beta [u(x(t),y(t)]y'(t) + v[x(t),y(t)]x'(t))\mathrm{d}t.$$

根据定理 3.1

$$\int_C f(z)\mathrm{d}z = \int_C u\mathrm{d}x - v\mathrm{d}y + \mathrm{i}\int_C u\mathrm{d}y + v\mathrm{d}x = \int_\alpha^\beta f(z(t))z'(t)\mathrm{d}t.$$

例 1 求复积分 $\displaystyle\int_C \frac{\mathrm{d}z}{(z-a)^n}$, 其中 $C: |z-a| = R$(n 为整数).

解 $C: z = a + R\mathrm{e}^{\mathrm{i}\theta}, 0 \leqslant \theta \leqslant 2\pi$, 则

$$\int_C \frac{\mathrm{d}z}{(z-a)^n} = \int_0^{2\pi} \frac{R\mathrm{e}^{\mathrm{i}\theta}\mathrm{i}}{R^n\mathrm{e}^{\mathrm{i}n\theta}}\mathrm{d}\theta = \frac{\mathrm{i}}{R^{n-1}}\int_0^{2\pi}\mathrm{e}^{\mathrm{i}(1-n)\theta}\mathrm{d}\theta = \begin{cases} 2\pi\mathrm{i}, & n = 1,\\ 0, & n \neq 1.\end{cases}$$

例 2　设 C 是连接点 z_1^* 与 z_2^* 的任一连续曲线, 证明

(1) $\int_C \mathrm{d}z = z_2^* - z_1^*$.

(2) $\int_C z\mathrm{d}z = \frac{1}{2}(z_2^{*2} - {z_1^*}^2)$.

解　(1)$f(z) = 1$, 由复积分的定义, 对曲线 C 的任意分割

$$T = \{z_0 = z_1^*, z_1, \cdots, z_n = z_2^*\},$$

有

$$\lim_{||T||\to 0} \sum_{k=1}^{n} (z_k - z_{k-1}) = z_n - z_0 = z_2^* - z_1^*.$$

故 $\int_C \mathrm{d}z = z_2^* - z_1^*$.

(2) $f(z) = z$, 由定理 3.1 知积分 $\int_C z\mathrm{d}z$ 存在. 利用复积分的定义, 有

$$\int_C z\mathrm{d}z = \lim_{||T||\to 0} \sum_{k=1}^{n} z_k(z_k - z_{k-1}) \quad (取\xi_k = z_k),$$

$$\int_C z\mathrm{d}z = \lim_{||T||\to 0} \sum_{k=1}^{n} z_{k-1}(z_k - z_{k-1}) \quad (取\xi_k = z_{k-1}).$$

所以

$$\begin{aligned}\int_C z\mathrm{d}z &= \frac{1}{2} \lim_{||T||\to 0} \sum_{k=1}^{n} (z_k + z_{k-1})(z_k - z_{k-1}) \\ &= \frac{1}{2}(z_n^2 - z_0^2) = \frac{1}{2}(z_2^{*2} - z_1^{*2}).\end{aligned}$$

特别地, 若题中的 C 为闭曲线, 则 $\int_C \mathrm{d}z = \int_C z\mathrm{d}z = 0$.

2. 复积分基本性质

既然复积分可归结为数学分析中的曲线积分, 从而下列关于复积分的性质也就不难理解了.

(1) 设 $f(z), g(z)$ 均在有向曲线 C 上可积, α, β 为复常数, 则 $\alpha f(z) + \beta g(z)$ 在 C 上亦可积, 并且

$$\int_C [\alpha f(z) + \beta g(z)]\mathrm{d}z = \alpha \int_C f(z)\mathrm{d}z + \beta \int_C g(z)\mathrm{d}z.$$

(2) 设有向曲线 C 是由有向曲线 C_1, C_2 首尾衔接而成, 则 $f(z)$ 在 C 上可积的充要条件是 $f(z)$ 分别在 C_1, C_2 上可积, 并且

$$\int_C f(z)\mathrm{d}z = \int_{C_1} f(z)\mathrm{d}z + \int_{C_2} f(z)\mathrm{d}z.$$

(3) 设 $f(z)$ 在有向曲线 C 上可积, L 是 C 的长度, M 是 $|f(z)|$ 在 C 上的上界, 则

$$\left|\int_C f(z)\mathrm{d}z\right| \leqslant \int_C |f(z)||\mathrm{d}z| = \int_C |f(z)|\mathrm{d}s \leqslant ML.$$

这里 $|\mathrm{d}z|$ 表示弧长的微分: $|\mathrm{d}z| = \sqrt{(\mathrm{d}x)^2 + (\mathrm{d}y)^2} = \mathrm{d}s$.

我们仅给出 (3) 的证明. 由于 f 在 C 上的积分和有不等式

$$\begin{aligned}\left|\sum_{i=1}^{n} f(\xi_i)(z_i - z_{i-1})\right| &\leqslant \sum_{i=1}^{n} |f(\xi_i)||\Delta z_i| \\ &\leqslant \sum_{i=1}^{n} |f(\xi_i)|\Delta s_i \leqslant M\sum_{i=1}^{n} \Delta s_i \leqslant ML.\end{aligned}$$

令 $\max\limits_{1\leqslant i\leqslant n} \Delta s_i \to 0$, 即得结论.

例 3 计算积分: $\displaystyle\int_C \mathrm{Re}(z^2)\mathrm{d}z$, 其中积分路径 C 为

(1) 从原点至 1+i 的直线段.

(2) 从原点至 i 的直线段, 再由 i 至 1+i 的直线段.

解 (1) 积分路径 C 的方程为 $z = t + \mathrm{i}t = t(1+\mathrm{i}), 0 \leqslant t \leqslant 1$. 故

$$\int_C \mathrm{Re}(z^2)\mathrm{d}z = \int_0^1 \mathrm{Re}((1+\mathrm{i})^2 t^2) \cdot (1+\mathrm{i})\mathrm{d}t = 0.$$

(2) 0 至 i 的直线段方程为

$$z = \mathrm{i}t, \quad 0 \leqslant t \leqslant 1,$$

i 至 1 + i 的直线段方程为

$$z = t + \mathrm{i}, \quad 0 \leqslant t \leqslant 1.$$

所以

$$\begin{aligned}\int_C \mathrm{Re}(z^2)\mathrm{d}z &= \int_0^1 \mathrm{Re}(\mathrm{i}t)^2 \cdot \mathrm{i}\mathrm{d}t + \int_0^1 \mathrm{Re}(t+\mathrm{i})^2\mathrm{d}t \\ &= -\mathrm{i}\int_0^1 t^2\mathrm{d}t + \int_0^1 (t^2-1)\mathrm{d}t = -\frac{2}{3} - \frac{\mathrm{i}}{3}.\end{aligned}$$

3.2　Cauchy 积分定理与 Cauchy 积分公式

要通过积分方法研究复函数的性质, 必须知道何时积分与路径无关. Cauchy 积分定理正是解决了积分与路径的相关性问题, 而且, 它是研究复函数的一个重要工具和方法. 在许多情形, Cauchy 积分定理的作用是通过 Cauchy 积分公式表现出来的.

1. Cauchy 积分定理

定理 3.3　设 $f(z)$ 在单连通区域 D 内解析, C 为 D 内任一条围线 (即按段光滑的简单闭曲线), 则

$$\int_C f(z)\mathrm{d}z = 0. \tag{3.2}$$

这就是说, 积分与路径无关.

*** 证**　(Goursat 证明) 证明的基本步骤: 先对 C 是 D 内任一三角形证明 (3.2) 成立; 再对 C 是 D 内任一闭折线证明等式 (3.2) 成立; 最后对 C 是 D 内任一围线证明等式 (3.2) 成立.

(a) 设 $\triangle$ 是 D 内任一三角形, 记 $M = \left|\int_{\triangle} f(z)\mathrm{d}z\right|$. 下面证明 $M = 0$.

首先, 把三角形 $\triangle$ 的三边中点互相连接起来, 得到四个小三角形, 其周界分别记为 $\triangle_1, \triangle_2, \triangle_3, \triangle_4$, 方向如图 3.2 所示. 由于沿虚线的那些积分恰好互相抵消, 因此

$$\int_{\triangle} f(z)\mathrm{d}z = \int_{\triangle_1} f(z)\mathrm{d}z + \int_{\triangle_2} f(z)\mathrm{d}z + \int_{\triangle_3} f(z)\mathrm{d}z + \int_{\triangle_4} f(z)\mathrm{d}z.$$

故

$$M \leqslant \left|\int_{\triangle_1} f(z)\mathrm{d}z\right| + \left|\int_{\triangle_2} f(z)\mathrm{d}z\right| + \left|\int_{\triangle_3} f(z)\mathrm{d}z\right| + \left|\int_{\triangle_4} f(z)\mathrm{d}z\right|.$$

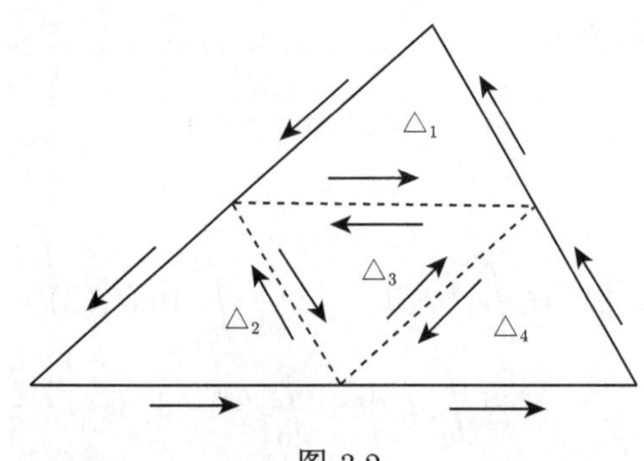

图 3.2

上式右端的四个积分的模至少有一个不小于 $\dfrac{M}{4}$, 比如沿 $\triangle_1$ 的积分, 记 $\triangle^{(1)}=\triangle_1$, 则

$$\left|\int_{\triangle^{(1)}} f(z)\mathrm{d}z\right| \geqslant \frac{M}{4}.$$

同样, 从 $\left|\displaystyle\int_{\triangle^{(1)}} f(z)\mathrm{d}z\right|$ 出发, 按照上面的方法, 把 $\triangle^{(1)}$ 分成四个更小的三角形, 从其中又可以找到一个三角形 $\triangle^{(2)}$ 使得 $f(z)$ 沿它的积分满足

$$\left|\int_{\triangle^{(2)}} f(z)\mathrm{d}z\right| \geqslant \frac{1}{4}\cdot\frac{M}{4}=\frac{M}{4^2}.$$

如此继续下去, 我们得到一个三角形序列

$$\triangle=\triangle^{(0)},\triangle^{(1)},\triangle^{(2)},\cdots,\triangle^{(n)},\cdots, \text{且} \left|\int_{\triangle^{(n)}} f(z)\mathrm{d}z\right| \geqslant \frac{M}{4^n}. \tag{3.3}$$

设 $\triangle$ 的周长为 l, 则 $\triangle^{(n)}$ 的周长为 $\dfrac{l}{2^n}(n=0,1,2,\cdots)$, 且 $\lim\limits_{n\to\infty}\dfrac{l}{2^n}=0$. 又上面三角形所围成的闭域列中的每一个都包含它后面的闭三角形域, 由闭域套定理, 存在唯一的点 z_0 属于所有的闭三角形域 (仍记为 $\triangle^{(n)}$), 因而 $z_0\in\triangle^{(n)}\subset D$.

由假设, $f(z)$ 在 D 内解析, 从而在 z_0 有导数 $f'(z_0)$, 即对任意给定的 $\varepsilon>0$, 存在 $\delta>0$, 当 $0<|z-z_0|<\delta$ 时,

$$\left|\frac{f(z)-f(z_0)}{z-z_0}-f'(z_0)\right|<\varepsilon$$

或

$$|f(z)-f(z_0)-(z-z_0)f'(z_0)|<\varepsilon|z-z_0|.$$

显然, 当 n 充分大时, $\triangle^{(n)}$ 包含在 $|z-z_0|<\delta$ 内. 同时, 当 $z\in\triangle^{(n)}$ 时, $|z-z_0|<\dfrac{l}{2^n}$. 因此, 当 n 充分大时, 有

$$|f(z)-f(z_0)-(z-z_0)f'(z_0)|<\frac{\varepsilon l}{2^n}.$$

又由例 2, 有

$$\int_{\triangle^{(n)}}\mathrm{d}z=\int_{\triangle^{(n)}}z\mathrm{d}z=0.$$

因此,

$$\int_{\triangle^{(n)}} f(z)\mathrm{d}z=\int_{\triangle^{(n)}}[f(z)-f(z_0)-(z-z_0)f'(z_0)]\mathrm{d}z.$$

故当 n 充分大时,

$$\left|\int_{\triangle^{(n)}} f(z)\mathrm{d}z\right| \leqslant \int_{\triangle^{(n)}}|[f(z)-f(z_0)-(z-z_0)f'(z_0)]|\,\mathrm{d}s<\frac{\varepsilon l}{2^n}\cdot\frac{l}{2^n}=\frac{\varepsilon l^2}{4^n}. \tag{3.4}$$

由 (3.3) 和 (3.4) 得

$$\frac{M}{4^n} \leqslant \left| \int_{\triangle^{(n)}} f(z)\mathrm{d}z \right| < \frac{\varepsilon l^2}{4^n},$$

即 $M < \varepsilon l^2$. 由 ε 的任意性得 $M = 0$.

(b) 设 C 是 D 内任一条闭折线 P, 以六边形 $abcdef$ 为例, 如图 3.3 所示.

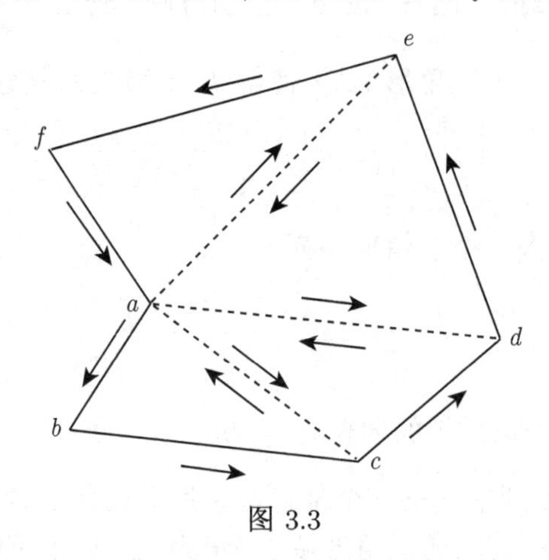

图 3.3

利用对角线将其分成若干个三角形. 由于沿对角线 (图中的虚线) 的那些积分恰好抵消, 所以, 沿多边形的积分等于沿所有三角形的积分的和, 再利用结论 (a) 立即得到

$$\int_{abcdef} f(z)\mathrm{d}z = \int_{\triangle abc} f(z)\mathrm{d}z + \int_{\triangle acd} f(z)\mathrm{d}z + \int_{\triangle ade} f(z)\mathrm{d}z + \int_{\triangle aef} f(z)\mathrm{d}z = 0.$$

类似地, 对 D 内任一条折线 P 有

$$\int_P f(z)\mathrm{d}z = 0.$$

(c) 设 C 是 D 内任一条围线, 证明 $\int_C f(z)\mathrm{d}z = 0$.

利用 (b) 只需证明, 对任意的 $\varepsilon > 0$, 存在位于 D 内的折线 P 使得

$$\left| \int_C f(z)\mathrm{d}z - \int_P f(z)\mathrm{d}z \right| < \varepsilon$$

即可, 因为由 (b) 沿 D 内折线 P 的积分为零, 因此 $\left| \int_C f(z)\mathrm{d}z \right| < \varepsilon$, 故

$$\int_C f(z)\mathrm{d}z = 0.$$

在 D 内取包含 C 的闭区域 D_1 使 C 的每一点都是 D_1 的内点, 则 C 与 D_1 的边界 ∂D_1 的距离 $\delta_1 > 0$. 由于 $f(z)$ 在闭域 D_1 上连续, 因而一致连续, 故对任意给

定的 $\varepsilon>0$, 存在 $\delta_2>0$, 当 $z',z''\in D_1$, $|z'-z''|<\delta_2$ 时

$$|f(z')-f(z'')|<\frac{\varepsilon}{2l}, \tag{3.5}$$

其中 l 为曲线 C 的长.

由复积分的定义, 对上述 $\varepsilon>0$, 存在 $\delta_3>0$(并要求 $\delta_3\leqslant\min\{\delta_1,\delta_2\}$), 使得在 C 上依次取分点 $z_0,z_1,z_2,\cdots,z_n(z_0=z_n)$, 把 C 分成 n 个小弧段, 只要最大弧长 $\|T\|=\max\limits_{1\leqslant k\leqslant n}|\widehat{z_{k-1}z_k}|<\delta_3$, 就有

$$\left|\int_C f(z)\mathrm{d}z-\sum_{k=1}^{n}f(z_k)(z_k-z_{k-1})\right|<\frac{\varepsilon}{2}. \tag{3.6}$$

依次连接 $z_0,z_1,z_2,\cdots,z_n$ 得一内接于 C 的折线 P(参看图 3.4) 且 P 完全在 D_1 内.

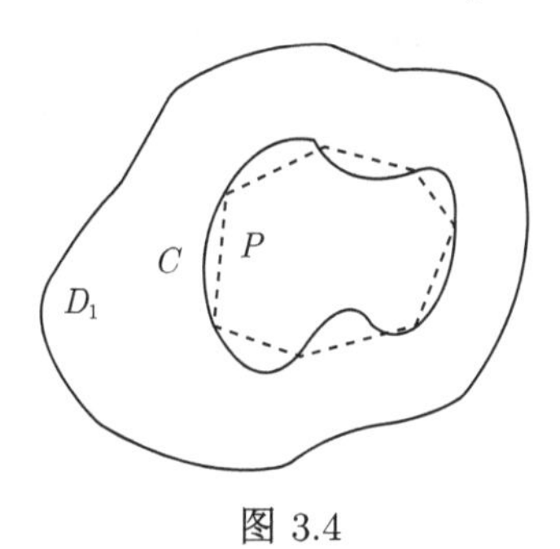

图 3.4

若 z 为连接 z_{k-1} 与 z_k 的直线段 $P_k=\overline{z_{k-1}z_k}$ 上的任意一点, 则由 (3.5) 得

$$|f(z)-f(z_k)|<\frac{\varepsilon}{2l}.$$

从而

$$\left|\int_{P_k}(f(z)-f(z_k))\mathrm{d}z\right|\leqslant\int_{P_k}|f(z)-f(z_k)|\mathrm{d}s<\frac{\varepsilon}{2l}|z_k-z_{k-1}|.$$

因此

$$\begin{aligned}&\left|\int_P f(z)\mathrm{d}z-\sum_{k=1}^{n}f(z_k)(z_k-z_{k-1})\right|=\left|\sum_{k=1}^{n}\int_{P_k}[f(z)-f(z_k)]\mathrm{d}z\right|\\<&\frac{\varepsilon}{2l}\sum_{k=1}^{n}|z_k-z_{k-1}|\leqslant\frac{\varepsilon}{2}.\end{aligned} \tag{3.7}$$

由式 (3.6) 和式 (3.7) 立即得到

$$\left|\int_C f(z)\mathrm{d}z-\int_P f(z)\mathrm{d}z\right|\leqslant\left|\int_C f(z)\mathrm{d}z-\sum_{k=1}^{n}f(z_k)(z_k-z_{k-1})\right|$$

$$+\left|\int_P f(z)\mathrm{d}z-\sum_{k=1}^{n}f(z_k)(z_k-z_{k-1})\right|<\frac{\varepsilon}{2}+\frac{\varepsilon}{2}=\varepsilon.$$

这就完成了证明.

我们以后常常用到的 Cauchy 积分定理是以下推广了的一般形式.

定理 3.4　设 D 是由一条围线 C 所围成的有界区域, $f(z)$ 在 D 内解析, 在 $\overline{D}=D+C$ 上连续, 则 $\displaystyle\int_C f(z)\mathrm{d}z=0$.

这个定理的证明比较复杂, 这里我们仅给出当 $\overline{D}=D+C$ 为严格凸时的证明, 其中 $\overline{D}$ 为严格凸的是指连接 $\overline{D}$ 中任意两点 z_1,z_2 的线段 $\overline{z_1z_2}$ 上的点 (除端点外) 都是 $\overline{D}$ 的内点或 D 中的点.

事实上, 由于 $f(z)$ 在闭域 $\overline{D}$ 上连续, 因而一致连续, 故对任意给定的 $\varepsilon>0$, 存在 $\delta>0$, 当 $z_1^*,z_2^*\in\overline{D}$, $|z_1^*-z_2^*|<\delta$ 时,

$$|f(z_1^*)-f(z_2^*)|<\varepsilon. \tag{3.8}$$

由复积分的定义, 存在曲线 C 的分割 $T=\{z_0,z_1,z_2,\cdots,z_n=z_0\}$, $||T||<\delta$, 使得

$$\left|\int_C f(z)\mathrm{d}z-\sum_{k=1}^{n}f(z_k)(z_k-z_{k-1})\right|<\varepsilon.$$

设 P 是连接 $z_0,z_1,z_2,\cdots,z_n$ 所构成的多边形, 则

$$\left|\int_P f(z)\mathrm{d}z-\sum_{k=1}^{n}f(z_k)(z_k-z_{k-1})\right|=\left|\sum_{k=1}^{n}\int_{\overline{z_{k-1}z_k}}[f(z)-f(z_k)]\mathrm{d}z\right|\leqslant\varepsilon l,$$

其中 l 为曲线 C 的长度. 因此

$$\left|\int_C f(z)\mathrm{d}z-\int_P f(z)\mathrm{d}z\right|<\varepsilon(1+l). \tag{3.9}$$

再以 z_k $(k=1,2,\cdots,n)$为中心, δ_1 $\left(0<\delta_1<\dfrac{\delta}{n}\right)$ 为半径作圆周 C_k, 它与线段 $\overline{z_{k-1}z_k}$ 和 $\overline{z_kz_{k+1}}$ 分别交于点 z_k^- 和 z_k^+. 由于 $\overline{D}$ 是严格凸的, 因此 z_k^-, z_k^+ 和从 z_k^- 到 z_k^+ 的圆弧 $\overset{\frown}{z_k^-z_k^+}$(圆周 C_k 的一部分) 都完全在 D 内 (图 3.5).

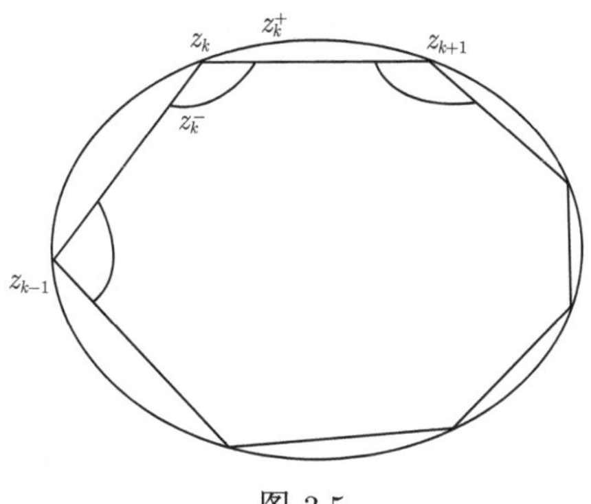

图 3.5

由定理 3.3, $f(z)$ 沿闭曲线 $\bigcup\limits_{k=1}^{n}\left(\overline{z_k^- z_{k-1}^+} \cup \widehat{z_k^+ z_k^-}\right)$ 的积分为零, 即

$$\sum_{k=1}^{n}\int_{\overline{z_k^- z_{k-1}^+}\cup\widehat{z_k^+ z_k^-}} f(z)\mathrm{d}z = 0.$$

从而

$$\int_P f(z)\mathrm{d}z = \int_P f(z)\mathrm{d}z - \sum_{k=1}^{n}\int_{\overline{z_k^- z_{k-1}^+}\cup\widehat{z_k^+ z_k^-}} f(z)\mathrm{d}z = \sum_{k=1}^{n}\int_{\overline{z_k^+ z_k}\cup\overline{z_k z_k^-}\cup\widehat{z_k^- z_k^+}} f(z)\mathrm{d}z.$$

实际上这里的 $\overline{z_k^+ z_k} \cup \overline{z_k z_k^-} \cup \widehat{z_k^- z_k^+}$ 是封闭曲线, 其弧长 $< \dfrac{2\delta(1+\pi)}{n}$. 在这条封闭曲线所围的区域内取一点 z_k^0, 利用例 2 得

$$\int_{\overline{z_k^+ z_k}\cup\overline{z_k z_k^-}\cup\widehat{z_k^- z_k^+}} f(z)\mathrm{d}z = \int_{\overline{z_k^+ z_k}\cup\overline{z_k z_k^-}\cup\widehat{z_k^- z_k^+}} (f(z) - f(z_k^0))\mathrm{d}z.$$

将上式与 (3.8) 结合起来, 得

$$\left|\int_{\overline{z_k^+ z_k}\cup\overline{z_k z_k^-}\cup\widehat{z_k^- z_k^+}} f(z)\mathrm{d}z\right| \leqslant \int_{\overline{z_k^+ z_k}\cup\overline{z_k z_k^-}\cup\widehat{z_k^- z_k^+}} |f(z) - f(z_k^0)|\mathrm{d}z < \frac{2(1+\pi)\delta\varepsilon}{n},$$

因此

$$\left|\int_P f(z)\mathrm{d}z\right| \leqslant \sum_{k=1}^{n}\left|\int_{\overline{z_k^+ z_k}\cup\overline{z_k z_k^-}\cup\widehat{z_k^- z_k^+}} f(z)\mathrm{d}z\right| \leqslant 2(1+\pi)\delta\varepsilon. \tag{3.10}$$

由 (3.9) 和 (3.10),

$$\left|\int_C f(z)\mathrm{d}z\right| < \varepsilon[(1+l) + 2(1+\pi)\delta],$$

故 $\displaystyle\int_C f(z)\mathrm{d}z = 0.$

下面将 Cauchy 积分定理推广到复围线的情形.

设 $C_0, C_1, \cdots, C_n$ 均为围线, 满足

(1) $C_0, C_1, \cdots, C_n$ 均不相交 (切), 且 $C_1, \cdots, C_n$ 均在 C_0 的内部.

(2) C_i 均不在 C_j 的内部 $(i \neq j, i, j = 1, 2, \cdots, n)$.

若区域 D 是由满足上述性质的围线所围成的区域, 则 $C = C_0 + C_1^- + \cdots + C_n^-$ 称为 D 的正向边界. 注意: 逆时针方向为围线的正向. 今后若不特别说明, 均指正向边界. 这里, 若 $n \geqslant 1$, 则称 C 是一条复围线.

定理 3.5 设 D 是由复围线$C = C_1 + C_2^- + \cdots + C_n^-$ 所围成的复连通区域, $f(z)$ 在 D 内解析, 在 $\overline{D} = D + C$ 上连续, 则 $\int_C f(z)\mathrm{d}z = 0$.

证 作一些辅助曲线, 把区域 D 分成 n 个区域 $D_k (k = 1, 2, \cdots, n)$, 其中每个区域 D_k 的边界记为 ∂D_k(图 3.6, 以 $n = 3$ 为例).

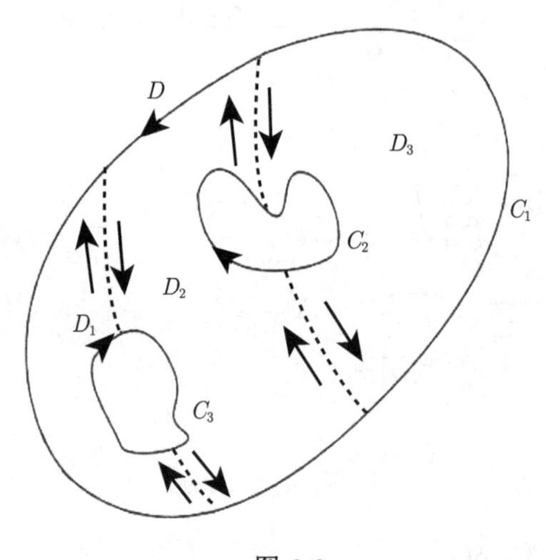

图 3.6

由定理 3.4, 当 $f(z)$ 沿着区域 D_k 的边界 ∂D_k 的正向求积分时

$$\int_{\partial D_k} f(z)\mathrm{d}z = 0.$$

故

$$\int_C f(z)\mathrm{d}z = \sum_{k=1}^{n} \int_{\partial D_k} f(z)\mathrm{d}z = 0.$$

这就完成了证明.

由此可以看出, 若区域 D 是由复围线 $C = C_0 + C_1^- + \cdots + C_n^-$ 所围成的, 则复

连通区域的 Cauchy 积分定理可以写成

$$\int_{C_0} f(z)\mathrm{d}z = \sum_{k=1}^{n} \int_{C_k} f(z)\mathrm{d}z.$$

若 D 是单连通区域, $f(z)$ 在 D 内解析, $z_0 \in D$, 则由 Cauchy 积分定理, 变动上限函数

$$\Phi(z) = \int_{z_0}^{z} f(\xi)\mathrm{d}\xi$$

在 D 内与积分路径无关, 所以在 D 内可视为 z 的函数.

现证 $\Phi(z)$ 在 D 内解析, 并且 $\Phi'(z) = f(z)$, 即变动上限函数是 $f(z)$ 的一个原函数.

设 z 为 D 内任一点, 以 z 为中心作一个小圆盘 B 使 $B \subset D$. 记 z 的增量为 Δz 且 $z + \Delta z \in B$, 则

$$\Phi(z+\Delta z) - \Phi(z) = \int_{z}^{z+\Delta z} f(\varsigma)\mathrm{d}\varsigma.$$

由于积分与路径是无关的, 上面的积分路径取为从 z 到 $z+\Delta z$ 的直线段, 从而有

$$\frac{\Phi(z+\Delta z) - \Phi(z)}{\Delta z} - f(z) = \frac{1}{\Delta z}\int_{z}^{z+\Delta z} (f(\varsigma) - f(z))\mathrm{d}\varsigma.$$

由 $f(z)$ 的连续性, 对任意的 $\varepsilon > 0$, 存在 $\delta > 0$, 当 $|\varsigma - z| < \delta$ 时, 有 $|f(\varsigma) - f(z)| < \varepsilon$. 取 $0 < |\Delta z| < \delta$, 则

$$\left|\frac{\Phi(z+\Delta z) - \Phi(z)}{\Delta z} - f(z)\right| \leqslant \frac{1}{|\Delta z|}\int_{z}^{z+\Delta z} |f(\varsigma) - f(z)|\mathrm{d}s \leqslant \varepsilon.$$

从而 $\lim\limits_{\Delta z\to 0} \dfrac{\Phi(z+\Delta z) - \Phi(z)}{\Delta z} = f(z)$, 即 $\Phi'(z) = f(z)$.

注 上面的证明只用到两个事实: 一是函数 $f(z)$ 在区域 D 内连续; 二是函数 $f(z)$ 在区域 D 内沿任意一条闭曲线上的积分为零, 即积分与路径无关.

定理 3.6 设 $f(z)$ 在单连通区域 D 内解析, $F(z)$ 为 $f(z)$ 的一个原函数, 则对 D 内的任意两点 a, b,

$$\int_{a}^{b} f(z)\mathrm{d}z = F(b) - F(a).$$

证 由前面的讨论知

$$\Phi(z) = \int_{a}^{z} f(\varsigma)\mathrm{d}\varsigma$$

为 D 内的解析函数, 且 $\varPhi'(z)=f(z)$. 又由已知条件知 $F'(z)=f(z)$, 从而有

$$(F(z)-\varPhi(z))'=0.$$

利用第 2 章习题 4 得到 $F(z)-\varPhi(z)=C$(常数), 即

$$F(z)=\int_a^z f(\varsigma)\mathrm{d}\varsigma+C.$$

将 $z=a$ 代入上式得 $C=F(a)$, 因此 $\displaystyle\int_a^z f(\varsigma)\mathrm{d}\varsigma=F(z)-F(a)$, 再将 $z=b$ 代入就得到所证明的结论.

从定理 3.6 的证明可以看出, $f(z)$ 的任何两个原函数之间仅相差一个常数.

例 4 计算下列积分.

(1) $\displaystyle\int_{|z-1|=1}\sqrt{z}\mathrm{d}z$.

(2) $\displaystyle\int_0^{\mathrm{i}\pi}\cos z\mathrm{d}z$.

解 (1) 因 $f(z)=\sqrt{z}$ 的支点为 $0,\infty$, 支割线可取负实轴, $f(z)=\sqrt{z}$ 在平面割破负实轴后可分解成两个单值的解析分支, 从而在单连通区域 $D:|z-1|<1$ 上更是如此. 无论哪个分支, 均在 $\overline{D}:|z-1|\leqslant 1$ 上连续, 所以由 Cauchy 积分定理

$$\int_{|z-1|=1}\sqrt{z}\mathrm{d}z=0.$$

(2) 因为 $\cos z$ 在复平面上解析, 由定理 3.6

$$\begin{aligned}\int_0^{\mathrm{i}\pi}\cos z\mathrm{d}z&=\sin z|_0^{\mathrm{i}\pi}=\sin\mathrm{i}\pi\\&=\frac{1}{2\mathrm{i}}(\mathrm{e}^{-\pi}-\mathrm{e}^{\pi})\\&=\frac{\mathrm{i}}{2}(\mathrm{e}^{\pi}-\mathrm{e}^{-\pi}).\end{aligned}$$

例 5 设曲线 $L:|z|=1,y\geqslant 0$. 求积分 $\displaystyle\int_{-1}^1\frac{\mathrm{d}z}{z}$, 其中积分路径是 L.

解 (解法 1) 因为 $L^-:z=\mathrm{e}^{\mathrm{i}\theta},0\leqslant\theta\leqslant\pi$, 所以

$$\int_{-1}^1\frac{\mathrm{d}z}{z}=\int_L\frac{\mathrm{d}z}{z}=-\int_{L^-}\frac{\mathrm{d}z}{z}=-\int_0^\pi\frac{\mathrm{i}\mathrm{e}^{\mathrm{i}\theta}}{\mathrm{e}^{\mathrm{i}\theta}}\mathrm{d}\theta=-\mathrm{i}\pi.$$

(解法 2) 设单连通区域 D 为复平面割破负虚轴, 则 $F(z)=\mathrm{Ln}z$ 在 D 上可分

成若干个单值的解析分支. 设 $F(z) = \mathrm{Ln}z$ 为任意取定的一支, 又 $f(z) = \dfrac{1}{z}$ 在单连通区域 D 上解析, 所以积分与路径无关, 则由定理 3.6,

$$\int_{-1}^{1} \frac{1}{z}\mathrm{d}z = \mathrm{Ln}1 - \mathrm{Ln}(-1) = -\mathrm{i}\pi.$$

2. Cauchy 积分公式

定理 3.7 设 D 是由 (复) 围线 C 所围成的区域, $f(z)$ 在 D 上解析, 在 $\overline{D} = D + C$ 上连续, 则对任意 $z \in D$

$$f(z) = \frac{1}{2\pi\mathrm{i}} \int_C \frac{f(\xi)}{\xi - z}\mathrm{d}\xi. \tag{3.11}$$

证 设 $F(\xi) = \dfrac{f(\xi)}{\xi - z}$. 显然, 除了点 $\xi = z$ 外, $F(\xi)$ 在 D 内解析, 以 z 为中心, 充分小的正数 ε 为半径作圆周 C_ε, 使 C_ε 及内部均属于 D. 设 $\varGamma = C + C_\varepsilon^-$, 则 $F(\xi)$ 在 $\varGamma$ 所围的区域 D_1 上解析, $\overline{D}_1 = D_1 + \varGamma$ 上连续, 由 Cauchy 积分定理

$$\int_C \frac{f(\xi)}{\xi - z}\mathrm{d}\xi = \int_{C_\varepsilon} \frac{f(\xi)}{\xi - z}\mathrm{d}\xi.$$

注意到 $\displaystyle\int_{C_\varepsilon} \frac{f(\xi)}{\xi - z}\mathrm{d}\xi$ 与充分小的 ε 无关, 又因为

$$2\pi\mathrm{i}f(z) = f(z)\int_{C_\varepsilon} \frac{\mathrm{d}\xi}{\xi - z} = \int_{C_\varepsilon} \frac{f(z)}{\xi - z}\mathrm{d}\xi,$$

则

$$\left|\int_{C_\varepsilon} \frac{f(\xi) - f(z)}{\xi - z}\mathrm{d}\xi\right| \leqslant \frac{M(\varepsilon)}{\varepsilon} \cdot 2\pi\varepsilon = M(\varepsilon) \cdot 2\pi.$$

其中 $M(\varepsilon) = \max\limits_{\xi \in C_\varepsilon} |f(\xi) - f(z)|$.

因为 $f(\xi)$ 在点 $\xi = z$ 连续, 所以

$$\lim_{\varepsilon \to 0^+} M(\varepsilon) = 0,$$

由此可得式 (3.11).

Cauchy 积分公式告诉我们：对于解析函数, 只要知道了它在区域边界上的值, 那么通过上述积分, 区域内部的点上的值就完全确定了. 或者说, 区域上的解析函数可由沿其边界的一个积分来表示. 这一公式也经常被用来计算复积分.

例 6 计算积分

$$\int_C \frac{\mathrm{d}z}{z^2 + 1},$$

其中 C 为

(1) $|z+\mathrm{i}|=1$.　　(2) $|z-\mathrm{i}|=1$.　　(3) $|z|=4$.

解　(1) 首先将积分化为

$$\int_C \frac{\mathrm{d}z}{z^2+1}=\frac{1}{2\mathrm{i}}\int_C\left(\frac{1}{z-\mathrm{i}}-\frac{1}{z+\mathrm{i}}\right)\mathrm{d}z=\frac{1}{2\mathrm{i}}\int_C\frac{\mathrm{d}z}{z-\mathrm{i}}-\frac{1}{2\mathrm{i}}\int_C\frac{1}{z+\mathrm{i}}\mathrm{d}z.$$

因为 $\dfrac{1}{z-\mathrm{i}}$ 在 $|z+\mathrm{i}|\leqslant 1$ 上解析, 所以

$$\int_C\frac{\mathrm{d}z}{z-\mathrm{i}}=0.$$

应用 Cauchy 积分公式 $(f(z)\equiv 1)$, 则 $\displaystyle\int_C\frac{1}{z+\mathrm{i}}\mathrm{d}z=2\pi\mathrm{i}$, 由此

$$\int_C\frac{\mathrm{d}z}{z^2+1}=-\pi.$$

(2) 同理可证 $\displaystyle\int_{|z-\mathrm{i}|=1}\frac{1}{z^2+1}\mathrm{d}z=\pi$.

(3) 分别以 $z=\mathrm{i}, z=-\mathrm{i}$ 为中心作小圆周 $C_1:|z-\mathrm{i}|=\varepsilon, C_2:|z+\mathrm{i}|=\varepsilon$, 使得 C_1, C_2 互不相交和互不包含, 并且均在 $C:|z|=4$ 的内部, 由 Cauchy 积分公式, 则

$$\begin{aligned}\int_C\frac{\mathrm{d}z}{z^2+1}&=\int_{C_1}\frac{\mathrm{d}z}{z^2+1}+\int_{C_2}\frac{\mathrm{d}z}{z^2+1}\\&=\int_{C_1}\frac{\frac{1}{z+\mathrm{i}}}{z-\mathrm{i}}\mathrm{d}z+\int_{C_2}\frac{\frac{1}{z-\mathrm{i}}}{z+\mathrm{i}}\mathrm{d}z\\&=2\pi\mathrm{i}\cdot\frac{1}{2\mathrm{i}}+2\pi\mathrm{i}\left(-\frac{1}{2\mathrm{i}}\right)=0.\end{aligned}$$

例 7　计算积分 $\displaystyle\int_{|z|=1}\frac{\mathrm{e}^z}{z}\mathrm{d}z$, 并证明

$$\int_0^{2\pi}\mathrm{e}^{\cos\theta}\cos(\sin\theta)\mathrm{d}\theta=2\pi.$$

解　因为 e^z 是整函数, 故

$$\int_{|z|=1}\frac{\mathrm{e}^z}{z}\mathrm{d}z=\int_{|z|=1}\frac{\mathrm{e}^z}{z-0}\mathrm{d}z=2\pi\mathrm{e}^0\mathrm{i}=2\pi\mathrm{i}.$$

因单位圆周 $|z|=1$ 的参数方程为

$$z=\mathrm{e}^{\mathrm{i}\theta},\quad 0\leqslant\theta\leqslant 2\pi.$$

故

$$\begin{aligned}2\pi\mathrm{i}&=\int_{|z|=1}\frac{\mathrm{e}^z}{z}\mathrm{d}z=\int_0^{2\pi}\mathrm{i}\mathrm{e}^{\cos\theta+\mathrm{i}\sin\theta}\mathrm{d}\theta\\&=\mathrm{i}\int_0^{2\pi}\mathrm{e}^{\cos\theta}(\cos(\sin\theta)+\mathrm{i}\sin(\sin\theta))\mathrm{d}\theta.\end{aligned}$$

比较两边的实部与虚部得

$$2\pi\mathrm{i}=\mathrm{i}\int_0^{2\pi}\mathrm{e}^{\cos\theta}\cos(\sin\theta)\mathrm{d}\theta,$$

从而得到所需公式.

3. Cauchy 导数公式与 Cauchy 不等式

定理 3.8 条件如同定理 3.7 所设, 则对任意正整数 n 和 $z\in D$, 有

$$f^{(n)}(z)=\frac{n!}{2\pi\mathrm{i}}\int_C\frac{f(\xi)}{(\xi-z)^{n+1}}\mathrm{d}\xi.$$

这个公式最直接的意义是: 解析函数具有任意阶导数.

证 只对 $n=1$ 进行证明, 一般情形可由数学归纳法完成.

对任意的 $z\in D$, 取 Δz 充分小, 使 $z+\Delta z\in D$, 则

$$\begin{aligned}f(z+\Delta z)-f(z)&=\frac{1}{2\pi\mathrm{i}}\int_C\left(\frac{1}{\xi-z-\Delta z}-\frac{1}{\xi-z}\right)f(\xi)\mathrm{d}\xi\\&=\frac{\Delta z}{2\pi\mathrm{i}}\int_C\frac{f(\xi)}{(\xi-z-\Delta z)(\xi-z)}\mathrm{d}\xi,\end{aligned}$$

所以

$$\frac{f(z+\Delta z)-f(z)}{\Delta z}-\frac{1}{2\pi\mathrm{i}}\int_C\frac{f(\xi)}{(\xi-z)^2}\mathrm{d}\xi=\frac{1}{2\pi\mathrm{i}}\int_C\frac{\Delta zf(\xi)}{(\xi-z-\Delta z)(\xi-z)^2}\mathrm{d}\xi.$$

设 $d=d(z,C)>0,|\Delta z|<\dfrac{d}{2}$, 则

$$\left|\frac{f(z+\Delta z)-f(z)}{\Delta z}-\frac{1}{2\pi\mathrm{i}}\int_C\frac{f(\xi)}{(\xi-z)^2}\mathrm{d}\xi\right|\leqslant\frac{1}{2\pi}\frac{M|\Delta z|}{d^2\cdot\dfrac{d}{2}}L_1,$$

其中, M 是 $f(z)$ 在 $\overline{D}=D+C$ 上的界, L_1 是周线 C 的长度, 由此

$$f'(z)=\lim_{\Delta z\to0}\frac{f(z+\Delta z)-f(z)}{\Delta z}=\frac{1}{2\pi\mathrm{i}}\int_C\frac{f(\xi)}{(\xi-z)^2}\mathrm{d}\xi.$$

例 8　求 $\int_{|z|=1}\left(z+\frac{1}{z}\right)^3\mathrm{d}z$ 的值.

解　$\int_{|z|=1}\left(z+\frac{1}{z}\right)^3\mathrm{d}z=\int_{|z|=1}\frac{(z^2+1)^3}{(z-0)^{2+1}}\mathrm{d}z=\frac{2\pi\mathrm{i}}{2!}((z^2+1)^3)''|_{z=0}=6\pi\mathrm{i}.$

例 9　求积分 $\int_{|z|=2}\frac{\cos\pi z}{z^3(z-1)^2}\mathrm{d}z.$

解　作圆周 $C_1:|z|=\frac{1}{4}$ 与 $C_2:|z-1|=\frac{1}{4}$. 由 Cauchy 积分定理得

$$\int_{|z|=2}\frac{\cos\pi z}{z^3(z-1)^2}\mathrm{d}z=\int_{C_1}\frac{\cos\pi z}{z^3(z-1)^2}\mathrm{d}z+\int_{C_2}\frac{\cos\pi z}{z^3(z-1)^2}\mathrm{d}z.$$

由 Cauchy(高阶) 导数公式有

$$\begin{aligned}\int_{C_1}\frac{\cos\pi z}{z^3(z-1)^2}\mathrm{d}z&=\int_{C_1}\frac{\frac{\cos\pi z}{(z-1)^2}}{z^3}\mathrm{d}z=\frac{2\pi\mathrm{i}}{2!}\left(\frac{\cos\pi z}{(z-1)^2}\right)''\Bigg|_{z=0}\\&=\pi\mathrm{i}\left(\frac{-\pi^2\cos\pi z}{(z-1)^2}+\frac{4\pi\sin\pi z}{(z-1)^3}+\frac{6\cos\pi z}{(z-1)^4}\right)\Bigg|_{z=0}\\&=\left(6-\pi^2\right)\pi\mathrm{i},\\\int_{C_2}\frac{\cos\pi z}{z^3(z-1)^2}\mathrm{d}z&=\int_{C_2}\frac{\frac{\cos\pi z}{z^3}}{(z-1)^2}\mathrm{d}z=2\pi\mathrm{i}\left(\frac{\cos\pi z}{z^3}\right)'\Bigg|_{z=1}\\&=2\pi\mathrm{i}\left(\frac{-\pi\sin\pi z}{z^3}-\frac{3\cos\pi z}{z^4}\right)\Bigg|_{z=1}=6\pi\mathrm{i}.\end{aligned}$$

故 $\int_{|z|=2}\frac{\cos\pi z}{z^3(z-1)^2}\mathrm{d}z=(6-\pi^2)\pi\mathrm{i}+6\pi\mathrm{i}=(12-\pi^2)\pi\mathrm{i}.$

从 Cauchy 导数公式出发, 立即得到下面的 Cauchy 不等式、刘维尔 (Liouville) 定理、莫雷拉 (Morera) 定理等关于解析函数的重要结论.

定理 3.9(Cauchy 不等式)　设 $f(z)$ 在 $|z-a|<R$ 上解析, $|z-a|\leqslant R$ 上连续, 若设 $M(R)=\max\limits_{|z-a|=R}|f(z)|$, 则

$$|f^{(n)}(a)|\leqslant\frac{n!}{R^n}M(R).\tag{3.12}$$

证　由定理 3.8

$$f^{(n)}(a)=\frac{n!}{2\pi\mathrm{i}}\int_{|z-a|=R}\frac{f(z)}{(z-a)^{n+1}}\mathrm{d}z,$$

故

$$|f^{(n)}(a)|\leqslant\frac{n!}{2\pi}\frac{M}{R^{n+1}}\cdot2\pi R=\frac{n!}{R^n}M.$$

由 Cauchy 不等式, 我们可证下面的 Liouville 定理.

定理 3.10(Liouville 定理) 有界整函数必是常函数.

证 我们只需证 $f'(z) \equiv 0$. 对复平面上的任意一点 z, 有

$$|f'(z)| \leqslant \frac{M}{R} \to 0, \quad R \to +\infty,$$

即 $f'(z) = 0$. 从而得到

$$f'(z) \equiv 0.$$

所以 $f(z)$ 恒为常数.

作为 Liouville 定理的应用, 我们给出下面定理的证明.

代数学基本定理 任意 n 次复系数多项式

$$p(z) = a_0 z^n + a_1 z^{n-1} + \cdots + a_n, \quad a_0 \neq 0, \quad n \geqslant 1$$

在 z 平面上至少有一个零点, 即方程 $p(z) = 0$ 必有根.

证 假设 $p(z)$ 在 z 平面上无零点, 则 $F(z) = \dfrac{1}{p(z)}$ 为整函数.

由于 $\lim\limits_{z \to \infty} F(z) = 0$, 从而存在 $R > 0$, 当 $|z| > R$ 时有 $|F(z)| < 1$. 又由于 $F(z)$ 在 $|z| \leqslant R$ 上连续, 因此, 存在 $M > 0$, 当 $|z| \leqslant R$ 时 $|F(z)| \leqslant M$.

故在 z 平面上有 $|F(z)| \leqslant \max\{1, M\}$, 即 $F(z)$ 是有界整函数. 由 Liouville 定理 $F(z)$ 为常数, 从而 $p(z)$ 为常数, 这与假设 $p(z)$ 为 n 次多项式相矛盾. 因此, 至少存在一个复数 z_0 满足 $p(z_0) = 0$.

例 10 设 $f(z)$ 为整函数, $M(R) = \max\limits_{|z|=R} |f(z)|$, 若

$$\lim_{R \to +\infty} \frac{M(R)}{R^n} = 0,$$

则 $f(z)$ 至多是一个次数不超过 $n-1$ 的多项式.

证 对复平面内的任何一点 $z, |z| < R$ 时, 由定理 3.8,

$$\begin{aligned}
|f^{(n)}(z)| &= \left| \frac{n!}{2\pi \mathrm{i}} \int_{|\xi|=R} \frac{f(\xi)}{(\xi - z)^{n+1}} \mathrm{d}\xi \right| \\
&\leqslant M(R) \cdot \frac{n!}{2\pi} \frac{2\pi R}{(R - |z|)^{n+1}} \\
&= \frac{M(R)}{R^n} \cdot \frac{n!}{\left(1 - \dfrac{|z|}{R}\right)^{n+1}}.
\end{aligned}$$

因为 $\lim\limits_{R\to+\infty}\dfrac{M(R)}{R^n}=0$, 所以

$$f^{(n)}(z)=0.$$

这就是说, $f(z)$ 至多是一个次数不超过 $n-1$ 的多项式.

例 11　设 $f(z)$ 在 $|z|<1$ 上解析, 且 $|f(z)|<\dfrac{1}{1-|z|}$, 证明:

$$|f^{(n)}(0)|\leqslant(n+1)!\left(1+\frac{1}{n}\right)^n<\mathrm{e}(n+1)!.$$

证　设围线 $C_n:|z|=\dfrac{n}{n+1}$, 由定理 3.9,

$$|f^{(n)}(0)|\leqslant\frac{n!}{\left(\dfrac{n}{n+1}\right)^n}\cdot\frac{1}{1-\dfrac{n}{n+1}}=(n+1)!\left(1+\frac{1}{n}\right)^n<\mathrm{e}(n+1)!.$$

例 12(Morera 定理)　设 $f(z)$ 单连通区域 D 上连续, 若对 D 中的任何围线 C,

$$\int_C f(z)\mathrm{d}z=0,$$

则 $f(z)$ 在 D 上解析.

证　由条件, 积分

$$\varPhi(z)=\int_{z_0}^{z}f(\xi)\mathrm{d}\xi$$

在 D 内与路径无关, 即 $\varPhi(z)$ 是一个单值函数, 则

$$\frac{\varPhi(z+\Delta z)-\varPhi(z)}{\Delta z}=\frac{1}{\Delta z}\int_{z}^{z+\Delta z}f(\xi)\mathrm{d}\xi,$$

从而

$$\left|\frac{\varPhi(z+\Delta z)-\varPhi(z)}{\Delta z}-f(z)\right|\leqslant\left|\frac{1}{\Delta z}\int_{z}^{z+\Delta z}(f(\xi)-f(z))\mathrm{d}\xi\right|.\tag{3.13}$$

因为 $f(\xi)$ 在 $\xi=z$ 连续, 所以对于任意的正数 ε, 存在正数 δ, 当 $|\xi-z|\leqslant|\Delta z|<\delta$ 时,

$$|f(\xi)-f(z)|\leqslant\varepsilon.\tag{3.14}$$

由 (3.13) 和 (3.14) 得

$$\left|\frac{\varPhi(z+\Delta z)-\varPhi(z)}{\Delta z}-f(z)\right|\leqslant\varepsilon.$$

所以 $\varPhi(z)$ 在 z 可导, 且 $\varPhi'(z)=f(z)$. 由 Cauchy 导数公式, $\varPhi(z)$ 有无限次导数, 故 $f(z)$ 在 D 上解析.

由 Morera 定理与 Cauchy 积分定理不难得到解析函数的又一等价命题：$f(z)$ 在区域 D 上解析的充要条件是 $f(z)$ 在区域 D 内连续且对 D 内任意围线$C(C$ 及其内部全部含于 $D)$ 有 $\int_C f(z)\mathrm{d}z = 0$.

4. 无界区域上的 Cauchy 积分公式

设 $C_1, C_2, \cdots, C_n$ 是 n 条围线, 它们两两不交 (切), 互不包含, 则 $C = C_1^- + C_2^- + \cdots + C_n^-$ 构成了一个无界区域 D 的正向边界, 我们也称 D 由 (复) 围线 $C_1^- + C_2^- + \cdots + C_n^-$ 所围成.

定理 3.11 设 D 是由 (复) 围线 $C = C_1^- + C_2^- + \cdots + C_m^-$ 所围成的无界区域, $f(z)$ 在 $D \setminus \{\infty\}$ 上解析, 并连续到 C 上, 若 $\lim\limits_{z\to\infty} f(z) = A = f(\infty)$, 则

$$(1)\ f(z) = f(\infty) + \frac{1}{2\pi \mathrm{i}} \int_C \frac{f(\xi)}{\xi - z}\mathrm{d}\xi,\ z \in D \setminus \{\infty\}; \tag{3.15}$$

$$(2)\ f^{(n)}(z) = \frac{n!}{2\pi \mathrm{i}} \int_C \frac{f(\xi)}{(\xi - z)^{n+1}}\mathrm{d}\xi,\ z \in D \setminus \{\infty\},\ n = 1, 2, \cdots. \tag{3.16}$$

证 设 $z_0 \in D$, 并取一充分大的正数 R, 使得 $|z_0| < R$, 且 $C_1, C_2, \cdots, C_m$ 均在 $C_R : |z| = R$ 的内部 (图 3.7), 则由 Cauchy 积分公式得

$$f(z_0) = \frac{1}{2\pi \mathrm{i}} \int_{C_R} \frac{f(\xi)}{\xi - z_0}\mathrm{d}\xi - \sum_{k=1}^{m} \frac{1}{2\pi \mathrm{i}} \int_{C_k} \frac{f(\xi)}{\xi - z_0}\mathrm{d}\xi;$$

$$\begin{aligned} f^{(n)}(z_0) = &\frac{n!}{2\pi \mathrm{i}} \int_{C_R} \frac{f(\xi)}{(\xi - z_0)^{n+1}}\mathrm{d}\xi \\ &- \sum_{k=1}^{m} \frac{n!}{2\pi \mathrm{i}} \int_{C_k} \frac{f(\xi)}{(\xi - z_0)^{n+1}}\mathrm{d}\xi, \quad n \geqslant 1. \end{aligned}$$

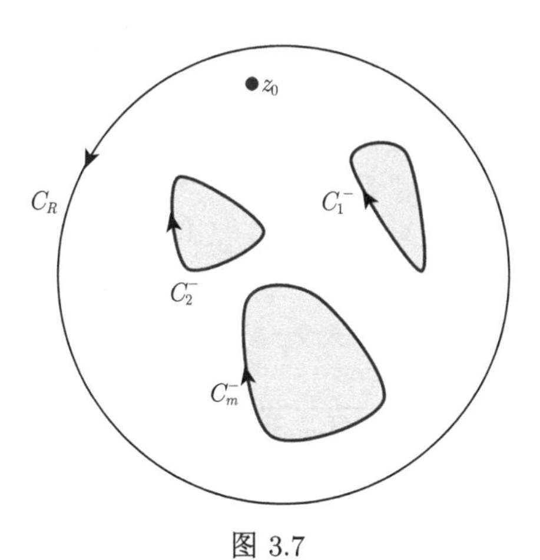

图 3.7

所以只要证明

$$\lim_{R\to+\infty}\frac{1}{2\pi\mathrm{i}}\int_{C_R}\frac{f(\xi)}{\xi-z_0}\mathrm{d}\xi=A=f(\infty),$$

$$\lim_{R\to+\infty}\frac{n!}{2\pi\mathrm{i}}\int_{C_R}\frac{f(\xi)}{(\xi-z_0)^{n+1}}\mathrm{d}\xi=0.$$

事实上, 因为 $\lim\limits_{z\to\infty}f(z)=A$, 所以对于任意正数 ε 存在 $R_0>0(R_0>2|z_0|)$, 使当 $|\xi|>R_0$ 时, 有

$$|f(\xi)-A|<\varepsilon.$$

又因为

$$\frac{n!}{2\pi\mathrm{i}}\int_{C_R}\frac{A}{(\xi-z_0)^{n+1}}\mathrm{d}\xi=\begin{cases}A, & n=0,\\ 0, & n\geqslant 1,\end{cases}$$

所以, 当 $R>R_0$ 时

$$\begin{aligned}\left|\frac{1}{2\pi\mathrm{i}}\int_{C_R}\frac{f(\xi)}{(\xi-z_0)}\mathrm{d}\xi-A\right|&=\left|\frac{1}{2\pi\mathrm{i}}\int_{C_R}\frac{f(\xi)-A}{\xi-z_0}\mathrm{d}\xi\right|\\&\leqslant\frac{1}{2\pi}\frac{\varepsilon}{R-|z_0|}2\pi R\\&=\frac{\varepsilon R}{R-|z_0|}\\&<2\varepsilon,\end{aligned}$$

$$\begin{aligned}\left|\frac{n!}{2\pi\mathrm{i}}\int_{C_R}\frac{f(\xi)}{(\xi-z_0)^{n+1}}\mathrm{d}\xi\right|&=\left|\frac{n!}{2\pi\mathrm{i}}\int_{C_R}\frac{f(\xi)-A}{(\xi-z_0)^{n+1}}\mathrm{d}\xi\right|\\&\leqslant\frac{n!}{2\pi}\frac{\varepsilon}{(R-|z_0|)^{n+1}}\cdot 2\pi R\\&=\frac{\varepsilon Rn!}{(R-|z_0|)^{n+1}}\\&\leqslant\frac{2\varepsilon n!}{(R-|z_0|)^{n}}\\&<\varepsilon\quad(R\text{ 充分大}, n\geqslant 1).\end{aligned}$$

定理得证.

例 13　求积分 $\displaystyle\int_{|z|=2}\frac{z^2\cos\frac{1}{z}}{(z^2-3)(z-3)}\mathrm{d}z$.

解　因为 $f(z)=\dfrac{z^2\cos\frac{1}{z}}{z^2-3}$ 在围线 $C:|z|=2$ 的外部区域 D 上解析, D 的正向

边界为 C^-, 且 $\lim\limits_{z\to\infty} f(z)=1$, 所以由定理 3.11

$$\int_{C^-}\frac{z^2\cos\dfrac{1}{z}}{(z^2-3)(z-3)}\mathrm{d}z=2\pi\mathrm{i}(-1+f(3))=\left(-2+3\cos\frac{1}{3}\right)\pi\mathrm{i},$$

故

$$\int_{|z|=2}\frac{z^2\cos\dfrac{1}{z}}{(z^2-3)(z-3)}\mathrm{d}z=\left(2-3\cos\frac{1}{3}\right)\pi\mathrm{i}.$$

注 虽然本题中的被积函数在 $|z|=2$ 内只有三个不解析点: $z=0,\pm\sqrt{3}$, 但本题未用定理 3.7 或者例 6(3) 的方法, 是因为就目前所学到的知识而言, 积分

$$\int_{|z|=\varepsilon}\frac{z^2\cos\dfrac{1}{z}}{(z^2-3)(z-3)}\mathrm{d}z$$

还无法求出, 其中 $0<\varepsilon<\sqrt{3}$.

3.3 最大模原理

1. 最大模原理

设 $f(z)$ 在区域 $D_R:|z-a|<R$ 上解析, 并连续到边界上, 由 Cauchy 积分公式

$$f(a)=\frac{1}{2\pi\mathrm{i}}\int_{|z-a|=R}\frac{f(z)}{z-a}\mathrm{d}z. \tag{3.17}$$

因为 $|z-a|=R$ 的参数方程为

$$z-a=R\mathrm{e}^{\mathrm{i}\theta},$$

将其代入 (3.17) 式, 得到下列定理.

定理 3.12 设 $f(z)$ 在区域 $D_R:|z-a|<R$ 上解析, 并连续到边界 $|z-a|=R$ 上, 则

$$f(a)=\frac{1}{2\pi}\int_0^{2\pi}f(a+R\mathrm{e}^{\mathrm{i}\theta})\mathrm{d}\theta. \tag{3.18}$$

若设 $f(z)=u(z)+\mathrm{i}v(z)$, 则

$$u(a)=\frac{1}{2\pi}\int_0^{2\pi}u(a+R\mathrm{e}^{\mathrm{i}\theta})\mathrm{d}\theta. \tag{3.19}$$

(3.18) 式称为解析函数的**平均值公式**, (3.19) 称为调和函数的平均值公式. 用平均值公式, 我们可证明**最大模原理**.

定理 3.13　设 $f(z)$ 在区域 D 上解析, 不恒为常函数, 则对任意 $z \in D$,

$$|f(z)| < \sup_{\xi \in D} |f(\xi)|. \tag{3.20}$$

注　这个定理告诉我们非常数的解析函数不可能在区域内部取到最大模.

证　若 $\sup\limits_{\xi \in D} |f(\xi)| = +\infty$, (3.20) 式显然成立, 故可设

$$\sup_{\xi \in D} |f(\xi)| = M < +\infty.$$

设存在 $z_0 \in D$, 使 $|f(z_0)| = M$. 若 $|f(z)| \equiv M$, 则由第 2 章习题 4, 可得 $f(z)$ 恒为常数. 故有 $z_1 \in D$, 使 $|f(z_1)| < M$. 因为 D 是连通的, 所以在 D 内存在一条连续曲线

$$L : z = z(t), \quad t \in [0, 1],$$

使 $z(0) = z_0, z(1) = z_1$, 设

$$t^* = \sup\{t \mid |f(z(t))| = M\}.$$

由 $f(z)$ 与 $z(t)$ 的连续性, 可得 $|f(z(t^*))| = M, t^* < 1$ 且当 $t \in (t^*, 1]$ 时,

$$|f(z(t))| < M. \tag{3.21}$$

设 $z^* = z(t^*) \in D$, 则存在正数 δ, 使 $\bar{B}(z^*, \delta) = \{z \mid |z - z^*| \leqslant \delta\} \subset D$.

对于 $0 < r \leqslant \delta$, 由平均值公式

$$f(z^*) = \frac{1}{2\pi} \int_0^{2\pi} f(z^* + r\mathrm{e}^{\mathrm{i}\theta}) \mathrm{d}\theta,$$

故

$$M = |f(z^*)| \leqslant \frac{1}{2\pi} \int_0^{2\pi} |f(z^* + r\mathrm{e}^{\mathrm{i}\theta})| \mathrm{d}\theta,$$

即 $\dfrac{1}{2\pi} \displaystyle\int_0^{2\pi} (|f(z^* + r\mathrm{e}^{\mathrm{i}\theta})| - M) \mathrm{d}\theta \geqslant 0$.

因为 $|f(z^* + r\mathrm{e}^{\mathrm{i}\theta})| - M$ 是非正的连续函数, 故 $|f(z)| = M$ 在 $\bar{B}(z^*, \delta)$ 恒成立, 因此 $f(z) = M\mathrm{e}^{\mathrm{i}\alpha}$, 其中 α 是实数. 又因 $z(t)$ 在 t^* 连续, $z^* = z(t^*)$, 故存在 $t_1 \in (t^*, 1)$, 使 $z(t_1) \in \bar{B}(z^*, \delta)$, 由 (3.21), $|f(z(t_1))| < M$, 矛盾. 所以

$$|f(z)| < M, \quad z \in D.$$

推论 1　设 $f(z)$ 在有界区域 D 上解析, 在闭域 $\bar{D} = D + \partial D$ 上连续, 且 $|f(z)| \leqslant M (z \in \bar{D})$, 则对任意 $z \in D, |f(z)| < M$, 除非 $f(z)$ 为常数.

推论 2 设 $u(z)=u(x,y)$ 为区域 D 上的调和函数, $z_0\in D$, 若 $|u(z)|\leqslant u(z_0), z\in D$, 则 $u(z)$ 恒为常数 $u(z_0)$.

证 该命题可由调和函数平均值公式给出, 也可以从共轭函数的概念出发给予证明, 我们将此留给读者.

2. Schwarz 引理

定理 3.14 设 $f(z)$ 在区域 $|z|<1$ 上解析, $|f(z)|<1$ 且 $f(0)=0$, 则

$$|f(z)|\leqslant|z|,\quad |z|<1.$$

若在 $|z|<1$ 内存在一点 $z_0\neq 0$, 使 $|f(z_0)|=|z_0|$, 则当且仅当 $f(z)=\mathrm{e}^{\mathrm{i}\theta}z, \theta$ 是实数.

证 设 $F(z)=\begin{cases}\dfrac{f(z)}{z}, & 0<|z|<1,\\ f'(0), & z=0.\end{cases}$

利用本章习题 10 可得

$$\lim_{z\to 0}\frac{F(z)-F(0)}{z-0}=\lim_{z\to 0}\frac{f(z)-zf'(0)}{z^2}=\frac{1}{2}f''(0).$$

因而 $F(z)$ 在 $B(0,1)=\{z||z|<1\}$ 上解析, 于是对任意 $z_0\in B(0,1)$, 取 r 使得 $|z_0|<r<1$, 由最大模原理

$$|F(z_0)|\leqslant\max_{|z|=r}|F(z)|\leqslant\frac{1}{r}.$$

令 $r\to 1^-$, 得

$$|F(z_0)|\leqslant 1, \tag{3.22}$$

即 $|f(z_0)|\leqslant|z_0|$, 从而

$$|f(z)|\leqslant|z|,\quad z\in B(0,1).$$

若存在 $z_0\in B(0,1), z_0\neq 0$, 使 $|f(z_0)|=|z_0|$, 那么 $|F(z_0)|=1$, 由 (3.22) 与最大模原理, $F(z)=\mathrm{e}^{\mathrm{i}\theta}$, 即

$$f(z)=\mathrm{e}^{\mathrm{i}\theta}z.$$

例 14 设 $f(z)$ 是单位圆 $B(0,1)$ 到单位圆 $B(0,1)$ 的一个共形映射, 若 $f(0)=0, f'(z)\neq 0$, 则 $f(z)=\mathrm{e}^{\mathrm{i}\theta}z, \theta$ 为实数.

证 设 $w=f(z)$ 的反函数为 $z=g(w)$, 由条件与 Schwarz 引理, 得

$$|w|=|f(z)|\leqslant|z|,$$

$$|z|=|g(w)|\leqslant|w|.$$

这就表明 $|f(z)|=|z|$, 再由 Schwarz 引理, 得 $f(z)=\mathrm{e}^{\mathrm{i}\theta}z$, θ 为实数.

例 15　设函数 $f(z)$ 在 $|z|<1$ 内解析, 且 $|f(z)|<1$. 证明: 在 $|z|<1$ 内有

(1) $\left|\dfrac{f(z)-f(z_0)}{1-\overline{f(z_0)}\,f(z)}\right|\leqslant\left|\dfrac{z-z_0}{1-\overline{z_0}\,z}\right|$, $|z_0|<1$.

(2) $|f(z)-f(0)|\leqslant|z|\dfrac{1-|f^2(0)|}{1-|f(0)||z|}$.

分析　(1) 观察不等式两边的式子, 并注意到单位圆到单位圆的分式线性变换的一般形式, 立即得到. 若令 $z_1=\dfrac{z-z_0}{1-\overline{z_0}\,z}$, 则 $z_1(z)$ 为单位圆到单位圆的分式线性变换, 从而有 $|z_1|<1$. 同样, 若记 $w_1=\dfrac{f(z)-f(z_0)}{1-\overline{f(z_0)}\,f(z)}$, 则 $|w_1|<1$. 因此本题转化为证明 $|w_1|\leqslant|z_1|$, 而 w_1 与 z_1 的关系可通过 z_1 的表达式实现.

证　(1) 令 $z_1=\dfrac{z-z_0}{1-\overline{z_0}\,z}$, 则由单位圆到单位圆的分式线性变换的表达式知 $|z_1|<1$, 其逆变换为 $z=\dfrac{z_1+z_0}{1+\overline{z_0}\,z_1}$.

考虑函数

$$w_1=\frac{f\left(\dfrac{z_1+z_0}{1+\overline{z_0}\,z_1}\right)-f(z_0)}{1-\overline{f(z_0)}\,f\left(\dfrac{z_1+z_0}{1+\overline{z_0}\,z_1}\right)}\xlongequal{\text{def}}F(z_1).$$

由假设在 $|z|<1$ 内, $|f(z)|<1$, 而当 $|z_1|<1$ 时 $\left|\dfrac{z_1+z_0}{1+\overline{z_0}\,z_1}\right|<1$. 故函数 $F(z_1)$ 在 $|z_1|<1$ 内解析, 且满足 $|F(z_1)|<1$, $F(0)=0$. 因此, 由 Schwarz 引理, 当 $|z_1|<1$ 时 $|F(z_1)|\leqslant|z_1|$, 即

$$\left|\frac{f(z)-f(z_0)}{1-\overline{f(z_0)}\,f(z)}\right|\leqslant\left|\frac{z-z_0}{1-\overline{z_0}\,z}\right|.$$

(2) 在 (1) 中令 $z_0=0$ 得到 $\left|\dfrac{f(z)-f(0)}{1-\overline{f(0)}\,f(z)}\right|\leqslant|z|$. 记

$$F(z)=\frac{f(z)-f(0)}{1-\overline{f(0)}\,f(z)},$$

则 $F(z)$ 为单位圆到单位圆的分式线性变换, 且 $|F(z)|\leqslant|z|$, 其逆变换的表达式为 $f(z)=\dfrac{F(z)+f(0)}{1+\overline{f(0)}\,F(z)}$, 所以

$$|f(z)-f(0)|=\left|\frac{F(z)+f(0)}{1+\overline{f(0)}\,F(z)}-f(0)\right|=\frac{|F(z)|(1-|f^2(0)|)}{|1+\overline{f(0)}\,F(z)|}$$

$$\leqslant \frac{|z|(1-|f^2(0)|)}{|1+\overline{f(0)}\,F(z)|},$$

又因为

$$\left|1+\overline{f(0)}\,F(z)\right| \geqslant 1-|\overline{f(0)}\,F(z)| \geqslant 1-|\overline{f(0)}\,||z|>0 \quad (|z|<1),$$

所以, 当 $|z|<1$ 时

$$|f(z)-f(0)| \leqslant \frac{|z|(1-|f^2(0)|)}{1-|f(0)|\,|z|}.$$

第 3 章习题

1. 求下列积分的值.

(1) $\displaystyle\int_0^{1+\mathrm{i}} \bar{z}\mathrm{d}z$, 其中积分路径:

(i) 直线段;

(ii) 水平线 $0\leqslant x\leqslant 1, y=0$ 与铅直线 $x=1, 0\leqslant y\leqslant 1$;

(2) $\displaystyle\int_{-1}^{1} \mathrm{Re}z^2\mathrm{d}z$, 积分路径为上半单位圆周.

2. 下列积分哪个可直接应用 Cauchy 积分定理, 使其积分等于零.

(1) $\displaystyle\int_{|z|=1} \frac{z}{z^2-5z-5}\mathrm{d}z$;

(2) $\displaystyle\int_{|z-1|=1} \sqrt{z}\mathrm{d}z$;

(3) $\displaystyle\int_{|z-(1+\mathrm{i})|=1} \ln z\mathrm{d}z$;

(4) $\displaystyle\int_{|z|=1} \tan z\mathrm{d}z$;

(5) $\displaystyle\int_C \sin z\mathrm{d}z$, 其中 C 为 $\dfrac{x^2}{a^2}+\dfrac{y^2}{b^2}=1, a, b\neq 0$.

3. 用 Cauchy 积分公式或导数公式计算下列积分值.

(1) $\displaystyle\int_{|z|=1} \frac{\mathrm{e}^z}{z(z-2)}\mathrm{d}z$.

(2) $\displaystyle\int_{|z-1|=2} \frac{\sin z}{(2z-1)z^2}\mathrm{d}z$.

(3) $\displaystyle\int_C \frac{\sin\frac{\pi}{4}z}{z^2-1}\mathrm{d}z$, 其中 C 为

(i) $|z+1|=\dfrac{1}{2}$; (ii) $|z-1|=\dfrac{1}{2}$; (iii) $|z|=2$.

4. 设 $f(z)=\displaystyle\int_{|\xi|=2} \frac{3\xi^2-2\xi+1}{\xi-z}\mathrm{d}\xi$.

(1) 求证 $f(1)=4\pi\mathrm{i}$;

(2) 当 $|z|\neq 2$ 时, 求 $f(z)$ 的值.

5. 求积分 $\displaystyle\int_{|z|=1} \frac{\mathrm{d}z}{z+2}$, 并由此证明 $\displaystyle\int_0^{\pi} \frac{1+2\cos\theta}{5+4\cos\theta}\mathrm{d}\theta=0$.

6. 求积分

(1) $\displaystyle\int_{|z|=2}\frac{\overline{z}\cos z}{1+z^2}\mathrm{d}z$; (2) $\displaystyle\int_{|z|=1}\frac{\overline{z}\mathrm{e}^z}{2z+1}\mathrm{d}z$.

7. 求积分 $\displaystyle\int_{|z|=1}\frac{\left(z+\dfrac{1}{z}\right)^n}{z}\mathrm{d}z$ 的值, 并由此证明

$$\int_0^{2\pi}\cos^n\theta\mathrm{d}\theta=\begin{cases}\dfrac{(n-1)!!}{n!!}\cdot 2\pi, & n=2m,\\ 0, & n=2m-1.\end{cases}$$

8. 设 $f(z)$ 在平面 $\mathbb{C}$ 上解析, $a,b,\in\mathbb{C},|a|<R,|b|<R$, 求积分

$$\int_{|z|=R}\frac{f(z)}{(z-a)(z-b)}\mathrm{d}z,$$

并由此证明 Liouville 定理.

9. 设曲线 C 为一段光滑的简单曲线, $\varphi(z)$ 在 C 上连续, D 是 $\mathbb{C}$-C 的一个连通分支, 求证:

$$f(z)=\frac{1}{2\pi\mathrm{i}}\int_C\frac{\varphi(\xi)}{\xi-z}\mathrm{d}\xi$$

在 D 上解析, 并且

$$f^{(n)}(z)=\frac{n!}{2\pi\mathrm{i}}\int_C\frac{\varphi(\xi)}{(\xi-z)^{n+1}}\mathrm{d}\xi,\quad z\in D.$$

10. 设 $f(z)$ 在区域 $|z|<1$ 上解析, 且 $f(0)=0$, 则

$$\lim_{z\to 0}\frac{f(z)-zf'(0)}{z^2}=\frac{1}{2}f''(0).$$

(提示: 将 $f(z),f(0),f'(0),f''(0)$ 分别用 Cauchy 积分公式和 Cauchy 导数公式以积分的形式表示出来)

11. 求下列积分的值.

(1) $\displaystyle\int_0^{1+\mathrm{i}}\cos z\mathrm{d}z$; (2) $\displaystyle\int_0^{\pi}\mathrm{e}^{\sin z}\cos z\mathrm{d}z$.

12. 设 $f(z),g(z)$ 为单连通区域 D 上的解析函数, $a,b\in D$, 证明:

$$\int_a^b f(z)g'(z)\mathrm{d}z=f(z)g(z)|_a^b-\int_a^b f'(z)g(z)\mathrm{d}z.$$

13. 设 $D=\left\{z\middle||\arg z|<\dfrac{\pi}{2},|z|<1\right\}$, 在 D 圆弧边界上任取一点 $z_1(z_1\neq\pm\mathrm{i})$, 用 D 内有向曲线 C 连接 0 与 z_1, 求证:

$$\mathrm{Re}\int_C\frac{\mathrm{d}z}{1+z^2}=\frac{\pi}{4}.$$

14. 若 $f(z)$ 在区域 D 内解析, C 为以 a,b 为端点的直线段, $C\subset D$. 求证存在 λ, $|\lambda|\leqslant 1$ 及 $\xi\in C$, 使

$$f(b)-f(a)=\lambda(b-a)f'(\xi).$$

并说明确实存在 $|\lambda| < 1$ 的情形.

15. 设 $f(z)$ 为整函数, 且 $\lim\limits_{z\to\infty} \dfrac{f(z)}{z^n} = 0$ (n 为正整数). 证明 $f(z)$ 至多是一个次数不超过 $n-1$ 的多项式.

16. 设 $f(z)$ 在 $|z| \geqslant r$ 上解析, $\lim\limits_{z\to\infty} f(z) = A \neq \infty$, 则

$$A = f(\infty) = \frac{1}{2\pi}\int_0^{2\pi} f(Re^{i\theta})d\theta, \quad r \leqslant R < +\infty.$$

17. 设 $f(z)$ 在以围线 $C_1^- + C_2^- + \cdots + C_n^-$ 所围的无界区域 D 上解析, 且不恒为常数. 若 $\lim\limits_{z\to\infty} f(z) = A \neq \infty$, 则 $f(z)$ 在 $D \cup \{\infty\}$ 不取最大模.

18. 设 $f(z)$ 在以围线 C 所围成的有界区域 D 上解析, 在 $\bar{D} = D + C$ 上连续, 且不恒为常数. 若 $|f(z)| = 1, z \in C$, 则 $f(z)$ 在 D 内至少有一个零点.

19. 设 $P(z) = z^n + a_{n-1}z^{n-1} + \cdots + a_0$, 求证:

$$\max_{|z|=1} |P(z)| \geqslant 1.$$

20. 设 $f(z)$ 在单位圆 $\Delta: |z| < 1$ 上解析, $|f(z)| < 1$, 求证:

(1) $|f'(0)| \leqslant 1$;

(2) 若 $|f'(0)| = 1$, 则 $f(z) = e^{i\alpha}z, \alpha$ 为实数.

21. 设函数 $f(z)$ 在圆 $|z| < R$ 内解析, 并且 $|f(z)| \leqslant M, f(0) = 0$, 求证当 $0 < |z| < R$ 时

$$|f(z)| \leqslant \frac{M}{R}|z|, \quad |f'(0)| \leqslant \frac{M}{R},$$

其中等号仅当 $f(z) = \dfrac{M}{R}e^{i\alpha}z$($\alpha$ 为实数) 时才成立.

22. 设 $f(z)$ 在 $|z| \leqslant 1$ 上解析, $|f(z)| \leqslant 1$, 求证:

$$(1 - |z|^2)|f'(z)| \leqslant 1.$$

第4章　级　　数

本章主要是用级数作为工具, 研究解析函数的性质.

4.1　复数项级数

设 $\{u_n\}$ 是一个复数列, 定义

$$\sum_{n=1}^{\infty} u_n = u_1 + u_2 + \cdots + u_n + \cdots$$

为复级数, 类似于在数学分析中的实级数, 可定义它的部分和

$$S_n = \sum_{k=1}^{n} u_k = u_1 + u_2 + \cdots + u_n.$$

若 $\lim\limits_{n\to\infty} S_n = A$, 则称复级数 $\sum\limits_{n=1}^{\infty} u_n$ 收敛, A 称为它的和. 记为

$$\sum_{n=1}^{\infty} u_n = A. \tag{4.1}$$

若 $\{S_n\}$ 发散, 则称级数 $\sum\limits_{n=1}^{\infty} u_n$ 发散.

$\sum\limits_{n=1}^{\infty} u_n$ 收敛的 ε-N 定义是:

对任意正数 ε, 存在正整数 N, 当 $n > N$ 时, 有

$$\left|\sum_{k=1}^{n} u_k - A\right| < \varepsilon. \tag{4.2}$$

设 $u_n = a_n + \mathrm{i}b_n, A = a + \mathrm{i}b$, 则由 (4.2) 式不难证明 $\sum\limits_{n=1}^{\infty} u_n = A$ 的充要条件是

$$\sum_{n=1}^{\infty} a_n = a; \quad \sum_{n=1}^{\infty} b_n = b.$$

由此, 对复数项级数 $\sum\limits_{n=1}^{\infty} u_n$ 收敛性的讨论, 转化为对实数项级数 $\sum\limits_{n=1}^{\infty} a_n$ 与 $\sum\limits_{n=1}^{\infty} b_n$ 收敛性的讨论.

若级数 $\sum\limits_{n=1}^{\infty} |u_n|$ 收敛, 称 $\sum\limits_{n=1}^{\infty} u_n$ 为绝对收敛. 若 $\sum\limits_{n=1}^{\infty} u_n$ 收敛而 $\sum\limits_{n=1}^{\infty} |u_n|$ 发散, 称 $\sum\limits_{n=1}^{\infty} u_n$ 为条件收敛. 因为

$$|a_n| \leqslant |u_n| \leqslant |a_n| + |b_n|,$$

$$|b_n| \leqslant |u_n| \leqslant |a_n| + |b_n|, \tag{4.3}$$

所以 $\sum\limits_{n=1}^{\infty} u_n$绝对收敛的充要条件是它所对应的实部与虚部级数都绝对收敛. 从而可知绝对收敛的复级数必收敛.

例 1 讨论 $\sum\limits_{n=1}^{\infty} \left(\dfrac{1}{n^2} + \dfrac{\mathrm{i}}{n}\right)$ 的敛散性.

解 因为虚部级数 $\sum\limits_{n=1}^{\infty} \dfrac{1}{n}$ 发散, 故原级数发散.

定理 4.1 (Cauchy 收敛准则) $\sum\limits_{n=1}^{\infty} u_n$ 收敛的充要条件是: 对任意正数 ε, 存在正整数 N, 当 $n > m > N$ 时,

$$|u_{m+1} + u_{m+2} + \cdots + u_n| < \varepsilon.$$

特别地, 若 $\sum\limits_{n=1}^{\infty} u_n$ 收敛, 则 $\lim\limits_{n\to\infty} u_n = 0$, 即 $\sum\limits_{n=1}^{\infty} u_n$ 收敛的必要条件是 $\lim\limits_{n\to\infty} u_n = 0$.

由级数收敛的定义和定理 4.1 可知, 在级数 $\sum\limits_{n=1}^{\infty} u_n$ 中去掉或者添加有限项后不改变级数的收敛性. 和实数项级数一样, 一个绝对收敛的复级数的各项可以任意重排次序而不改变其绝对收敛性, 也不改变其和.

收敛级数的基本性质:

(1) 设 $\sum\limits_{n=1}^{\infty} u_n, \sum\limits_{n=1}^{\infty} v_n$ 收敛, α, β 为常数, 则 $\sum\limits_{n=1}^{\infty} (a u_n + \beta v_n)$ 收敛, 并且

$$\sum_{n=1}^{\infty} (\alpha u_n + \beta v_n) = \alpha \sum_{n=1}^{\infty} u_n + \beta \sum_{n=1}^{\infty} v_n.$$

(2) 设 $\sum_{n=0}^{\infty} u_n, \sum_{n=0}^{\infty} v_n$ 绝对收敛, 则它的 Cauchy 乘积

$$\sum_{n=0}^{\infty} \sum_{k=0}^{n} u_k v_{n-k}$$

也绝对收敛.

以上两个性质的证明完全与实级数相同, 故略.

4.2 函数项级数

设 $\{u_n(z)\}$ 为定义在点集 E 上的一函数列, 称

$$\sum_{n=1}^{\infty} u_n(z)$$

为点集 E 上的一个函数项级数, $S_n(z) = u_1(z) + u_2(z) + \cdots + u_n(z)$ 称为部分和函数. 设 $z_0 \in E$, 若数项级数 $\sum_{n=1}^{\infty} u_n(z_0)$ 收敛, 称 z_0 是一个收敛点. 收敛点的全体称为收敛域. 在收敛域上函数项级数收敛于一个复变函数, 这个函数称为和函数.

例 2 讨论 $\sum_{n=0}^{\infty} z^n = 1 + z + z^2 + \cdots$ 的收敛域, 并求其和函数.

解 当 $|z| \geqslant 1$, 通项不趋于零, 故发散.

当 $|z| < 1$ 时, 这是一个公比为 z(模小于 1) 的等比级数, 部分和为

$$S_n(z) = 1 + z + \cdots + z^{n-1} = \frac{1 - z^n}{1 - z},$$

所以和函数

$$S(z) = \lim_{n \to \infty} S_n(z) = \lim_{n \to \infty} \frac{1 - z^n}{1 - z} = \frac{1}{1 - z}.$$

定义 4.1 设 $\sum_{n=1}^{\infty} u_n(z)$ 为点集 E 上的一个函数项级数, $S_n(z)$ 是部分和函数列, $S(z)$ 是和函数. 若对任意正数 ε, 存在正整数 N, 当 $n > N$ 时

$$|S_n(z) - S(z)| = \left| \sum_{k=1}^{n} u_k(z) - S(z) \right| < \varepsilon, \quad z \in E.$$

称 $\sum_{n=1}^{\infty} u_n(z)$ 在 E 上一致收敛于 $S(z)$.

下面是关于一致收敛的几个判定法则.

(1) $\sum\limits_{n=1}^{\infty}u_n(z)$ 在 E 上一致收敛的充要条件是: 对任意给定的正数 ε, 都存在正整数 N, 当 $n>m>N$ 时

$$|S_m(z)-S_n(z)|=\left|\sum_{k=m+1}^{n}u_k(z)\right|<\varepsilon,\quad z\in E.$$

(2) 设 $\Delta_n=\sup\limits_{z\in E}|S_n(z)-S(z)|$, 则 $\sum\limits_{n=1}^{\infty}u_n(z)$ 在 E 上一致收敛于 $S(z)$ 的充要条件是

$$\lim_{n\to\infty}\Delta_n=0.$$

(3) 设 $|u_n(z)|\leqslant M_n, z\in E, n=1,2,\cdots$, 若 $\sum\limits_{n=1}^{\infty}M_n$ 收敛, 则 $\sum\limits_{n=1}^{\infty}u_n(z)$ 在 E 上一致收敛.

以上完全类似于实函数项级数的相应性质, 分别为一致收敛的 Cauchy 准则、余和准则以及 Weierstrass 判别法或优级数判别法, 这里仅给出 (1) 的证明, 其余的留给读者自己证明.

判定法则 (1) 的证明: 若级数 $\sum\limits_{n=1}^{\infty}u_n(z)$ 在 E 上一致收敛于 $S(z)$, 则由定义, 对任意给定的 $\varepsilon>0$, 存在正整数 N, 当 $m>N$ 时, 对一切 $z\in E$ 有

$$|S_m(z)-S(z)|<\frac{\varepsilon}{2},\quad |S_n(z)-S(z)|<\frac{\varepsilon}{2}\quad (n>m).$$

因此, 当 $n>m>N$ 时, 对一切 $z\in E$ 有

$$|S_n(z)-S_m(z)|\leqslant|S_n(z)-S(z)|+|S_m(z)-S(z)|<\varepsilon.$$

反之, 若上式成立, 则由数项级数的 Cauchy 收敛准则 (定理 4.1) 知级数 $\sum\limits_{n=1}^{\infty}u_n(z)$ 在 E 上收敛, 记其和函数为 $S(z)$. 现在令 $n\to+\infty$ 就得到当 $m>N$ 时, 对一切 $z\in E$ 有 $|S(z)-S_m(z)|\leqslant\varepsilon$, 由定义 4.1 知, $\sum\limits_{n=1}^{\infty}u_n(z)$ 在 E 上一致收敛于 $S(z)$.

下面给出一致收敛级数的和函数的连续性、可积性和可微性.

定理 4.2 设 $u_n(z)$ 在区域 D 上连续, $\sum\limits_{n=1}^{\infty}u_n(z)$ 在 D 内的任一闭区域上一致收敛 (称为内闭一致收敛) 于 $S(z)$, 则 $S(z)$ 在 D 上连续.

证 对于 $z_0 \in D$, 存在 z_0 的一个邻域 U, 使 $\overline{U} \subset D$. 因为 $\sum\limits_{n=1}^{\infty} u_n(z)$ 在 U 上一致收敛于 $S(z)$, 则对于任意正数 ε, 存在正整数 N, 使

$$|S_N(z) - S(z)| < \frac{\varepsilon}{3}, \quad z \in U.$$

又 $S_N(z)$ 在 z_0 点连续, 则存在正数 δ, 当 $z \in \{z||z - z_0| < \delta\} \subset U$ 时,

$$|S_N(z) - S_N(z_0)| < \frac{\varepsilon}{3},$$

故

$$|S(z) - S(z_0)| \leqslant |S_N(z) - S(z)| + |S_N(z) - S_N(z_0)| + |S_N(z_0) - S(z_0)| < \varepsilon.$$

所以 $S(z)$ 在 D 上连续.

定理 4.3 设 $u_n(z)$ 沿可求长曲线 C 连续, $\sum\limits_{n=1}^{\infty} u_n(z)$ 在 C 上一致收敛于 $S(z)$, 则 $S(z)$ 沿曲线 C 连续, 并且

$$\int_C S(z)\mathrm{d}z = \sum_{n=1}^{\infty} \int_C u_n(z)\mathrm{d}z.$$

证 $S(z)$ 的连续性可由定理 4.2 直接得到. 设 $S_n(z) = \sum\limits_{k=1}^{n} u_k(z)$, 则对任意正数 ε, 存在 $N, n > N$, 有

$$|S_n(z) - S(z)| < \varepsilon, \quad z \in C,$$

则

$$\left|\int_C (S_n(z) - S(z))\mathrm{d}z\right| \leqslant \varepsilon L,$$

其中 L 是曲线 C 的长度, 故

$$\lim_{n\to\infty} \int_C S_n(z)\mathrm{d}z = \lim_{n\to\infty} \int_C \sum_{k=1}^{n} u_k(z)\mathrm{d}z = \int_C S(z)\mathrm{d}z,$$

即

$$\sum_{k=1}^{\infty} \int_C u_k(z)\mathrm{d}z = \int_C S(z)\mathrm{d}z.$$

定理 4.4 (Weierstrass 定理) 设 $u_n(z)$ 在区域 D 上解析, $\sum\limits_{n=1}^{\infty} u_n(z)$ 在 D 上内闭一致收敛于 $S(z)$, 则

(1) $S(z)$ 在 D 内解析.

(2) $S^{(l)}(z)=\sum\limits_{n=1}^{\infty}u_n^{(l)}(z), l=1,2,3,\cdots$.

证 (1) 设 z_0 为 D 内的任意一点, 存在 z_0 的一个邻域 U, 使 $\overline{U}\subset D$. 对 U 内的任何一条围线 C, $\sum\limits_{n=1}^{\infty}u_n(z)$ 在 C 上一致收敛于 $S(z)$, 再由定理 4.3.

$$\int_C S(z)\mathrm{d}z=\sum_{n=1}^{\infty}\int_C u_n(z)\mathrm{d}z.$$

因为 U 是单连通区域, 故 $\int_C u_n(z)\mathrm{d}z=0$, 从而

$$\int_C S(z)\mathrm{d}z=0.$$

由 Morera 定理, $S(z)$ 在 U 上解析, 从而在 z_0 点解析, 因此 $S(z)$ 为 D 上的解析函数.

(2) 以 z_0 为中心、ρ 为半径做一充分小的圆周 C_ρ, 使 C_ρ 以及 C_ρ 的内部均含在 D 内. 由此, 函数项级数 $\sum\limits_{n=1}^{\infty}\dfrac{u_n(z)}{(z-z_0)^{l+1}}$ 在 C_ρ 上一致收敛于 $\dfrac{S(z)}{(z-z_0)^{l+1}}$, 故

$$\frac{l!}{2\pi\mathrm{i}}\int_{C_\rho}\frac{S(z)}{(z-z_0)^{l+1}}\mathrm{d}z=\sum_{n=1}^{\infty}\frac{l!}{2\pi\mathrm{i}}\int_{C_\rho}\frac{u_n(z)}{(z-z_0)^{l+1}}\mathrm{d}z,$$

即

$$S^{(l)}(z_0)=\sum_{n=1}^{\infty}u_n^{(l)}(z_0).$$

4.3 幂 级 数

形如

$$\sum_{n=0}^{\infty}a_n(z-z_0)^n=a_0+a_1(z-z_0)+a_2(z-z_0)^2+\cdots \tag{4.4}$$

的函数项级数称为以 $z=z_0$ 为中心的幂级数, 容易证明下面两个性质:

(1) 若级数 (4.4) 在 $z=z_1$ 处收敛, 则对每一 z, 只要 $|z-z_0|<|z_1-z_0|$, $\sum\limits_{n=0}^{\infty}a_n(z-z_0)^n$ 绝对收敛.

(2) 若级数 (4.4) 在 $z=z_1$ 处发散, 则对每一 z, 只要 $|z-z_0|>|z_1-z_0|$, $\sum\limits_{n=0}^{\infty} a_n(z-z_0)^n$ 发散.

事实上, 若 $\sum\limits_{n=0}^{\infty} a_n(z_1-z_0)^n$ 收敛, 则 $\lim\limits_{n\to\infty} a_n(z_1-z_0)^n=0$. 从而存在 $M>0$, 使得 $|a_n(z_1-z_0)^n|\leqslant M, n=1,2,\cdots$. 当 $|z-z_0|<|z_1-z_0|$ 时, 有

$$|a_n(z-z_0)^n|=|a_n(z_1-z_0)^n|\frac{|z-z_0|^n}{|z_1-z_0|^n}\leqslant Mq^n,$$

其中$q=\left|\dfrac{z-z_0}{z_1-z_0}\right|<1$, 而 $\sum\limits_{n=0}^{\infty} Mq^n$ 收敛. 故 $\sum\limits_{n=0}^{\infty} a_n(z-z_0)^n$ 在 $|z-z_0|<|z_1-z_0|$ 内绝对收敛. 至于性质 (2), 用反证法以及前面的证明立即得到.

从性质 (1) 与性质 (2) 可知, 任意幂级数 $\sum\limits_{n=0}^{\infty} a_n(z-z_0)^n$ 必出现且仅出现以下三种情形之一:

(i) 仅在 $z=z_0$ 收敛且绝对收敛.

(ii) 在整个 z 平面或在 $|z-z_0|<+\infty$ 上收敛且绝对收敛.

(iii) 存在 $R>0$, 当 $|z-z_0|<R$ 时收敛且绝对收敛, 当 $|z-z_0|>R$ 时发散.

若将 (i), (ii) 两种情形分别看作 $R=0$ 和 $R=+\infty$, 则上述结论可描述为: 存在 $R, 0\leqslant R\leqslant+\infty$, 使得

(a) 当 $|z-z_0|<R$ 时, $\sum\limits_{n=0}^{\infty} a_n(z-z_0)^n$ 绝对收敛.

(b) 当 $|z-z_0|>R$ 时, $\sum\limits_{n=0}^{\infty} a_n(z-z_0)^n$ 发散.

称 R 为级数 $\sum\limits_{n=0}^{\infty} a_n(z-z_0)^n$ 的收敛半径, $|z-z_0|<R$ 称为收敛圆.

注意, 当 R 为有限正数时, 级数 $\sum\limits_{n=0}^{\infty} a_n(z-z_0)^n$ 在其收敛圆周 $|z-z_0|=R$ 上的敛散性是不确定的 (可参见后面的例题).

下面的定理证明完全类似于实函数的情形.

定理 4.5 设 $\lim\limits_{n\to\infty}\left|\dfrac{a_{n+1}}{a_n}\right|=l$, 则 $R=\dfrac{1}{l}$.

定理 4.6 设 $\lim\limits_{n\to\infty}\sqrt[n]{|a_n|}=l$, 则 $R=\dfrac{1}{l}$.

定理 4.7 设 $\overline{\lim\limits_{n\to\infty}}\sqrt[n]{|a_n|}=l$, 则 $R=\dfrac{1}{l}$.

注 当定理 4.5—定理 4.7 中的 $l=0$ 时, $R=+\infty$; $l=+\infty$ 时, $R=0$.

例 3 级数 (1)$\sum\limits_{n=0}^{\infty}z^n$, (2)$\sum\limits_{n=1}^{\infty}\dfrac{z^n}{n^2}$, (3)$\sum\limits_{n=1}^{\infty}\dfrac{z^n}{n}$ 的收敛半径都是 $R=1$. 但在收敛圆周 $|z|=1$ 上, (1) 无收敛点即处处发散, 因为其一般项不趋于零; (2) 处处收敛, 因为在 $|z|=1$ 上 $\sum\limits_{n=1}^{\infty}\left|\dfrac{z^n}{n^2}\right|=\sum\limits_{n=1}^{\infty}\dfrac{1}{n^2}$ 是收敛的; (3) 除在点 $z=1$ 发散外, 在收敛圆周的其他点 $z=\mathrm{e}^{\mathrm{i}\theta}(0<\theta<2\pi)$ 处是收敛的, 这是因为

$$\sum_{n=1}^{\infty}\frac{z^n}{n}=\sum_{n=1}^{\infty}\frac{\cos n\theta}{n}+\mathrm{i}\sum_{n=1}^{\infty}\frac{\sin n\theta}{n},$$

而由 Dirichlet 判别法, 当 $0<\theta<2\pi$ 时, $\sum\limits_{n=1}^{\infty}\dfrac{\cos n\theta}{n}$ 与 $\sum\limits_{n=1}^{\infty}\dfrac{\sin n\theta}{n}$ 都是收敛的.

定理 4.8 设级数 $\sum\limits_{n=0}^{\infty}a_n(z-z_0)^n$ 的收敛半径 $R>0$, 则该级数在收敛圆 $|z-z_0|<R$ 内闭一致收敛, 其和函数

$$S(z)=\sum_{n=0}^{\infty}a_n(z-z_0)^n,\quad |z-z_0|<R$$

在 $|z-z_0|<R$ 内解析, 且

$$\begin{aligned}S^{(p)}(z)&=\sum_{n=0}^{\infty}a_n[(z-z_0)^n]^{(p)}\\&=p!a_p+(p+1)p\cdots 2a_{p+1}(z-z_0)+\cdots,\\a_p&=\frac{S^{(p)}(z_0)}{p!},\quad p=0,1,2,\cdots.\end{aligned}$$

定理 4.8 告诉我们, 和函数在收敛圆内是解析的. 这样自然就产生一个问题: 圆域上的解析函数能写成幂级数吗? 下面的定理给出了一个非常明确的答复.

定理 4.9 (Taylor 定理) 设 $f(z)$ 在区域 D 上解析, 圆 $\Delta_R=\{z||z-z_0|<R\}\subset D$, 则 $f(z)$ 在 Δ_R 上可展开成幂级数

$$f(z)=\sum_{n=0}^{\infty}a_n(z-z_0)^n,\quad |z-z_0|<R,\tag{4.5}$$

其中

$$a_n=\frac{1}{2\pi\mathrm{i}}\int_{C_\rho}\frac{f(\xi)}{(\xi-z_0)^{n+1}}\mathrm{d}\xi=\frac{f^{(n)}(z_0)}{n!},\quad n=0,1,2,\cdots,\tag{4.6}$$

$C_\rho: |\xi - z_0| = \rho, 0 < \rho < R$. 并且展式 (4.5) 是唯一的.

证 取正数 $\rho, 0 < \rho < R$, 令曲线 $C_\rho: |\xi - z_0| = \rho$, 则由 Cauchy 积分公式,

$$f(z) = \frac{1}{2\pi \mathrm{i}} \int_{C_\rho} \frac{f(\xi)}{\xi - z} \mathrm{d}\xi, \quad |z - z_0| < \rho,$$

$$\begin{aligned}\frac{1}{\xi - z} &= \frac{1}{\xi - z_0 - (z - z_0)} = \frac{1}{(\xi - z_0)\left(1 - \dfrac{z - z_0}{\xi - z_0}\right)} \\ &= \frac{1}{\xi - z_0} \sum_{n=0}^{\infty} \left(\frac{z - z_0}{\xi - z_0}\right)^n.\end{aligned}$$

因为 $|z - z_0| < \rho = |\xi - z_0|$, 所以级数 $\displaystyle\sum_{n=0}^{\infty} \left(\frac{z - z_0}{\xi - z_0}\right)^n$ 在 C_ρ 上一致收敛, 故由定理 4.3, 有

$$\begin{aligned}f(z) &= \frac{1}{2\pi \mathrm{i}} \int_{C_\rho} \sum_{n=0}^{\infty} \frac{(z - z_0)^n}{(\xi - z_0)^{n+1}} f(\xi) \mathrm{d}\xi \\ &= \sum_{n=0}^{\infty} \left[\frac{1}{2\pi \mathrm{i}} \int_{C_\rho} \frac{f(\xi)}{(\xi - z_0)^{n+1}} \mathrm{d}\xi\right] (z - z_0)^n \\ &= \sum_{n=0}^{\infty} \frac{f^{(n)}(z_0)}{n!} (z - z_0)^n,\end{aligned}$$

这里 $\displaystyle\int_{C_\rho} \frac{f(\xi)}{(\xi - z_0)^{n+1}} \mathrm{d}\xi$ 与 ρ 的选取无关, 只要求满足 $0 < \rho < R$.

下面证明唯一性. 设 $f(z)$ 在 Δ_R 内展成另一幂级数

$$f(z) = \sum_{n=0}^{\infty} c_n (z - z_0)^n,$$

则由定理 4.8 知,

$$f^{(n)}(z) = n! c_n + \frac{(n+1)!}{1!} c_{n+1}(z - z_0) + \frac{(n+2)!}{2!} c_{n+2}(z - z_0)^2 + \cdots.$$

将 $z = z_0$ 代入上式两端得 $c_n = \dfrac{f^{(n)}(z_0)}{n!}$. 这说明 $f(z) = \displaystyle\sum_{n=0}^{\infty} c_n (z - z_0)^n$ 与级数 (4.5) 是一致的, 从而唯一性得证.

(4.5) 式中的级数称为 $f(z)$ 在点 $z = z_0$ 的 Taylor 展开式, 而 (4.6) 式称为它的 Taylor 系数.

结合 Taylor 系数与 Cauchy 不等式, 不难得到如下定理.

推论 设 $f(z)$ 在 $|z-a|<R$ 上解析, $0<\rho<R$, 则

$$|a_n| \leqslant \frac{\max\limits_{|z-a|=\rho} |f(z)|}{\rho^n}, 0<\rho<R, \quad n=0,1,2,\cdots.$$

下面我们来求最常用的一些 Taylor 展开式的例子.

例 4 求 $f(z)=\mathrm{e}^z$ 在点 $z=0$ 处的 Taylor 级数.

解 因为 $a_n=\dfrac{f^{(n)}(0)}{n!}=\dfrac{1}{n!}$, $f(z)=\mathrm{e}^z$ 在全平面 $\mathbb{C}$ 上解析, 于是

$$\mathrm{e}^z=\sum_{n=0}^{\infty}\frac{z^n}{n!}=1+\frac{z}{1!}+\frac{z^2}{2!}+\cdots+\frac{z^n}{n!}+\cdots, \quad |z|<+\infty.$$

由此不难得知

$$\sin z=\sum_{n=1}^{\infty}(-1)^{n-1}\frac{z^{2n-1}}{(2n-1)!}=z-\frac{z^3}{3!}+\frac{z^5}{5!}-\cdots, \quad |z|<+\infty,$$

$$\cos z=\sum_{n=0}^{\infty}(-1)^{n}\frac{z^{2n}}{(2n)!}=1-\frac{z^2}{2!}+\frac{z^4}{4!}-\cdots, \quad |z|<+\infty.$$

例 5 求 $f(z)=\sqrt{z+1}$ 在 $|z|<1$ 内的 Taylor 级数.

解 因为 $f(z)$ 是以 $z=-1,\infty$ 为支点的多值解析函数, 挖去 $(-\infty,-1]$ 后, $f(z)$ 有两个单值的解析分支, 从而在 $|z|<1$ 上也有两个单值的解析分支, 这两个分支由 $f(z)$ 在 $z=0$ 的初值所确定.

因为

$$f'(z)=\frac{\sqrt{z+1}}{2(z+1)}; \quad f''(z)=\frac{1}{2}\left(\frac{1}{2}-1\right)\frac{\sqrt{z+1}}{(z+1)^2};$$

$$\cdots\cdots$$

$$f^{(n)}(z)=\frac{1}{2}\left(\frac{1}{2}-1\right)\cdots\left(\frac{1}{2}-n-1\right)\frac{\sqrt{z+1}}{(z+1)^n},$$

所以

$$f(0)=\sqrt{1}=1;$$
$$f'(0)=\frac{1}{2}f(0);$$
$$f''(0)=\frac{1}{2}\left(\frac{1}{2}-1\right)f(0);$$
$$\cdots\cdots$$
$$f^{(n)}(0)=\frac{1}{2}\left(\frac{1}{2}-1\right)\cdots\left(\frac{1}{2}-n+1\right)f(0).$$

由 Taylor 定理

$$
\begin{aligned}
&\sqrt{1+z}\\
=&f(0)\left(1+\frac{1}{2}z-\frac{1}{2^2\times 2}z^2+\frac{1\times 3}{2^3\times 3!}z^3+\cdots+(-1)^{n-1}\frac{(2n-3)!!}{2^n n!}z^n+\cdots\right),\quad |z|<1.
\end{aligned}
$$

例 6 将 $e^z\cos z, e^z\sin z$ 在 $z=0$ 展开成 Taylor 级数.

解 因为

$$
e^{(1+i)z}=\sum_{n=0}^{\infty}\frac{(1+i)^n}{n!}z^n=\sum_{n=0}^{\infty}\frac{(\sqrt{2})^n}{n!}e^{\frac{n\pi}{4}i}z^n,
$$

$$
e^{(1-i)z}=\sum_{n=0}^{\infty}\frac{(1-i)^n}{n!}z^n=\sum_{n=0}^{\infty}\frac{(\sqrt{2})^n}{n!}e^{-\frac{n\pi}{4}i}z^n,
$$

所以

$$
\begin{aligned}
e^z\cos z&=\frac{1}{2}[e^{(1+i)z}+e^{(1-i)z}]\\
&=\sum_{n=0}^{\infty}\frac{(\sqrt{2})^n}{n!}\left(\cos\frac{n\pi}{4}\right)z^n,\quad |z|<+\infty,\\
e^z\sin z&=\frac{1}{2i}[e^{(1+i)z}-e^{(1-i)z}]\\
&=\sum_{n=0}^{\infty}\frac{(\sqrt{2})^n}{n!}\left(\sin\frac{n\pi}{4}\right)z^n,\quad |z|<+\infty.
\end{aligned}
$$

函数在它的解析点的邻域内可以展成 Taylor 级数, 其展式是唯一的, 这一基本事实为我们把解析函数展成 Taylor 级数提供了很大方便. 我们既可以直接用定理 4.9 求出 Taylor 系数 (如例 4、例 5), 也可以通过其他方法进行 (如例 6). 只要每一步的运算合理, 所得到的幂级数展式一定都是函数的 Taylor 级数展开式.

那么, 一个函数在某点的邻域展成的幂级数的收敛半径到底有多大? 这固然可以根据定理 4.5、定理 4.6 或定理 4.7 去进行计算, 但也可以采用其他途径. 为此, 我们首先介绍下面一个结论:

幂级数的和函数在其收敛圆周上至少有一个不解析点, 即, 若 $\sum_{n=0}^{\infty}a_n(z-z_0)^n$ 的收敛半径为 $R, 0<R<+\infty$, 且

$$
f(z)=\sum_{n=0}^{\infty}a_n(z-z_0)^n,\quad |z-z_0|<R,
$$

则 $f(z)$ 在圆周 $\Gamma: |z-z_0|=R$ 上至少有一个不解析点.

事实上, 假若 $f(z)$ 在收敛圆周 Γ 上每一点都解析, 则对 Γ 上的每一点 ξ, 都存在一个邻域 $O_\xi = \{z||z-\xi| < r_\xi, z \in \mathbb{C}\}$, $f(z)$ 在 O_ξ 内解析. 于是, 有界闭集 Γ 就被这样的开圆域族 $\{O_\xi|\xi \in \Gamma\}$ 覆盖. 由有限覆盖定理, 可从中选取有限个记为 $O_1, O_2, \cdots, O_n$ 覆盖 Γ. 现将 $|z-z_0| < R$ 和 $O_1, O_2, \cdots, O_n$ 合并起来构成一个新的区域 G, 于是 $f(z)$ 在 G 内解析, G 的边界 ∂G 是由有限个圆弧组成的逐段光滑的闭曲线. Γ 与 ∂G 是无交点的闭集, 因而 Γ 与 ∂G 的距离 $\rho > 0$. 又 Γ 在 ∂G 所围的区域内, 这就得到 $f(z)$ 在 $|z-z_0| < R+\rho$ 上解析, 由定理 4.9 知 $f(z) = \sum\limits_{n=0}^{\infty} a_n(z-z_0)^n$ 在 $|z-z_0| < R+\rho$ 上成立, 这说明收敛半径变大了, 从而产生了矛盾. 故结论成立.

由上面的结论, 立即得到确定幂级数收敛半径的方法:

设 $f(z)$ 在点 a 解析, 点 b 是 $f(z)$ 的距 a 最近的不解析点, 且 $f(z)$ 在点 a 的某邻域的幂级数展开式是

$$f(z) = \sum_{n=0}^{\infty} a_n(z-a)^n,$$

则 $R = |b-a|$ 为 $\sum\limits_{n=0}^{\infty} a_n(z-a)^n$ 的收敛半径.

最后, 如果将定理 4.8 和定理 4.9 结合起来立即得到解析函数的又一等价结论:

函数 $f(z)$ 在点 z_0 解析的充要条件是 $f(z)$ 在点 z_0 的某邻域内可以展成幂级数. 函数 $f(z)$ 在区域 D 内解析的充要条件是 $f(z)$ 在 D 内每一点的某邻域可展成幂级数.

4.4 函数的唯一性

1. 解析函数的零点及其孤立性

定义 4.2 设 $f(z)$ 在 $|z-a| < r$ 上解析, 若 $f(a) = f'(a) = \cdots = f^{(k-1)}(a) = 0, f^{(k)}(a) \neq 0$, 称 $z = a$ 为函数 $f(z)$ 的一个 k 级 (重) 零点.

下面的定理对判别零点的级数是十分有用的.

定理 4.10 设 $f(z)$ 在点 $z = a$ 处解析, 则 $z = a$ 是 $f(z)$ 的 k 级零点的充要条件是

$$f(z) = (z-a)^k \varphi(z),$$

其中 $\varphi(z)$ 在点 $z = a$ 解析, 且 $\varphi(a) \neq 0$.

证 必要性: 设 $z = a$ 为 $f(z)$ 的 k 级零点.

不妨设 $f(z)$ 在圆 $|z-a|<R$ 内解析, 根据 Taylor 定理和零点级的定义,

$$\begin{aligned} f(z) &= c_k(z-a)^k + c_{k+1}(z-a)^{k+1} + \cdots \\ &= (z-a)^k(c_k + c_{k+1}(z-a) + \cdots) \\ &= (z-a)^k\varphi(z), \quad |z-a|<R, \end{aligned}$$

其中, $\varphi(z)$ 在 $|z-a|<R$ 解析, $\varphi(a)=c_k=\dfrac{f^{(k)}(a)}{k!}\neq 0$.

充分性: 由 Taylor 定理, 在 a 的邻域 $B(a)$ 内有

$$\varphi(z)=\sum_{n=0}^{\infty} b_n(z-a)^n, \quad b_0=\varphi(a)\neq 0.$$

于是

$$f(z)=\sum_{n=0}^{\infty} b_n(z-a)^{n+k}=\sum_{m=0}^{\infty} c_m(z-a)^m,$$

其中, 当 $0\leqslant m\leqslant k-1$ 时, $c_m=0$; 当 $m\geqslant k$ 时, $c_m=b_{m-k}$. 由 Taylor 展式的唯一性得到: 当 $0\leqslant m\leqslant k-1$ 时, $f^{(m)}(a)=m!c_m=0$, $f^{(k)}(a)=k!c_k=k!b_0\neq 0$, 从而, $z=a$ 为 $f(z)$ 的 k 级零点.

定理 4.11(解析函数零点的孤立性) 设 $f(z)$ 在 $|z-a|<R$ 内解析, $f(a)=0$, 则存在 $r, 0<r<R$, 使 $f(z)$ 在 $0<|z-a|<r$ 内无零点, 除非 $f(z)\equiv 0$.

证 若对于任意正整数 k, $f(a)=f^{(k)}(a)=0$, 则对任一 z, $|z-a|<R$, 有

$$f(z)=\sum_{n=0}^{\infty}\frac{f^{(n)}(a)}{n!}(z-a)^n=f(a),$$

即 $f(z)\equiv 0$.

若 $f(z)$ 不恒为零, 则 $f(z)$ 在点 $z=a$ 的导数至少有一个不为零, 不妨设

$$f(a)=f'(a)=\cdots=f^{(k-1)}(a)=0, \quad f^{(k)}(a)\neq 0.$$

于是 $z=a$ 是 $f(z)$ 的 k 级零点, 由定理 4.10

$$f(z)=(z-a)^k\varphi(z),$$

其中, $\varphi(z)$ 在点 $z=a$ 解析, 并且 $\varphi(a)\neq 0$. 因此存在正数 $r, 0<r<R$, 在 $|z-a|<r$ 内, $\varphi(z)\neq 0$, 从而在 $0<|z-a|<r$ 内,

$$f(z)\neq 0.$$

推论 设 $f(z)$ 在 $|z-a|<R$ 内解析, 若 $z=a$ 是 $f(z)$ 零点的一个聚点, 则 $f(z)\equiv 0$.

2. 解析函数的零点及其孤立性

下面的定理反映了解析函数深刻的内涵.

定理 4.12 (唯一性定理) 设 $f(z), g(z)$ 在区域 D 上解析, 若存在 $\{z_n\} \subset D$ 满足:

(1) $z_n \to a \in D, z_n \neq a$;

(2) $f(z_n) = g(z_n)$,

则 $f(z) = g(z), z \in D$.

证 设 $G(z) = f(z) - g(z)$, 因为 $G(z_n) = 0$, 所以 $G(a) = 0$. 于是对于 D 中任意一点 $b \in D$, 只需证 $G(b) = 0$ 即可.

因为 D 是连通的, 所以存在 D 内的一条折线 T 连续 a, b. 设 T 至边界的最短距离为 d, 因为 T 是可求长的, 所以在 T 上存在 $n+1$ 个点

$$a = a_0, a_1, a_2, \cdots, a_n = b,$$

且相邻两边 a_{i-1} 到 a_i 之间的折线段长度不超过 $\dfrac{d}{2}$.

先以 $a = a_0$ 为圆心, $\dfrac{d}{2}$ 为半径作圆 D_1, 因为 $G(z_n) = 0, z_n \neq a, z_n \to a$, 故 $G(z)$ 在 D_1 恒为零, 作圆 $D_2, |z - a_1| < \dfrac{d}{2}$, 显然有 $D_1 \cap D_2 \neq \varnothing$, 因此 $G(z)$ 在 D_2 上满足定理 4.11 的推论, 故 $G(z) \equiv 0, z \in D_2$. 由此重复 n 次, 可得 $G(z)$ 在 $D_n : |z - a_{n-1}| < \dfrac{d}{2}$ 恒为零, $b \in D_n$, 特别地, $G(b) = 0$, 故 $G(z) \equiv 0$, 即

$$f(z) \equiv g(z), \quad z \in D.$$

例 7 证明: $\sin^2 z = \dfrac{1 - \cos 2z}{2}$.

证 设 $f(z) = \sin^2 z, g(z) = \dfrac{1 - \cos 2z}{2}$, 则 $f(z), g(z)$ 在平面 $\mathbb{C}$ 上解析, 因为当 $z = x$ 时, $f(z) = g(z)$. 由唯一性定理,

$$f(z) = g(z), \quad z \in \mathbb{C}.$$

一般来说, 设 $f(z)$ 与 $g(z)$ 在区域 D 内解析, 若在含有极限点 $z_0 (z_0 \in D)$ 的子集上 $f(z) = g(z)$, 则在整个区域 D 上 $f(z) \equiv g(z)$. 特别地, 若在含于 D 内的一弧段或一子区域上有 $f(z) = g(z)$, 则在整个区域 D 上 $f(z) \equiv g(z)$.

例 8 是否存在在原点解析, 又在点列 $z_n = \dfrac{1}{n}$ 上取值为

$$f(1) = \frac{1}{2}, f\left(\frac{1}{2}\right) = \frac{1}{2}, f\left(\frac{1}{3}\right) = \frac{1}{4}, f\left(\frac{1}{4}\right) = \frac{1}{4}, \cdots,$$

$$f\left(\frac{1}{2n-1}\right)=\frac{1}{2n},\quad f\left(\frac{1}{2n}\right)=\frac{1}{2n},\cdots$$

的函数 $f(z)$?

解　不存在.

如果存在满足条件的函数 $f(z)$, 则有 $\delta>0$, $f(z)$ 在 $B=\{z||z|<\delta\}$ 内解析. 设 $g(z)=z$. 因为无穷点列 $\left\{\frac{1}{2n}\right\}$ 的极限点为 0, 且 $f\left(\frac{1}{2n}\right)=g\left(\frac{1}{2n}\right)$, 所以由唯一性定理在 B 内 $f(z)=g(z)$, 即 $f(z)=z$. 而当 n 充分大时, 点 $z=\frac{1}{2n-1}$ 也属于 B, 这又推出 $f\left(\frac{1}{2n-1}\right)=g\left(\frac{1}{2n-1}\right)=\frac{1}{2n-1}$. 这与已知条件 $f\left(\frac{1}{2n-1}\right)=\frac{1}{2n}$ 相矛盾. 因此, 满足条件的函数不存在.

4.5　双边幂级数

形如

$$\cdots+\frac{c_{-n}}{(z-a)^n}+\cdots+\frac{c_{-1}}{z-a}+c_0+c_1(z-a)+\cdots+c_n(z-a)^n+\cdots$$

称为双边幂级数. 记为

$$\sum_{n=-\infty}^{\infty}c_n(z-a)^n. \tag{4.7}$$

它是由两部分构成的:

(1) $\sum\limits_{n=0}^{\infty}c_n(z-a)^n$. 这是一个幂级数, 设其收敛半径为 R;

(2) $\sum\limits_{n=-\infty}^{-1}c_n(z-a)^n$. 令 $\xi=(z-a)^{-1}$, 则得到一个关于 ξ 的幂级数. 设其收敛半径为 $\frac{1}{r}$. 从而 $\sum\limits_{n=-\infty}^{-1}c_n(z-a)^n$ 在 $|z-a|>r$ 上内闭一致收敛.

当 $r<R$ 时, 双边幂级数

$$\cdots+\frac{c_{-n}}{(z-a)^n}+\cdots+\frac{c_{-1}}{z-a}+c_0+c_1(z-a)+\cdots+c_n(z-a)^n+\cdots$$

在 $r<|z-a|<R$ 上内闭一致收敛, 且其和函数为解析函数.

从上面的分析不难看出, 双边幂级数的收敛区域为一个圆环 (图 4.1). 在这个圆环上, 双边幂级数内闭一致收敛于一个解析函数.

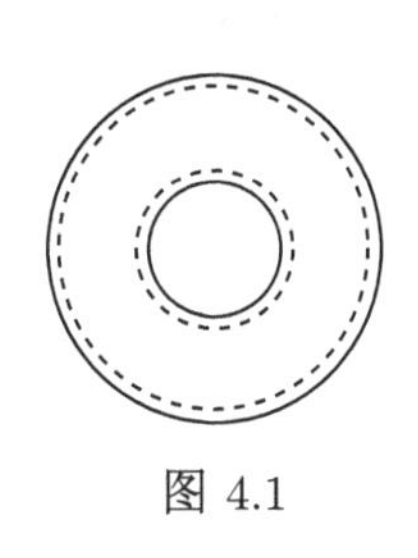
图 4.1

类似于 Taylor 定理, 对于圆环上的解析函数, 我们给出 Laurent(洛朗) 定理.

定理 4.13 在圆环 $H: 0 \leqslant r < |z-a| < R \leqslant +\infty$ 上的解析函数 $f(z)$ 可展开成双边幂级数

$$f(z) = \sum_{n=-\infty}^{+\infty} c_n (z-a)^n, \tag{4.8}$$

其中

$$c_n = \frac{1}{2\pi \mathrm{i}} \int_{\Gamma} \frac{f(\xi)}{(\xi-a)^{n+1}} \mathrm{d}\xi, \quad n = 0, \pm 1, \pm 2, \cdots,$$

Γ 为圆周: $|\xi - a| = \rho \ (r < \rho < R)$, 且展式 (4.8) 是唯一的.

证 对圆环 H 内的任一点 z, 取两个正数 ρ_1, ρ_2, 使 $r < \rho_1 < |z-a| < \rho_2 < R$. 由 Cauchy 积分公式

$$f(z) = \frac{1}{2\pi \mathrm{i}} \int_{\Gamma_2} \frac{f(\xi)}{\xi - z} \mathrm{d}\xi - \frac{1}{2\pi \mathrm{i}} \int_{\Gamma_1} \frac{f(\xi)}{\xi - z} \mathrm{d}\xi, \tag{4.9}$$

其中, Γ_i 为圆周: $|\xi - a| = \rho_i (i = 1, 2)$.

当 $\xi \in \Gamma_2$ 时, $\left|\dfrac{z-a}{\xi-a}\right| = \left|\dfrac{z-a}{\rho_2}\right| < 1$, 于是

$$\frac{1}{\xi - z} = \frac{1}{(\xi - a)\left(1 - \dfrac{z-a}{\xi-a}\right)} = \sum_{n=0}^{\infty} \frac{(z-a)^n}{(\xi-a)^{n+1}}, \tag{4.10}$$

并且 (4.10) 式右端级数在 Γ_2 上一致收敛. 又因为 $f(\xi)$ 在 Γ_2 上连续, 所以

$$\sum_{n=0}^{\infty} f(\xi) \frac{(z-a)^n}{(\xi-a)^{n+1}}$$

在 Γ_2 上一致收敛, 从而

$$\begin{aligned}
\frac{1}{2\pi \mathrm{i}} \int_{\Gamma_2} \frac{f(\xi)}{\xi - z} \mathrm{d}\xi &= \frac{1}{2\pi \mathrm{i}} \int_{\Gamma_2} \sum_{n=0}^{\infty} f(\xi) \frac{(z-a)^n}{(\xi-a)^{n+1}} \mathrm{d}\xi \\
&= \sum_{n=0}^{\infty} \left(\frac{1}{2\pi \mathrm{i}} \int_{\Gamma_2} \frac{f(\xi)}{(\xi-a)^{n+1}} \mathrm{d}\xi \right) (z-a)^n \\
&= \sum_{n=0}^{\infty} c_n (z-a)^n,
\end{aligned}$$

即 (4.9) 式的右端的第一个积分可表示成一个幂级数, 从而在 $|z-a| < R$ 上解析.

当 $\xi \in \Gamma_1$ 时, $\left|\dfrac{\xi - a}{z - a}\right| = \dfrac{\rho_1}{|z - a|} < 1$, 于是

$$\frac{1}{\xi - z} = -\frac{1}{(z-a)\left(1 - \dfrac{\xi - a}{z - a}\right)} = -\sum_{n=0}^{\infty} \frac{(\xi - a)^n}{(z-a)^{n+1}}$$

$$= -\sum_{n=-\infty}^{-1} \frac{(z-a)^n}{(\xi - a)^{n+1}}.$$

同理可说明, $\displaystyle\sum_{n=-\infty}^{-1} f(\xi)\frac{(z-a)^n}{(\xi - a)^{n+1}}$ 在 Γ_1 上一致收敛, 故

$$-\frac{1}{2\pi\mathrm{i}}\int_{\Gamma_1} \frac{f(\xi)}{\xi - z}\mathrm{d}\xi = \sum_{n=-\infty}^{-1}\left(\frac{1}{2\pi\mathrm{i}}\int_{\Gamma_1}\frac{f(\xi)\mathrm{d}\xi}{(\xi - a)^{n+1}}\right)(z-a)^n$$

$$= \sum_{n=-\infty}^{-1} c_n (z-a)^n.$$

因为 $f(\xi)$ 在 $r < |\xi - a| < R$ 上解析, 所以对任意的 $\rho, r < \rho < R$, 应有

$$\frac{1}{2\pi\mathrm{i}}\int_{\Gamma_i}\frac{f(\xi)}{(\xi - a)^{n+1}}\mathrm{d}\xi = \frac{1}{2\pi\mathrm{i}}\int_{|\xi - a| = \rho}\frac{f(\xi)}{(\xi - a)^{n+1}}\mathrm{d}\xi, \quad n = 0, \pm 1, \pm 2, \cdots.$$

下证展式 (4.8) 的唯一性. 若 $f(z)$ 在 $r < |z - a| < R$ 内又有展式

$$f(z) = \sum_{n=-\infty}^{+\infty} b_n (z-a)^n.$$

由于 $\displaystyle\sum_{n=-\infty}^{+\infty} b_n (z-a)^n$ 在圆周 $\Gamma: |z - a| = \rho\ (r < \rho < R)$ 上一致收敛, 又在 Γ 上 $\left|\dfrac{1}{(z-a)^{m+1}}\right| = \dfrac{1}{\rho^{m+1}}$, 从而 $\displaystyle\sum_{n=-\infty}^{+\infty} b_n (z-a)^{n-m-1}$ 在 Γ 上也一致收敛, 故逐项积分得

$$\int_{\Gamma}\frac{f(\xi)}{(\xi - a)^{m+1}}\mathrm{d}\xi = \sum_{n=-\infty}^{+\infty}\int_{\Gamma} b_n (\xi - a)^{n-m-1}\mathrm{d}\xi,$$

乘以 $\dfrac{1}{2\pi\mathrm{i}}$, 得

$$\frac{1}{2\pi\mathrm{i}}\int_{\Gamma}\frac{f(\xi)}{(\xi - a)^{m+1}}\mathrm{d}\xi = \sum_{n=-\infty}^{+\infty} b_n \cdot \frac{1}{2\pi\mathrm{i}}\int_{\Gamma}(\xi - a)^{n-m-1}\mathrm{d}\xi.$$

由于上式右端级数的各项中除 $n=m$ 这一项外, 其余各项都等于零, 于是得到

$$\frac{1}{2\pi \mathrm{i}}\int_{\Gamma}\frac{f(\xi)}{(\xi-a)^{m+1}}\mathrm{d}\xi=b_m,\quad m=0,\pm1,\pm2,\cdots.$$

这说明 $c_n=b_n, n=0,\pm1,\pm2,\cdots$. 唯一性得证.

注 一般来说, $c_n=\dfrac{1}{2\pi \mathrm{i}}\displaystyle\int_{|\xi-a|=\rho}\frac{f(\xi)}{(\xi-a)^{n+1}}\mathrm{d}\xi\neq\frac{f^{(n)}(a)}{n!}$.

例 9 将 $f(z)=\dfrac{1}{z}$ 分别在

(1) $|z-1|<1$;

(2) $1<|z-1|<+\infty$

上展开成 Laurent 级数.

解 (1) $\dfrac{1}{z}=\dfrac{1}{1+(z-1)}=\displaystyle\sum_{n=0}^{\infty}(-1)^n(z-1)^n, |z-1|<1$.

这是一个幂级数, 因为 $f(z)$ 在 $|z-1|<1$ 上解析.

(2) 因为 $\left|\dfrac{1}{z-1}\right|<1$, 故

$$\begin{aligned}\frac{1}{z}&=\frac{1}{z-1+1}=\frac{1}{z-1}\cdot\frac{1}{1+\dfrac{1}{z-1}}\\&=\frac{1}{z-1}\sum_{n=0}^{\infty}\frac{(-1)^n}{(z-1)^n}=\sum_{n=0}^{\infty}\frac{(-1)^n}{(z-1)^{n+1}},\quad 1<|z-1|<+\infty.\end{aligned}$$

例 10 将 $f(z)=\dfrac{1}{(z^2+2)z}$ 分别在区域

(1) $0<|z|<\sqrt{2}$;

(2) $\sqrt{2}<|z|<+\infty$ 上展开成 Laurent 级数.

解 (1)

$$\begin{aligned}\frac{1}{(z^2+2)z}&=\frac{1}{z}\cdot\frac{1}{z^2+2}=\frac{1}{2z}\cdot\frac{1}{1+\dfrac{z^2}{2}}=\frac{1}{2z}\left(1-\frac{z^2}{2}+\frac{z^4}{2^2}+\cdots\right)\\&=\frac{1}{2z}-\frac{z}{2^2}+\frac{z^3}{2^3}+\cdots,\quad 0<|z|<\sqrt{2}.\end{aligned}$$

(2)

$$\frac{1}{z(z^2+2)}=\frac{1}{z^3\left(1+\dfrac{2}{z^2}\right)}=\frac{1}{z^3}\left(1-\frac{2}{z^2}+\frac{2^2}{z^4}+\cdots\right)$$

$$= \frac{1}{z^3} - \frac{2}{z^5} + \frac{4}{x^7} + \cdots, \quad \sqrt{2} < |z| < +\infty.$$

例 11 将 $\sin \dfrac{z}{z-1}$ 在 $z=1$ 的邻域内展成 Laurent 级数.

解

$$\sin \frac{z}{z-1} = \sin\left(1 + \frac{1}{z-1}\right) = \cos 1 \cdot \sin \frac{1}{z-1} + \sin 1 \cdot \cos \frac{1}{z-1}$$

$$= \frac{\cos 1}{z-1} - \frac{\cos 1}{3!(z-1)^3} + \frac{\cos 1}{5!(z-1)^5} - \cdots$$

$$+ \sin 1 - \frac{\sin 1}{2!(z-1)^2} + \frac{\sin 1}{4!(z-1)^4} - \cdots, \quad 0 < |z-1| < +\infty.$$

注 从例 9 可以看出, 同一个函数 $f(z) = \dfrac{1}{z}$, 却有不同的关于 $z-1$ 的双边幂级数展式, 这与展式是唯一的并不矛盾, 因为它们是在不同区域上的展开式.

4.6 孤立奇点及分类

1. 孤立奇点的概念

定义 4.3 设 z_0 是 $f(z)$ 解析点的一个聚点, 而 z_0 不是 $f(z)$ 的解析点, 则称 $z=z_0$ 是 $f(z)$ 的一个奇点. 若点 $z=z_0$ 是 $f(z)$ 的一个奇点, 并且存在 z_0 的一个邻域 U, 使 $f(z)$ 在 $U\backslash\{z_0\}$ 上解析, 称 $z=z_0$ 是 $f(z)$ 的一个**孤立奇点**.

例 12 (1) 函数 $f(z) = \dfrac{1}{z}$ 以 $z=0$ 为孤立奇点.

(2) 函数 $g(z) = \dfrac{1}{\sin \dfrac{1}{z}}$ 以 $\pm\dfrac{1}{\pi}, \pm\dfrac{1}{2\pi}, \cdots, \pm\dfrac{1}{n\pi}, \cdots$ 为孤立奇点, $z=0$ 虽是奇点但是非孤立奇点, 因为 $z=0$ 的任意邻域内都含有不为 0 的奇点.

注 这一节讨论的奇点都是有限点的情形, 关于无穷远点的情况参见 4.7 节内容.

设 $z=z_0$ 是 $f(z)$ 的一个孤立奇点, 由定义, 存在 $R>0$, 使 $f(z)$ 在 $0<|z-z_0|<R$ 上解析, 根据 Laurent 定理,

$$f(z) = \sum_{n=-\infty}^{+\infty} c_n(z-z_0) = \sum_{n=0}^{+\infty} c_n(z-z_0)^n + \sum_{n=1}^{+\infty} \frac{c_{-n}}{(z-z_0)^n},$$

其中, $c_n = \dfrac{1}{2\pi \mathrm{i}} \displaystyle\int_{|z-z_0|=\rho} \frac{f(z)}{(z-z_0)^{n+1}} \mathrm{d}z, 0<\rho<R.$

我们称 $\displaystyle\sum_{n=0}^{+\infty} c_n(z-z_0)^n$ 为 $f(z)$ 在点 $z=z_0$ 的**正则部分**, 而 $\displaystyle\sum_{n=1}^{+\infty} \frac{c_{-n}}{(z-z_0)^n}$ 称为

$f(z)$ 在点 $z=z_0$ 的主要部分.

根据 $f(z)$ 在孤立奇点处的 Laurent 展开的主要部分的不同状况, 给出孤立奇点的分类.

定义 4.4 设点 $z=z_0$ 是 $f(z)$ 的一个孤立奇点.

(1) 若 $f(z)$ 在 $z=z_0$ 的主要部分为零, 称 $z=z_0$ 是 $f(z)$ 的一个可去奇点.

(2) 若 $f(z)$ 在 $z=z_0$ 的主要部分有且只有有限项, 不妨设为

$$\frac{c_{-k}}{(z-z_0)^k}+\frac{c_{-k+1}}{(z-z_0)^{k-1}}+\cdots+\frac{c_{-1}}{z-z_0}, \quad c_{-k}\neq 0,$$

称 $z=z_0$ 是 $f(z)$ 的一个 k 级极点.

(3) 若 $f(z)$ 在 $z=z_0$ 的主要部分有无限多项, 则称 $z=z_0$ 是 $f(z)$ 的一个本性奇点.

2. 函数在孤立奇点的 Laurent 展式

既然 $f(z)$ 的孤立奇点 z_0 是按 Laurent 展式的不同情况来分类, 那么弄清楚 $f(z)$ 在 $0<|z-z_0|<\delta$ 内的 Laurent 展式 (简称为 $f(z)$ 在 z_0 的 Laurent 展式) 是重要的.

例 13 $f(z)=\dfrac{e^z-1}{z}$ 在 $z=0$ 的 Laurent 展式为

$$f(z)=\frac{e^z-1}{z}=1+\frac{z}{2!}+\frac{z^2}{3!}+\cdots+\frac{z^{n-1}}{n!}+\cdots, \quad 0<|z|<+\infty,$$

它的主要部分为 0, 故 $z=0$ 为其可去奇点.

因为当 $z=z_0$ 是 $f(z)$ 的一个可去奇点时, $f(z)$ 在点 z_0 处的 Laurent 级数实际上是一个幂级数, 所以适当定义 $f(z)$ 在 z_0 的值: $f(z_0)=c_0$, $f(z)$ 就在点 z_0 解析, 所以通常我们就认为 $z=z_0$ 是解析点.

如例 13 中若规定 $f(0)=1$, 则 $z=0$ 就变为解析点.

例 14 $f(z)=\dfrac{1}{z(z-1)}=-\dfrac{1}{z}-1-z-z^2-\cdots-z^n-\cdots$, $0<|z|<1$, 它在 $z=0$ 的 Laurent 展式的主要部分为 $-\dfrac{1}{z}$, 因此 $z=0$ 为函数 $\dfrac{1}{z(z-1)}$ 一个极点, 且为一级极点.

例 15 $f(z)=e^{\frac{1}{z}}+e^z=\displaystyle\sum_{n=1}^{+\infty}\frac{1}{n!z^n}+2+\sum_{n=1}^{+\infty}\frac{z^n}{n!}$, $0<|z|<+\infty$, 因此 $z=0$ 为 $f(z)$ 的一个本性奇点.

3. 孤立奇点的类型分析

定理 4.14 设 $z=z_0$ 是 $f(z)$ 的一个孤立奇点, 则下列三种说法等价:

(1) $f(z)$ 在 $z=z_0$ 的主要部分等于零, 即 z_0 为 $f(z)$ 的可去奇点.

(2) $\lim\limits_{z\to z_0} f(z)$ 存在.

(3) 存在 z_0 的一个去心邻域, $f(z)$ 在该邻域内有界.

证　我们只证 (3)⇒(1), 而将 (1)⇒(2) 与 (2)⇒(3) 的证明留给读者.

设 $f(z)$ 在 $U=B(z_0,\delta)\backslash\{z_0\}$ 上有界, 即 $|f(z)|\leqslant M$. 则由定理 4.13,

$$|c_n|=\left|\frac{1}{2\pi\mathrm{i}}\int_{|z-z_0|=\rho}\frac{f(z)}{(z-z_0)^{n+1}}\mathrm{d}z\right|\leqslant\frac{M}{\rho^n}.$$

因此当 $n<0$ 时, 令 $\rho\to0^+$, 即得

$$c_n=0,\quad n=-1,-2,\cdots.$$

对于极点, 有如下定理.

定理 4.15　若点 $z=z_0$ 是 $f(z)$ 的一个孤立奇点, 则下列三种说法是等价的.

(1) $f(z)$ 在点 $z=z_0$ 的主要部分为

$$\frac{c_{-m}}{(z-z_0)^m}+\frac{c_{-m+1}}{(z-z_0)^{m-1}}+\cdots+\frac{c_{-1}}{z-z_0},\quad c_{-m}\neq0,$$

即 z_0 为 $f(z)$ 的 m 级极点.

(2) $f(z)=\dfrac{\varphi(z)}{(z-z_0)^m}$, $\varphi(z)$ 在点 z_0 解析, $\varphi(z_0)\neq0$.

(3) $z=z_0$ 是 $\dfrac{1}{f(z)}$ 的 m 级零点.

证　(1)⇒(2): 因为

$$\begin{aligned}f(z)&=\frac{c_{-m}}{(z-z_0)^m}+\frac{c_{-m+1}}{(z-z_0)^{m-1}}+\cdots+\frac{c_{-1}}{z-z_0}+c_0+c_1(z-z_0)+\cdots\\&=\frac{\varphi(z)}{(z-z_0)^m},\end{aligned}$$

其中, $\varphi(z)=c_{-m}+c_{-m+1}(z-z_0)+\cdots+c_0(z-z_0)^m+\cdots$ 在点 $z=z_0$ 解析且 $\varphi(z_0)=c_{-m}\neq0$.

(2)⇒(3): $\dfrac{1}{f(z)}=(z-z_0)^m\dfrac{1}{\varphi(z)}$, 因为 $\dfrac{1}{\varphi(z)}$ 在点 z_0 解析, 且 $\dfrac{1}{\varphi(z_0)}=\dfrac{1}{c_{-m}}\neq0$, 所以 z_0 是 $\dfrac{1}{f(z)}$ 的 m 级零点.

(3)⇒(1): 设 $\dfrac{1}{f(z)}=(z-z_0)^m\psi(z)$, 则 $\psi(z)$ 在点 z_0 解析, 且 $\psi(z_0)\neq0$, 所以 $\dfrac{1}{\psi(z)}$ 在点 z_0 解析, 故

$$\frac{1}{\psi(z)}=a_0+a_1(z-z_0)+a_2(z-z_0)^2+\cdots,\quad a_0\neq0,$$

其中, $\dfrac{1}{\psi(z_0)}=a_0\neq 0$, 从而

$$f(z)=\frac{1}{(z-z_0)^m}\cdot\frac{1}{\psi(z)}=\frac{1}{(z-z_0)^m}(a_0+a_1(z-z_0)+a_2(z-z_0)^2+\cdots)$$
$$=\frac{a_0}{(z-z_0)^m}+\frac{a_1}{(z-z_0)^{m-1}}+\cdots,$$

因此 z_0 是 $f(z)$ 的 m 级极点.

推论 设 $z=z_0$ 是 $f(z)$ 的一个孤立奇点, 则 $z=z_0$ 是 $f(z)$ 的一个极点的充要条件是

$$\lim_{z\to z_0}f(z)=\infty.$$

剩下的情况只能是归属于本性奇点了.

定理 4.16 设 $z=z_0$ 是 $f(z)$ 的一个孤立奇点, 则下列命题等价:

(1) $f(z)$ 在 $z=z_0$ 的主要部分有无限项, 即 z_0 为 $f(z)$ 的本性奇点.

(2) $\lim\limits_{z\to z_0}f(z)$ 的极限不存在, 也不为 ∞.

例 16 研究函数 $f(z)=\dfrac{\sin z}{z^k}$(k 为正整数) 的孤立奇点 $z=0$ 的类型.

解 因为

$$\sin z=z-\frac{z^3}{3!}+\frac{z^5}{5!}-\cdots,\quad |z|<+\infty,$$

则 $\dfrac{\sin z}{z^k}$ 在 $z=0$ 的去心邻域 $0<|z|<+\infty$ 的 Laurent 展式为

$$\frac{\sin z}{z^k}=\frac{1}{z^{k-1}}-\frac{1}{3!z^{k-3}}+\frac{1}{5!z^{k-5}}+\cdots,$$

所以, 当 $k=1$ 时, $z=0$ 是 $\dfrac{\sin z}{z}$ 的一个可去奇点, 当 $k\geqslant 2$ 时 $z=0$ 是 $\dfrac{\sin z}{z^k}$ 的 $k-1$ 级极点. 若补充定义 $f(z)=\dfrac{\sin z}{z}$ 在 $z=0$ 的值 $f(0)=1$, 那么 $f(z)=\dfrac{\sin z}{z}$ 在 $|z|<+\infty$ 上解析, 并且

$$\frac{\sin z}{z}=1-\frac{z^2}{3!}+\frac{z^4}{5!}+\cdots,\quad |z|<+\infty.$$

例 17 求 $f(z)=\dfrac{1}{e^z-1}-\dfrac{1}{z}$ 的所有有限奇点, 并指出其为何种类型的奇点.

解 $f(z)$ 的所有有限奇点为 $z_k=2k\pi i(k=0,\pm1,\pm2,\cdots)$.

当 $z_0=0$ 时,

$$\lim_{z\to 0}\left(\frac{1}{e^z-1}-\frac{1}{z}\right)=\lim_{z\to 0}\frac{z-e^z+1}{z(e^z-1)}$$

$$= \lim_{z\to 0}\frac{1-\mathrm{e}^z}{2z} = -\frac{1}{2}.$$

因此 $z_0 = 0$ 是可去奇点.

当 $z_k = 2k\pi\mathrm{i} \neq 0$ 时, 因为 z_k 是 $\mathrm{e}^z - 1$ 的一级零点, 于是 z_k 是 $\dfrac{1}{\mathrm{e}^z-1}$ 的一级极点, 又因为 z_k 是 $\dfrac{1}{z}$ 的解析点, 所以 z_k 是 $f(z)$ 的一级极点.

4.7 解析函数在无穷远点的性态

若 $f(z)$ 在 $z=\infty$ 的一个空心邻域 $0 \leqslant r < |z| < +\infty$ 上解析, 称 $z=\infty$ 为 $f(z)$ 的一个孤立奇点. 若令 $t = \dfrac{1}{z}$, 则 $F(t) = f\left(\dfrac{1}{t}\right)$ 在 $0 < |t| < \dfrac{1}{r}$ 上解析, 即 $t=0$ 是 $F(t)$ 的一个孤立奇点. 若 $t=0$ 是 $F(t)$ 的可去奇点 (解析点)、m 级极点或者本性奇点, 我们就称 $z=\infty$ 是 $f(z)$ 的可去奇点 (解析点)、m 级极点或者本性奇点. 设

$$F(t) = \sum_{n=-\infty}^{+\infty} c_n t^n, \quad 0 < |t| < \frac{1}{r},$$

则

$$f(z) = \sum_{v=-\infty}^{+\infty} b_v z^v,$$

其中 $c_v = b_{-v}, v = 0, \pm 1, \pm 2, \cdots$. 对应于 $F(t)$ 的主要部分, 我们称 $f(z)$ 在 $z=\infty$ 的主要部分是

$$\sum_{n=1}^{\infty} b_n z^n = b_1 z + b_2 z^2 + \cdots.$$

类似于定理 4.14—定理 4.16, 有如下定理.

定理 4.17 设 $z=\infty$ 是 $f(z)$ 的一个孤立奇点, 则下列说法等价.

(1) $f(z)$ 在 $z=\infty$ 的主要部分等于零.

(2) $\lim\limits_{z\to\infty} f(z)$ 存在.

(3) $f(z)$ 在 $z=\infty$ 的某个空心邻域内有界.

定理 4.18 设 $z=\infty$ 是 $f(z)$ 的一个孤立奇点, 则下列说法等价.

(1) $f(z)$ 在 $z=\infty$ 的主要部分为

$$b_m z^m + b_{m-1} z^{m-1} + \cdots + b_1 z, \quad b_m \neq 0.$$

(2) $f(z) = z^m \varphi(z), \varphi(z)$ 在 $z=\infty$ 解析, $\varphi(\infty) \neq 0$.

(3) $z=\infty$ 是 $\dfrac{1}{f(z)}$ 的 m 级零点.

推论 若 $z=\infty$ 是 $f(z)$ 的一个孤立奇点, 则 $z=\infty$ 是 $f(z)$ 的一个极点的充要条件是

$$\lim_{z\to\infty} f(z)=\infty.$$

定理 4.19 设 $z=\infty$ 是 $f(z)$ 的一个孤立奇点, 则下列说法等价.

(1) $f(z)$ 在 $z=\infty$ 的主要部分有无穷多项.

(2) $\lim\limits_{z\to\infty} f(z)$ 不存在, 也不为 ∞.

例 18 将 $f(z)=\dfrac{z-1}{(z^2+1)(z+1)}$ 在孤立奇点 $z=\infty$ 展成 Laurent 级数.

解 因为 $f(z)$ 在 $1<|z|<+\infty$ 上解析, 所以点 $z=\infty$ 是 $f(z)$ 的一个孤立奇点.

$$\begin{aligned} f(z)&=\frac{z}{1+z^2}-\frac{1}{1+z}=\frac{1}{z}\cdot\frac{1}{1+\dfrac{1}{z^2}}-\frac{1}{z}\cdot\frac{1}{1+\dfrac{1}{z}}\\ &=\sum_{n=0}^{\infty}\frac{(-1)^n}{z^{2n+1}}-\sum_{n=0}^{\infty}\frac{(-1)^n}{z^{n+1}},\quad 1<|z|<+\infty. \end{aligned}$$

例 19 求函数 $f(z)=\dfrac{1}{\sin\dfrac{1}{z}}$ 的所有奇点, 并指出其类型.

解 $f(z)$ 的所有奇点为 $z_k=\dfrac{1}{k\pi}, k=\pm1,\pm2,\cdots$, 以及 $z=0$ 和 $z=\infty$.

因为 $\sin\dfrac{1}{\dfrac{1}{k\pi}}=0, \left(\sin\dfrac{1}{z}\right)'\Big|_{z=\frac{1}{k\pi}}\neq 0$, 所以 z_k 是 $f(z)$ 的一级极点.

因为 $\lim\limits_{z\to\infty}\sin\dfrac{1}{z}=0$, 故 $z=\infty$ 为 $f(z)$ 的一个极点, 又

$$f(z)=z\cdot\frac{1}{z\sin\dfrac{1}{z}},$$

并且 $\lim\limits_{z\to\infty} z\sin\dfrac{1}{z}=1$, 所以 $z=\infty$ 是 $f(z)$ 的一个一级极点.

$z=0$ 是 $f(z)$ 的一个非孤立奇点.

例 20 求函数 $f(z)=\dfrac{\tan(z-1)}{(z-1)}$ 的所有奇点, 并指出其类型.

解 $f(z)=\dfrac{\sin(z-1)}{(z-1)\cos(z-1)}$ 的所有奇点为

$$z=1,\quad z=\infty,\quad z_k=1+\frac{2k+1}{2}\pi,\quad k=0,\pm1,\pm2,\cdots.$$

由于 $\lim\limits_{z\to1} f(z)=\lim\limits_{z\to1}\dfrac{\sin(z-1)}{(z-1)\cos(z-1)}=1$, 所以 $z=1$ 是可去奇点.

$z=\infty$ 为奇点 z_k 的极限点, 是非孤立奇点.

z_k 是 $\cos(z-1)$ 的一级零点, 所以在 z_k 邻域 $B(z_k)$ 内,

$$\cos(z-1)=(z-z_k)\psi_k(z),\quad \psi_k(z_k)\neq0,$$

且 $\psi_k(z)$ 在 z_k 解析. 记 $\varphi(z)=\dfrac{\sin(z-1)}{(z-1)\psi_k(z)}$, 则 $\varphi(z)$ 在点 z_k 解析且 $\varphi(z_k)\neq0$. 因此, 由 $f(z)=\dfrac{1}{z-z_k}\varphi(z)$ 推知 z_k 为 $f(z)$ 的一级极点.

例 21　设 $z=a$ 是 $f(z)=u(z)+\mathrm{i}v(z)$ 的一个孤立奇点. 若

$$\lim_{z\to a} u(z)=A,$$

求证: $z=a$ 是 $f(z)$ 的一个可去奇点.

证　$z=a$ 是 $f(z)$ 的一个孤立奇点, 所以它也是 $F(z)=\mathrm{e}^{f(z)}$ 的一个孤立奇点. 又 $u(z)$ 在 a 的某个空心邻域内有界, 则 $|F(z)|=\mathrm{e}^{u(z)}$ 也在该空心邻域内有界, 即 $z=a$ 是 $F(z)$ 的一个可去奇点. 故可视 $F(z)$ 为该邻域内的解析函数, 又 $F(z)\neq0$, 所以 $f(z)$ 是 $\mathrm{Ln}F(z)$ 的一个单值解析分支, 因而在 $z=a$ 解析, 所以 $z=a$ 是 $f(z)$ 的一个可去奇点.

下面介绍一个反映本性奇点特征的一个定理, 是关于函数在本性奇点附近取值情况的一个较深刻的结论.

定理 4.20　设 $f(z)$ 在 $0<|z-a|<r$ 上解析, a 是 $f(z)$ 的一个本性奇点. 则对扩充复平面 $\overline{\mathbb{C}}$ 内的任何一个复数 A, 存在 $\{z_n\}, 0<|z_n-a|<r, \lim\limits_{n\to\infty} z_n=a$, 使得

$$\lim_{n\to\infty} f(z_n)=A.$$

证　我们分两种情况讨论.

(1) $A=\infty$. 若命题不成立, 则存在正数 δ 与 M, 使得当 $0<|z-a|<\delta$ 时

$$|f(z)|\leqslant M.$$

这就是说, a 是 $f(z)$ 的一个可去奇点.

(2) $A\neq\infty$. 若命题不成立, 则存在正数 δ 与 ε, 使得当 $0<|z-a|<\delta$, 有

$$|f(z)-A|\geqslant\varepsilon,$$

从而

$$\frac{1}{|f(z)-A|}\leqslant\frac{1}{\varepsilon}.$$

这就是说, a 是 $\dfrac{1}{f(z)-A}$ 的一个可去奇点, 故可得极限

$$\lim_{z\to a}\frac{1}{f(z)-A}=B.$$

从而不难得到: 或者 a 是 $f(z)$ 的可去奇点, 或者 a 是 $f(z)$ 的一个极点, 均与假设矛盾.

定理 4.20 实际上告诉我们, 若 a 是 $f(z)$ 的一个本性奇点, 则 $f(z)$ 将 a 的任何一个空心邻域映至扩充复平面一个稠密集.

法国数学家 Picard(皮卡) 在 1879 年证明了更为精密的定理.

定理 4.21 设 $f(z)$ 在 $0<|z-a|<R$ 上解析, a 是 $f(z)$ 的一个本性奇点, 则对任意有限复数 A, 方程

$$f(z)=A$$

有无限个解, 至多除去一个例外, 并且 a 是这些解的一个聚点.

这是关于函数在本性奇点附近函数值分布情况的一个定理, 是函数值分布理论的最初结果之一. 我们在第 7 章给出证明, 这里仅举一例来说明这个定理.

我们知道, $z=0$ 是 $f(z)=\mathrm{e}^{\frac{1}{z}}$ 的一个本性奇点. 因为 $\mathrm{e}^{\frac{1}{z}}\neq 0$, 故 0 为 Picard 定理中提到的例外值. 而对任意有限复数 $A\neq 0$, 方程

$$\mathrm{e}^{\frac{1}{z}}=A$$

的解为

$$z=\frac{1}{\mathrm{Ln}A}=\frac{1}{\ln|A|+(\arg A+2k\pi)\mathrm{i}},\quad k=0,\pm1,\cdots.$$

显然, $z=0$ 是这些解的一个聚点.

定理 4.21 也称为 Picard 大定理或 Picard 的一般性定理.

4.8 整函数与亚纯函数的概念

1. 整函数

在第 2 章我们已经定义过, 在整个复平面上解析的函数称为整函数. 这类函数的共同特征是在整个 z 平面上解析. 它们在无穷远点的情况却可以是不同的, 根据这种不同的情况又可以将整函数分成几种不同的类型.

显然, ∞ 是整函数的孤立奇点. 因为整函数 $f(z)$ 在 $0\leqslant|z|<+\infty$ 上解析, 所以有幂级数展式

$$f(z)=c_0+c_1z+c_2z^2+\cdots,\quad 0\leqslant|z|<+\infty,$$

这也是 $f(z)$ 在 ∞ 的 Laurent 展式. 于是, 根据 $f(z)$ 在 ∞ 的主要部分的三种情况可将整函数分为三种类型:

(1) 当整函数 $f(z)$ 以 $z=\infty$ 为可去奇点时 (此时主要部分为零), $f(z)$ 为常数 c_0.

(2) 当整函数 $f(z)$ 以 $z=\infty$ 为 m 级极点时, $f(z)$ 是一个 m 次多项式

$$c_0+c_1z+c_2z^2+\cdots+c_mz^m \quad (c_m\neq 0),$$

也称为有理整函数.

(3) 当整函数 $f(z)$ 以 $z=\infty$ 为本性奇点时 (此时主要部分为无穷多项), 称这样的 $f(z)$ 为超越整函数.

例如, e^z, $\sin z$ 都是超越整函数.

关于整函数, Picard 还建立了下面的定理, 称为 Picard 小定理, 其证明在第 7 章给出, 这里不加证明地叙述如下.

定理 4.22 如果整函数 $f(z)$ 不取两个不同的有限值 a 和 b, 则 $f(z)$ 必为常数.

定理 4.22 也可叙述为：每一个不恒等于常数的整函数, 除了可能有一个有限值例外以外, 可以取到任何有限的值. 换句话说, 如果 $f(z)$ 为整函数, 则对任意的复数 $A\in\mathbb{C}$, 方程 $f(z)=A$ 都一定有根, 至多除去一个例外.

整函数 e^z 可以作为有例外值的例子, 因为它对于任意的 $z\in\mathbb{C}$ 都不等于零. $\sin z$ 可以作为没有例外值的整函数的例子.

2. 亚纯函数

定义 4.5 在区域 D 上除极点外无其他类型孤立奇点的解析函数称为亚纯函数.

亚纯函数是比整函数族更一般的函数族. 易证, 有理函数

$$f(z)=\frac{P(z)}{Q(z)} \quad (P(z),Q(z)\text{都是多项式})$$

是亚纯函数 (参见定理 4.23 的证明过程). 而且有下面的结论.

定理 4.23 有理函数 $f(z)$ 在扩充 z 平面上除极点外没有其他类型的奇点.

证 设有理函数

$$f(z)=\frac{P(z)}{Q(z)},$$

其中, $P(z),Q(z)$ 分别为 z 的 m 次和 n 次多项式, 且二者互质, 则对任何有限点来说, 除了 $Q(z)$ 的零点外都是 $f(z)$ 的解析点, 而 $Q(z)$ 的零点是 $f(z)$ 的极点, 故在整个 z 平面上 $f(z)$ 只有极点, 即有理函数 $f(z)$ 为亚纯函数.

现在考察 $f(z)$ 在 $z=\infty$ 的情形.

当 $m>n$ 时, $z=\infty$ 为 $f(z)$ 的极点, 因为 $\lim\limits_{z\to\infty}\dfrac{P(z)}{Q(z)}=\infty$.

当 $m\leqslant n$ 时, $\lim\limits_{z\to\infty}\dfrac{P(z)}{Q(z)}$ 为一有限数, 因此 $z=\infty$ 为 $f(z)$ 的解析点 $\left(\text{视可去奇点为解析点, 只需置 } f(\infty)=\lim\limits_{z\to\infty}\dfrac{P(z)}{Q(z)}\right)$.

亚纯函数的例子很多. 在大量理论与实际问题中所遇到的亚纯函数常为非有理函数的亚纯函数, 这类函数称为超越亚纯函数. 例如, 函数

$$f(z)=\frac{1}{\mathrm{e}^z+1}$$

是一个超越亚纯函数. 因为 $z=(2k+1)\pi\mathrm{i}\ (k=0,\pm1,\pm2,\cdots)$ 是 $f(z)$ 的极点, 除此之外, 任何有限点都不是 $f(z)$ 的奇点, 因此 $f(z)$ 是亚纯函数. 而 $z=\infty$ 是 $f(z)$ 的非孤立奇点, 由定理 4.23 知 $f(z)$ 不是有理函数.

类似地, $\cot z=\dfrac{\cos z}{\sin z}$ 也为超越亚纯函数.

这两个例子中的亚纯函数都有无穷多个极点, 且 $z=\infty$ 是极点的极限点, 因此 $z=\infty$ 不是孤立奇点. 如果一个亚纯函数 $f(z)$ 在 z 平面上有无穷多个极点, 则这些极点只可能以 $z=\infty$ 为聚点. 否则, 若有一个聚点 $z_0\neq\infty$, 则 $z=z_0$ 就是极点的极限点, 因此是非孤立奇点, 这与亚纯函数的定义相矛盾. 如果 $f(z)$ 在 z 平面上只有有限多个极点, 且 $z=\infty$ 也是极点或可去奇点 (解析点), 则 $f(z)$ 必为有理函数 (参见本章习题 17). 更一般地有:

若 $f(z)$ 在扩充 z 平面上的奇点都是极点, 则 $f(z)$ 必为有理函数.

这就是说, 定理 4.23 的逆也成立. 证明留给读者.

第 4 章习题

1. 求证: 幂级数 $\sum c_nz^n, \sum nc_nz^{n-1}, \sum \dfrac{c_n}{n+1}z^{n+1}$ 有相同的收敛半径.

2. 将下列函数展开成 z 的级数, 并求出收敛圆.

(1) $\displaystyle\int_0^z\left(\frac{\sin z}{z}\right)^2\mathrm{d}z$; (2) $\mathrm{Ln}(1+z)$.

3. 用幂级数逐项求导法, 求证

$$\frac{1}{z^3}=1-\frac{3\cdot2}{2}(z-1)+\frac{4\cdot3}{2}(z-1)^2+\cdots,\quad |z-1|<1.$$

4. 设 $f(z)$ 在 $z=a$ 的 Taylor 级数为

$$f(z)=\sum c_n(z-a)^n,\quad |z-a|<R<+\infty,$$

R 是收敛半径. 求证: 在圆周 $|z-a|=R$ 上, 至少有一点不是 $f(z)$ 的解析点.

5. 设 $z=a$ 是 $f(z)$ 的 m 级零点, 则它必是 $f'(z)$ 的 $m-1$ 级零点.

6. 设 $z=a$ 是 $f(z)$ 的 n 级零点, $g(z)$ 的 m 级零点, 试问下列函数在 a 处有何种性质.

(1) $f(z)+g(z)$; (2) $f(z)\cdot g(z)$; (3) $\dfrac{f(z)}{g(z)}$.

7. 设 a 是 $f(z)$ 的 n 级零点, $g(z)$ 的 m 级零点, $n \geqslant m$, 求证

$$\lim_{z\to a}\frac{f(z)}{g(z)}=\frac{f^{(m)}(a)}{g^{(m)}(a)}.$$

8. 用唯一性定理证明 $\mathrm{e}^{\mathrm{i}z}=\cos z+\mathrm{i}\sin z$.

9. 是否存在这样的一个函数 $f(z)$, 使得它在原点解析, 且 $f\left(\dfrac{1}{2k-1}\right)=1, f\left(\dfrac{1}{2k}\right)=0, k=1,2,\cdots$.

10. 设 $f(z)=\sum\limits_{n=0}^{\infty}c_n(z-a)^n, |z-a|<R$, 若 $|f(z)|\leqslant M$, 求证

$$\sum_{n=0}^{\infty}|c_n|^2R^{2n}\leqslant M^2.$$

并由此证明最大模定理.

11. 设 $f(z)=\sum\limits_{n=0}^{\infty}c_nz^n(c_0\neq 0)$ 的收敛半径 $R>0$, 且 $M=\max\limits_{|z|=\rho}|f(z)|(0<\rho<R)$, 试证: $f(z)$ 在 $|z|<\dfrac{|c_0|}{|c_0|+M}\rho$ 内无零点.

12. 将下面函数在指定圆环内展开成 Laurent 级数.

(1) $\dfrac{1}{z(z^2+1)}, 0<|z|<1, 0<|z-i|<1$;

(2) $\mathrm{e}^{\frac{1}{1-z}}, 1<|z|<+\infty$, 写出前四项;

(3) $\cos\dfrac{z}{1-z}, 0<|z-1|<+\infty$;

(4) $\mathrm{Ln}\dfrac{z-a}{z-b}, \max\{|a|,|b|\}<|z|<+\infty$;

(5) $\sqrt{(z-1)(z-2)}, 2<|z|<+\infty$, 写出前四项;

(6) $\dfrac{\mathrm{e}^z}{z(z^2+1)}, 0<|z|<1$, 写出前四项.

13. 求出下列函数的所有奇点, 并指出所有奇点的类型.

(1) $f(z)=\dfrac{1}{\mathrm{e}^z-1}-\dfrac{1}{\sin z}$; (2) $f(z)=\cot z-\dfrac{1}{z}$;

(3) $f(z)=\dfrac{\mathrm{e}^z-1}{z(z^2+1)}$; (4) $f(z)=\dfrac{\mathrm{e}^{\frac{1}{z-1}}}{\mathrm{e}^z-1}$;

(5) $f(z)=\sin\left(\dfrac{1}{\cos\dfrac{1}{z}}\right)$; (6) $f(z)=\mathrm{e}^{z\tan z}$.

14. 函数 $f(z)=\dfrac{1}{\sin\dfrac{1}{z}}$ 能否在原点的某个空心邻域内展开成 Laurent 级数? 为什么?

15. 设整函数 $f(z)=\sum\limits_{n=0}^{\infty}c_nz^n$. 若在 x 轴上, $f(z)$ 取实数, 求证: $c_n(n=0,1,2,\cdots)$ 全是实数.

16. 求证扩充复平面上解析函数必为常函数.

17. 求证在扩充复平面上除了有限个极点外均解析的函数必为有理函数.

18. 设 z_0 是 $f(z)$ 的 m 级极点, 是 $g(z)$ 的本性奇点, 求证 z_0 是 $f(z)\cdot g(z)$ 的本性奇点.

第 5 章　残数与辐角原理

在第 3 章和第 4 章, 我们分别用积分方法和级数方法研究了解析函数的性质. 本章将结合这两种方法建立残数理论, 继而把实、复积分的计算转化为残数的计算, 并用残数理论研究辐角原理以及它的应用.

5.1　残数及其性质

设 $a \in \mathbb{C}$ 是 $f(z)$ 的一个孤立奇点, 它在 a 点的 Laurent 展式为

$$f(z) = \sum_{n=-\infty}^{+\infty} c_n (z-a)^n,$$

称 c_{-1} 为 $f(z)$ 在孤立奇点 $z = a$ 的**残数**, 记为

$$\mathrm{Res}(f(z), a).$$

设 $f(z)$ 在 $0 < |z-a| < R$ 上解析, $0 < \rho < R$, 则

$$\mathrm{Res}(f(z), a) = c_{-1} = \frac{1}{2\pi \mathrm{i}} \int_{C_\rho} f(z) \mathrm{d}z, \tag{5.1}$$

其中, $C_\rho : |z-a| = \rho$.

很明显, 若 $z = a$ 是 $f(z)$ 的可去奇点, 则

$$\mathrm{Res}(f(z), a) = c_{-1} = 0.$$

定理 5.1(残数定理)　设 $f(z)$ 在以 (复) 围线 C 所围的区域 D 内除了 $a_1, a_2, \cdots, a_n$ 外均解析, 并且连续到边界上, 则

$$\frac{1}{2\pi \mathrm{i}} \int_C f(z) \mathrm{d}z = \sum_{k=1}^{n} \mathrm{Res}(f(z), a_k).$$

证　分别以 a_k 为中心, ε 为半径做小圆周 $C_k : |z - a_k| = \varepsilon$, 使得 C_k 及其内部均含在 D 内, 则 $f(z)$ 在以复围线 $T = C + C_1^- + \cdots + C_n^-$ 所围的区域上解析, 并且连续到这个区域的边界上. 由 Cauchy 积分定理以及 (5.1) 式

$$\frac{1}{2\pi \mathrm{i}} \int_C f(z) \mathrm{d}z = \sum_{k=1}^{n} \frac{1}{2\pi \mathrm{i}} \int_{C_k} f(z) \mathrm{d}z = \sum_{k=1}^{n} \mathrm{Res}(f(z), a_k).$$

定理 5.1 表明, 复积分可转化为残数的计算, 所以熟练地计算函数在孤立奇点的残数就显得尤为重要.

一般来说, 有限可去奇点的残数等于零, 而本性奇点的残数则要通过 Laurent 展式来确定. 下面就极点的情况做一些介绍.

(1) $z=a$ 是 $f(z)$ 的 n 级极点:

$$f(z)=\frac{\varphi(z)}{(z-a)^n},$$

则

$$\operatorname{Res}(f(z),a)=c_{-1}=\frac{1}{2\pi\mathrm{i}}\int_{|z-a|=\rho}\frac{\varphi(z)}{(z-a)^n}\mathrm{d}z=\frac{\varphi^{(n-1)}(a)}{(n-1)!}. \tag{5.2}$$

(2) $z=a$ 是 $f(z)$ 的一级极点, 由 (5.2) 式

$$\operatorname{Res}(f(z),a)=\varphi(a)=\lim_{z\to a}(z-a)f(z).$$

特别地, 当

$$f(z)=\frac{\varphi(z)}{\psi(z)},\quad \varphi(a)\neq 0,\quad \psi(a)=0,\quad \psi'(a)\neq 0$$

时

$$\operatorname{Res}(f(z),a)=\lim_{z\to a}(z-a)f(z)=\lim_{z\to a}\frac{\varphi(z)}{\dfrac{\psi(z)-\psi(a)}{z-a}}=\frac{\varphi(a)}{\psi'(a)}. \tag{5.3}$$

例 1 求积分 $\displaystyle\int_{|z|=1}\mathrm{e}^{\frac{1}{z}}\mathrm{d}z$.

解 因为 $f(z)=\mathrm{e}^{\frac{1}{z}}$ 在 $0<|z|<+\infty$ 的 Laurent 展开式为

$$\mathrm{e}^{\frac{1}{z}}=1+\frac{1}{1!z}+\frac{1}{2!z^2}+\cdots+\frac{1}{n!z^n}+\cdots,\quad 0<|z|<+\infty.$$

由残数的定义和残数定理, 有

$$\int_{|z|=1}\mathrm{e}^{\frac{1}{z}}\mathrm{d}z=2\pi\mathrm{i}.$$

例 2 求函数 $f(z)=\dfrac{1}{z^2+1}$ 在 $z=\mathrm{i}$ 的残数.

解 因为 $z=\mathrm{i}$ 为 $f(z)$ 的一级极点, 所以由 (5.2) 得

$$\operatorname{Res}(f(z),\mathrm{i})=\lim_{z\to\mathrm{i}}(z-\mathrm{i})\frac{1}{z^2+1}=\lim_{z\to\mathrm{i}}\frac{1}{z+\mathrm{i}}=\frac{1}{2\mathrm{i}}.$$

或者利用 (5.3) 计算:

$$\operatorname{Res}(f(z),\mathrm{i})=\frac{1}{(z^2+1)'|_{z=\mathrm{i}}}=\frac{1}{2z}\bigg|_{z=\mathrm{i}}=\frac{1}{2\mathrm{i}}.$$

例 3 求 $\operatorname{Res}\left(\dfrac{e^z}{z^{n+1}}, 0\right)$.

解 因为 $z=0$ 是 $\dfrac{e^z}{z^{n+1}}$ 的 $n+1$ 阶极点, 所以由 (5.2) 式得

$$\operatorname{Res}\left(\frac{e^z}{z^{n+1}}, 0\right) = \frac{1}{n!}\lim_{z\to 0}\left(z^{n+1}\cdot\frac{e^z}{z^{n+1}}\right)^{(n)} = \frac{1}{n!}.$$

例 4 求 $\operatorname{Res}\left(\dfrac{e^z}{1-\cos z}, 0\right)$.

解 因为

$$e^z = 1 + z + \frac{z^2}{2!} + \cdots + \frac{z^n}{n!} + \cdots,$$

$$1-\cos z = \frac{z^2}{2!} - \frac{z^4}{4!} + \cdots + (-1)^{n-1}\frac{z^{2n}}{(2n)!} + \cdots = \frac{z^2}{2}(1-\varphi(z)),$$

其中 $\varphi(z) = \dfrac{z^2}{12} + o(z^2)$, 所以

$$\begin{aligned}\frac{e^z}{1-\cos z} &= \frac{1+z+\dfrac{z^2}{2}+\cdots}{\dfrac{z^2}{2}(1-\varphi(z))} = \frac{2}{z^2}\left(1+z+\frac{z^2}{2}+\cdots\right)(1+\varphi(z)+\varphi^2(z)+\cdots)\\ &= \frac{2}{z^2}\left(1+z+\frac{z^2}{2}+\cdots\right)\left(1+\frac{z^2}{12}+\cdots\right) = \frac{2}{z^2}+\frac{2}{z}+\cdots, \quad 0<|z|<2\pi.\end{aligned}$$

故 $\operatorname{Res}\left(\dfrac{e^z}{1-\cos z}, 0\right) = 2$.

例 5 求积分 $\displaystyle\int_{|z|=n+\frac{1}{2}} \cot\pi z\,dz$.

解 因为 $f(z)=\cot\pi z$ 在 $|z|<n+\dfrac{1}{2}$ 内的奇点为 $z_k = k(k=0,\pm1,\cdots,\pm n)$, 它们均是一级极点, 由残数定理和 (5.3) 式, 得

$$\begin{aligned}\int_{|z|=n+\frac{1}{2}} \cot\pi z\,dz &= 2\pi i\sum_{k=-n}^{n}\operatorname{Res}\left(\frac{\cos\pi z}{\sin\pi z}, k\right)\\ &= 2\pi i\sum_{k=-n}^{n}\frac{\cos k\pi}{\pi\cos k\pi} = \frac{2\pi i}{\pi}(2n+1) = 2(2n+1)i.\end{aligned}$$

下面介绍关于无穷远点的残数.

设 $z=\infty$ 是 $f(z)$ 的一个孤立奇点, $f(z)$ 在 $z=\infty$ 的一个空心邻域 $r<|z|<+\infty$ 的 Laurent 展式为

$$f(z) = \sum_{n=-\infty}^{+\infty} c_n z^n, \quad r<|z|<+\infty.$$

规定 $-c_{-1}$ 为 $f(z)$ 在孤立奇点 $z=\infty$ 的残数. 当 $r<\rho<+\infty$ 时, 由 Laurent 定理

$$\operatorname{Res}(f(z),\infty)=-c_{-1}=\frac{-1}{2\pi\mathrm{i}}\int_{|z|=\rho}f(z)\mathrm{d}z. \tag{5.4}$$

例 6 求 $\operatorname{Res}(\mathrm{e}^{\frac{1}{z}},\infty)$.

解 因为 $f(z)=\mathrm{e}^{\frac{1}{z}}$ 在 $0<|z|<\infty$ 的 Laurent 展式为

$$\mathrm{e}^{\frac{1}{z}}=1+\frac{1}{1!z}+\frac{1}{2!z^2}+\cdots+\frac{1}{n!z^n}+\cdots,\quad 0<|z|<+\infty,$$

则

$$\operatorname{Res}(\mathrm{e}^{\frac{1}{z}},\infty)=-c_{-1}=-1.$$

注 (1) $z=\infty$ 是 $\mathrm{e}^{\frac{1}{z}}$ 的一个可去奇点, 但其残数不为零.

(2) $\mathrm{e}^{\frac{1}{z}}$ 在原点和无穷远点的 Laurent 展式是相同的. 请想一想为什么?

定理 5.2(残数总和定理) 设 $f(z)$ 在整个扩充复平面中仅有有限个奇点 a_1, $a_2,\cdots,a_n$ 与 ∞, 则

$$\sum_{k=1}^{n}\operatorname{Res}(f(z),a_k)+\operatorname{Res}(f(z),\infty)=0. \tag{5.5}$$

证 取一充分大的 R, 使得 $|a_k|<R,k=1,2,\cdots,n$, 则 $f(z)$ 在区域 $|z|<R$ 上满足残数定理条件, 故

$$\frac{1}{2\pi\mathrm{i}}\int_{|z|=R}f(z)\mathrm{d}z=\sum_{k=1}^{n}\operatorname{Res}(f(z),a_k).$$

由 $f(z)$ 在孤立奇点 $z=\infty$ 的残数定义, 不难得到

$$\frac{1}{2\pi\mathrm{i}}\int_{|z|=R}f(z)\mathrm{d}z=-\operatorname{Res}(f(z),\infty),$$

从而得到 (5.5) 式.

例 7 求积分 $\displaystyle\int_{|z|=2}\frac{z^7}{(2z+1)^4(z^3+1)(z-3)}\mathrm{d}z$.

解 被积函数在区域有 4 个奇点, 所以由残数定理可直接计算. 但考虑到该函数在整个扩充复平面上仅有 6 个奇点, 且 $f(z)$ 在 $z=3$ 与 $z=\infty$ 的残数更容易计算, 所以用残数总和定理, 可使计算更为简单.

因为

$$\operatorname{Res}\left(\frac{z^7}{(2z+1)^4(z^3+1)(z-3)},3\right)=\frac{3^7}{7^4\times 28},$$

并且

$$\frac{z^7}{(2z+1)^4(z^3+1)(z-3)}=\frac{\frac{1}{2^4}}{z}+\frac{c_{-2}}{z^2}+\cdots,\quad 3<|z|<+\infty,$$

可得 $\mathrm{Res}(f(z),\infty)=-\dfrac{1}{2^4}$, 故由残数总和定理

$$\int_{|z|=2}\frac{z^7}{(2z+1)^4(z^3+1)(z-3)}\mathrm{d}z=-2\pi\mathrm{i}\left(\frac{3^7}{7^4\times 28}-\frac{1}{2^4}\right)=\pi\left(\frac{1}{2^3}-\frac{3^7}{2\times 7^5}\right)\mathrm{i}.$$

5.2 辐角原理和 Rouché 定理

1. 对数导数的积分

设 $z=a$ 是 $f(z)$ 的一个 m 级零点, 则

$$f(z)=(z-a)^m\varphi(z),$$

其中 $\varphi(z)$ 在点 a 解析, 且 $\varphi(a)\neq 0$, 则

$$\frac{f'(z)}{f(z)}=\frac{m}{z-a}+\frac{\varphi'(z)}{\varphi(z)}. \tag{5.6}$$

因为 $\dfrac{\varphi'(z)}{\varphi(z)}$ 在 $z=a$ 解析, 故

$$\mathrm{Res}\left(\frac{f'(z)}{f(z)},a\right)=m. \tag{5.7}$$

同理, 当 $z=b$ 是 $f(z)$ 的 l 级极点时,

$$\mathrm{Res}\left(\frac{f'(z)}{f(z)},b\right)=-l. \tag{5.8}$$

由 (5.7) 式与 (5.8) 式以及残数定理, 我们可得如下定理.

定理 5.3 设 D 是由 (复) 围线 C 所围成的有界区域, $f(z)$ 除了 D 内的有限个极点外在 $\bar{D}=D+C$ 上解析, 且在 C 上不取零. 设 $f(z)$ 在 D 内的零点为 $a_1,\cdots,a_m$, 相应的重级为 $\alpha_1,\cdots,\alpha_m$; $f(z)$ 在 D 内的极点为 $b_1,\cdots,b_n$, 相应的重级为 $\beta_1,\cdots,\beta_n$. 再设 $\varphi(z)$ 在 $\bar{D}$ 上解析, 则

(1)

$$\frac{1}{2\pi\mathrm{i}}\int_C\frac{f'(z)}{f(z)}\mathrm{d}z=\sum_{i=1}^m\alpha_i-\sum_{j=1}^n\beta_j. \tag{5.9}$$

(2)

$$\frac{1}{2\pi\mathrm{i}}\int_C\varphi(z)\frac{f'(z)}{f(z)}\mathrm{d}z=\sum_{i=1}^m\alpha_i\varphi(a_i)-\sum_{j=1}^n\beta_j\varphi(b_j). \tag{5.10}$$

证 (1) 可由 (5.7) 与 (5.8) 式以及残数定理直接得到. 也可作为 (2) 的直接推论.

下面证明 (2). 由 (5.6) 式,

$$\frac{f'(z)}{f(z)}=\frac{\alpha_i}{z-a_i}+\varphi_i(z),\quad i=1,2,\cdots,m,\tag{5.11}$$

其中 $\varphi_i(z)$ 在 $z=a_i$ 解析. 由 (5.11) 式, 有

$$\begin{aligned}\mathrm{Res}\left(\varphi(z)\frac{f'(z)}{f(z)},a_i\right)&=\mathrm{Res}\left(\frac{\alpha_i\varphi(z)}{z-a_i}+\varphi(z)\varphi_i(z),a_i\right)\\&=\mathrm{Res}\left(\frac{\alpha_i\varphi(z)}{z-a_i},a_i\right)=\alpha_i\varphi(a_i),\quad i=1,2,\cdots,m.\end{aligned}\tag{5.12}$$

同理

$$\mathrm{Res}\left(\varphi(z)\frac{f'(z)}{f(z)},b_j\right)=-\beta_j\varphi(b_j),\quad j=1,2,\cdots,n.\tag{5.13}$$

再由 (5.12) 与 (5.13) 以及残数定理, 便可得到所需的结果.

如果用 $N(C,f)$ 表示 $f(z)$ 在 (复) 围线 C 所围成的区域 D 内的零点总数 (k 级零点按 k 次计算), $P(C,f)$ 表示 D 内的极点总数 (l 级极点按 l 次计算), 则

$$\frac{1}{2\pi\mathrm{i}}\int_C\frac{f'(z)}{f(z)}\mathrm{d}z=N(C,f)-P(C,f).\tag{5.14}$$

2. 辐角原理

定理 5.4(辐角原理) D 是围线 C 所围成的有界区域, $f(z)$ 除了 D 内有有限个极点外在 $\overline{D}=D+C$ 上解析, 并且在 C 上, $f(z)\neq 0$, 则

$$\frac{1}{2\pi}\Delta_C\arg f(z)=N(C,f)-P(C,f),\tag{5.15}$$

其中 $\Delta_C\arg f(z)$ 表示 z 沿 C 的正方向绕行一周后 $\arg f(z)$ 的改变量.

证 因为

$$\frac{1}{2\pi\mathrm{i}}\int_C\frac{f'(z)}{f(z)}\mathrm{d}z=N(C,f)-P(C,f).$$

设 C 在 $w=f(z)$ 下的像为 $\Gamma: w=f(z(t))$(图 5.1), 则

$$\frac{1}{2\pi\mathrm{i}}\int_C\frac{f'(z)}{f(z)}\mathrm{d}z=\frac{1}{2\pi\mathrm{i}}\int_\Gamma\frac{\mathrm{d}w}{w}=\frac{1}{2\pi\mathrm{i}}\Delta_\Gamma\mathrm{Ln}w.\tag{5.16}$$

$\Delta_\Gamma\mathrm{Ln}w$ 表示 $\mathrm{Ln}w$ 在 w 沿逆时针方向绕 Γ 一周时 $\mathrm{Ln}w$ 的增量, 因为 $\mathrm{Ln}|w|$ 是单值的, $\mathrm{Ln}w=\mathrm{Ln}|w|+\mathrm{i}\arg w$, 故

$$\Delta_\Gamma\mathrm{Ln}w=\mathrm{i}\Delta_\Gamma\arg w=\mathrm{i}\Delta_C\arg f(z),$$

从而就有

$$\frac{1}{2\pi\mathrm{i}}\int_C\frac{f'(z)}{f(z)}\mathrm{d}z=\frac{1}{2\pi}\Delta_C\arg f(z),$$

这样便得 (5.15) 式.

注　辐角原理中在边界上解析的条件可减弱为连续到边界上.

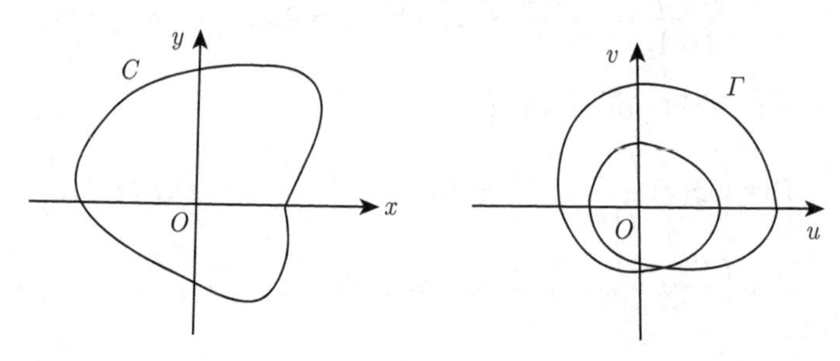

图 5.1

例 8　设 $f(z)$ 在围线 C 所围的有界区域 D 上除了一个简单极点 (即一级极点) 外解析、连续到边界上, 且在 C 上, $|f(z)| \leqslant 1$. 证明: 对任意复数 $a, |a| > 1$, 方程

$$f(z) = a$$

在 D 内恰有一个根.

证　因为当 $|a| > 1$ 时,

$$\Delta_C \arg(f(z) - a) = 0 \quad (\text{图 } 5.2).$$

故

$$N(C, f - a) - P(C, f - a) = \frac{1}{2\pi}\Delta_C \arg(f(z) - a) = 0.$$

又 $P(C, f - a) = P(C, f) = 1$, 从而

$$N(C, f - a) = 1,$$

即 $f(z) - a$ 在 D 内恰有一个根.

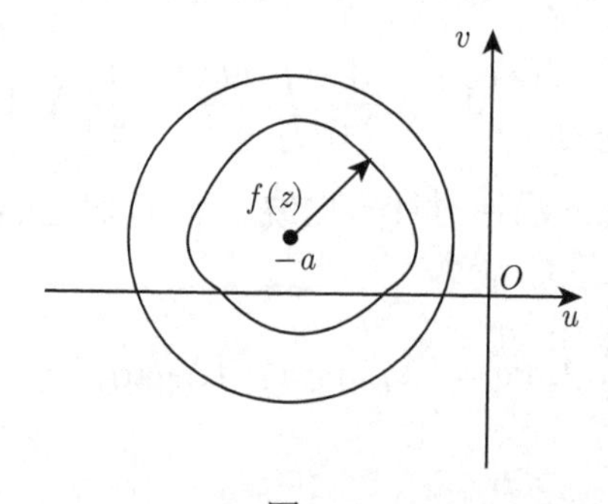

图 5.2

3. Rouché 定理

定理 5.5(Rouché 定理) 设 $f(z), g(z)$ 在围线 C 所围的有界闭区域 $\overline{D}$ 上解析, 且

$$|f(z)| > |g(z)|, \quad z \in C,$$

则函数 $f(z), f(z)+g(z), f(z)-g(z)$ 在区域 D 内的零点总数相同.

证 因为

$$\Delta_C \arg(f(z) \pm g(z)) = \Delta_C \arg f(z) + \Delta_C \arg\left(1 \pm \frac{g(z)}{f(z)}\right),$$

以及当 $z \in C$ 时, $\left|\dfrac{g(z)}{f(z)}\right| < 1$, 故

$$\Delta_C \arg\left(1 \pm \frac{g(z)}{f(z)}\right) = 0.$$

由此,

$$\Delta_C \arg f(z) = \Delta_C \arg(f(z) \pm g(z)).$$

从而由辐角原理,

$$N(C, f) = N(C, f \pm g),$$

即函数 $f(z), f(z)+g(z), f(z)-g(z)$ 在区域 D 内的零点总数相同.

Rouché 定理有着极其广泛的应用.

例 9 n 次多项式在复数域中恰有 n 个零点 (重级零点按重级计算).

证 设

$$p(z) = a_0 z^n + a_1 z^{n-1} + \cdots + a_n, \quad a_0 \neq 0.$$

$f(z) = a_0 z^n$, $g(z) = a_1 z^{n-1} + \cdots + a_n$, 则

$$\lim_{z\to\infty} \frac{g(z)}{f(z)} = 0.$$

所以存在正数 R, 当 $|z| = R$ 时,

$$|f(z)| > |g(z)|.$$

由 Rouché 定理, $f(z) = a_0 z^n$ 与 $f(z) + g(z) = p(z)$ 在 $|z| < R$ 内有相同的零点个数, 而 $f(z)$ 在 $|z| < R$ 内有 n 个零点, 故 $p(z)$ 在 $|z| < R$ 内也有 n 个零点. 又 $p(z)$ 为 n 次多项式, 从而可得 $p(z)$ 在复平面内恰有 n 个零点.

例 10 求函数 $z^7 - 5z + 3$ 在环域 $1 < |z| < 2$ 的零点个数.

解 设 $f(z)=z^7-5z+3$. 因为当 $|z|=2$ 时,

$$|-5z+3|\leqslant 13<2^7=|z^7|,$$

所以 $f(z)$ 在 $|z|<2$ 内有 7 个零点. 又当 $|z|=1$ 时,

$$|z^7+3|\leqslant 4<5=|5z|,$$

可知 $f(z)$ 在 $|z|<1$ 内有一个零点. 又当 $|z|=1$ 时, $f(z)\neq 0$, 故 $f(z)$ 在环域 $1<|z|<2$ 内有 6 个零点.

例 11 设 $\{f_n(z)\}$ 为区域 D 上的一个解析函数列, $\{f_n(z)\}$ 内闭一致收敛于一个非常数的解析函数 $f(z)$. 若方程

$$f(z)=a$$

在 D 内有解, 则当 n 充分大时, 方程

$$f_n(z)=a$$

在 D 内也有解.

证 设 $f(z_0)=a$, 由零点的孤立性, 存在正数 δ, 使 $f(z)-a$ 在闭圆 $\overline{B}(z_0,\delta)=\{z||z-z_0|\leqslant\delta\}\subset D$ 上除了 z_0 之外无其他零点, 所以

$$m=\min_{|z-z_0|=\delta}|f(z)-a|>0. \tag{5.17}$$

因为 $\{f_n(z)\}$ 在 D 上内闭一致收敛于 $f(z)$, 故对上述正数 m, 存在 N, 当 $n>N$ 时有

$$|f_n(z)-f(z)|<m,\quad z\in\overline{B}(z_0,\delta). \tag{5.18}$$

由 (5.17) 式与 (5.18) 式, 有

$$|f(z)-a|>|f_n(z)-f(z)|,\quad |z-z_0|=\delta.$$

根据 Rouché 定理, $f(z)-a$ 与 $f_n(z)-a$ 在 $|z-z_0|<\delta$ 内有相同的零点个数, 从而 $f_n(z)-a$ 的零点存在.

注 实际上, 我们证明了 $f(z)$ 的零点是 $\{f_n(z)\}$ 的零点的极限点.

定理 5.6 设函数 $f(z)$ 在区域 D 上解析, $z_0\in D$ 是 $f(z)-w_0$ 的 m 级零点. 则存在正数 ρ,δ, 使得对于 $0<|w-w_0|<\delta$ 内的每一个值 A, 函数 $f(z)-A$ 在 $|z-z_0|<\rho$ 内恰有 m 个简单零点.

证 因为 z_0 是 $f(z)-w_0$ 的一个 m 级零点, 根据解析函数的零点的孤立性, 存在正数 ρ, 使得函数 $f(z)-w_0$ 和 $f'(z)$ 在 $0<|z-z_0|\leqslant\rho$ 内无零点. 设

$$\delta=\min_{|z-z_0|=\rho}|f(z)-w_0|>0,$$

则对 $0<|w-w_0|<\delta$ 内的每一个值 A, 当 $|z-z_0|=\rho$ 时,

$$|f(z)-w_0|>|A-w_0|.$$

根据 Rouché 定理, $f(z)-w_0$ 与 $(f(z)-w_0)-(A-w_0)=f(z)-A$ 有相同的零点个数, 所以 $f(z)-A$ 在 $|z-z_0|<\rho$ 内恰有 m 个零点. 因为 $f'(z)\neq 0$, 所以它们均为简单零点.

由定理 5.6, 可得

定理 5.7(保域性定理) 设 $f(z)$ 为区域 D 上的一个非常数的解析函数, 那么 $f(D)$ 也是一个区域.

证 首先证 $f(D)$ 为开集. 对任意的 $w_0\in f(D)$, 存在 $z_0\in D$ 使 $f(z_0)=w_0$. 由定理 5.6, 存在 $\rho>0,\delta>0$, 使得对 $0<|w-w_0|<\delta$ 内的每个 w, $f(z)-w$ 在 $|z-z_0|<\rho$ 内至少有一个零点, 从而 $\{w||w-w_0|<\delta\}\subset f(D)$. 这说明 $f(D)$ 中每个点都是内点, 故 $f(D)$ 为开集.

其次, 证明 $f(D)$ 为连通的. 设 w_1,w_2 为 $f(D)$ 中任意两点, 则存在 $z_1,z_2\in D$ 使得 $w_1=f(z_1),w_2=f(z_2)$. 由于 D 为区域, 从而在 D 内存在一条连续曲线 $\gamma(t)(\alpha\leqslant t\leqslant\beta)$ 连接 z_1 和 z_2, 因此 $f(\gamma(t))$ 为 $f(D)$ 内连接 w_1 和 w_2 的连续曲线. 故 $f(D)$ 是连通的.

综上, $f(D)$ 为区域.

定理 5.8 设 $f(z)$ 为区域 D 上的一个单叶解析函数, 则 $f'(z)\neq 0$.

证 假若存在 $z_0\in D$ 使得 $f'(z_0)=0$, 则 z_0 为 $f(z)-f(z_0)$ 的 $m(m\geqslant 2)$ 级零点. 由定理 5.6, 存在 $\rho>0,\delta>0$, 对 $0<|w-f(z_0)|<\delta$ 内的每个 w, 函数 $f(z)-w$ 在 $|z-z_0|<\rho$ 内恰有 m 个不同的零点, 这与 $f(z)$ 在 D 内单叶相矛盾.

定理 5.9 设 $f(z)$ 在点 z_0 解析, $f'(z_0)\neq 0$, 则存在 z_0 的一个邻域 U, 使得 $f(z)$ 在该邻域内单叶解析.

证 由于 $f'(z_0)\neq 0$, 所以 z_0 为 $f(z)-f(z_0)$ 的简单零点. 由定理 5.6, 存在 $\rho>0,\delta>0$, 对 $0<|w-f(z_0)|<\delta$ 内的每个 w, 函数 $f(z)-w$ 在 $|z-z_0|<\rho$ 内只有一个零点, 即只有一个 z 使得 $f(z)=w$. 再由 $f(z)$ 的连续性, 对上述 $\delta>0$, 存在 $\eta>0(\eta<\rho)$, 当 z 满足 $|z-z_0|<\eta<\rho$ 时, 总有 $|w-f(z_0)|<\delta$. 故 $f(z)$ 为 z_0 的邻域 $U=\{z||z-z_0|<\eta\}$ 内的单叶函数.

需要注意的是, 导数不为零, 只是局部单叶性条件, 它不能成为函数在一般区域上的单叶条件. 例如, $f(z)=\mathrm{e}^z$ 在整个复平面上解析且导数不为零, 但它不是整个复平面上的单叶函数.

例 12　设 $\{f_n(z)\}$ 是区域 D 内的单叶解析函数列, 且在 D 内内闭一致收敛于非常数的解析函数 $f(z)$, 则 $f(z)$ 在 D 内单叶.

证　(反证法) 假设存在两个不同的点 $z_1,z_2\in D$, 使得 $f(z_1)=f(z_2)=A$. 由于 $f(z)$ 为非常数的解析函数, 故在 D 内可分别作以 z_1,z_2 为圆心相互分离的小圆周 C_1,C_2, 使 $f(z)-A$ 在 C_1,C_2 上无零点, 在它们的内部各有一个零点 z_1 与 z_2. 由例 11, 当 n 充分大时, $f_n(z)-A$ 在 C_1,C_2 的内部也各有一个零点, 这与 $f_n(z)$ 的单叶性相矛盾. 故 $f(z)$ 是 D 内的单叶函数.

5.3　残数的应用

在本节中, 我们主要介绍利用残数定理求一些实积分.

1. 三角有理函数的积分

设 $R(x,y)$ 为 x,y 的二元有理函数, $R(\sin\theta,\cos\theta)$ 称为三角有理函数. 关于三角有理函数的积分, 在数学分析中已经学习过, 这里将讨论用残数理论求形如

$$\int_0^{2\pi} R(\sin\theta,\cos\theta)\mathrm{d}\theta \tag{5.19}$$

的积分.

设 $z=\mathrm{e}^{\mathrm{i}\theta},\sin\theta=\dfrac{z-\overline{z}}{2\mathrm{i}}=\dfrac{z^2-1}{2\mathrm{i}z}$, $\cos\theta=\dfrac{z+\overline{z}}{2}=\dfrac{z^2+1}{2z}$, $\mathrm{d}z=\mathrm{i}\mathrm{e}^{\mathrm{i}\theta}\mathrm{d}\theta$, 则 (5.19) 式转化为

$$\int_0^{2\pi} R(\sin\theta,\cos\theta)\mathrm{d}\theta=\int_{|z|=1} R\left(\frac{z^2-1}{2\mathrm{i}z},\frac{z^2+1}{2z}\right)\frac{\mathrm{d}z}{\mathrm{i}z}. \tag{5.20}$$

设

$$F(z)=\frac{1}{\mathrm{i}z}R\left(\frac{z^2-1}{2\mathrm{i}z},\frac{z^2+1}{2z}\right),$$

则 $F(z)$ 是 z 的有理函数, 它在复平面 $\mathbb{C}$ 上至多有有限多个奇点, 且为极点. 若 a_1, $a_2,\cdots,a_n$ 为 $F(z)$ 在 $|z|<1$ 内的极点, 则由残数定理得

$$\int_0^{2\pi} R(\sin\theta,\cos\theta)\mathrm{d}\theta=2\pi\mathrm{i}\sum_{k=1}^{n}\mathrm{Res}(F(z),a_k).$$

例 13　求积分 $\displaystyle\int_0^{2\pi}\frac{\mathrm{d}\theta}{1+2p\cos\theta+p^2}$, $|p|\neq 1$.

解 设 $z=\mathrm{e}^{\mathrm{i}\theta}$, 由 (5.20) 式, 得

$$\int_0^{2\pi}\frac{\mathrm{d}\theta}{1+2p\cos\theta+p^2}=\int_{|z|=1}\frac{1}{1+p\dfrac{z^2+1}{z}+p^2}\frac{\mathrm{d}z}{\mathrm{i}z}$$

$$=\frac{1}{\mathrm{i}}\int_{|z|=1}\frac{\mathrm{d}z}{pz^2+(p^2+1)z+p}=\frac{1}{\mathrm{i}}\int_{|z|=1}\frac{\mathrm{d}z}{(pz+1)(z+p)}.$$

当 $|p|>1$ 时,

$$\int_0^{2\pi}\frac{\mathrm{d}\theta}{1+2p\cos\theta+p^2}=2\pi\mathrm{i}\frac{1}{\mathrm{i}}\mathrm{Res}\left(\frac{1}{(pz+1)(z+p)},-\frac{1}{p}\right)$$

$$=\frac{2\pi}{p\left(p-\dfrac{1}{p}\right)}=\frac{2\pi}{p^2-1};$$

当 $|p|<1$ 时,

$$\int_0^{2\pi}\frac{\mathrm{d}\theta}{1+2p\cos\theta+p^2}=2\pi\mathrm{i}\frac{1}{\mathrm{i}}\mathrm{Res}\left(\frac{1}{(pz+1)(z+p)},-p\right)=\frac{2\pi}{1-p^2}.$$

例 14 求积分 $\displaystyle\int_0^{\pi}\frac{\cos m\theta}{(5+4\cos\theta)^2}\mathrm{d}\theta$($m$ 为正整数).

解 因为

$$\int_0^{\pi}\frac{\cos m\theta}{(5+4\cos\theta)^2}\mathrm{d}\theta=\frac{1}{2}\int_{-\pi}^{\pi}\frac{\cos m\theta}{(5+4\cos\theta)^2}\mathrm{d}\theta=\frac{1}{2}\mathrm{Re}\int_{-\pi}^{\pi}\frac{\mathrm{e}^{\mathrm{i}m\theta}}{(5+4\cos\theta)^2}\mathrm{d}\theta.$$

设 $z=\mathrm{e}^{\mathrm{i}\theta}$, 则

$$\int_{-\pi}^{\pi}\frac{\mathrm{e}^{\mathrm{i}m\theta}}{(5+4\cos\theta)^2}\mathrm{d}\theta=\int_{|z|=1}\frac{z^m}{\left(5+2\dfrac{z^2+1}{z}\right)^2}\frac{\mathrm{d}z}{\mathrm{i}z}$$

$$=\frac{1}{\mathrm{i}}\int_{|z|=1}\frac{z^{m+1}}{(2z^2+5z+2)^2}\mathrm{d}z=\frac{1}{\mathrm{i}}\int_{|z|=1}\frac{z^{m+1}}{(2z+1)^2(z+2)^2}\mathrm{d}z$$

$$=2\pi\mathrm{i}\frac{1}{4\mathrm{i}}\mathrm{Res}\left(\frac{z^{m+1}}{\left(z+\dfrac{1}{2}\right)^2(z+2)^2},-\frac{1}{2}\right)=\frac{\pi}{2}\left(\frac{z^{m+1}}{(z+2)^2}\right)'\Bigg|_{z=-\frac{1}{2}}$$

$$=(-1)^m\frac{3m+5}{2^{m-1}\cdot 3^3}\pi.$$

由此得

$$\int_0^{\pi}\frac{\cos m\theta}{(5+4\cos\theta)^2}\mathrm{d}\theta=\frac{(-1)^m}{27}\cdot\frac{3m+5}{2^m}\pi.$$

2. 与有理函数相关的两类广义积分

引理 5.1 设函数 $f(z)$ 在 $D: 0<|z-a|<r$, $\theta_1 \leqslant \arg(z-a) \leqslant \theta_2$(若 $a=\infty$, 则 D 为 $|z|>r, \theta_1 \leqslant \arg z \leqslant \theta_2$) 上连续, 且

$$\lim_{z \to a}(z-a)f(z)=\lambda \left(\lim_{z \to \infty} zf(z)=\lambda\right),$$

则

$$\lim_{\rho \to 0}\int_{\gamma\rho} f(z)\mathrm{d}z=\lambda\mathrm{i}(\theta_2-\theta_1) \quad \left(\lim_{R \to +\infty}\int_{\Gamma_R} f(z)\mathrm{d}z=\lambda\mathrm{i}(\theta_2-\theta_1)\right),$$

其中 γ_ρ 为 $z=a+\rho\mathrm{e}^{\mathrm{i}\theta}$, $0<\rho<r(\Gamma_R: z=R\mathrm{e}^{\mathrm{i}\theta}, R>r)$, $\theta_1 \leqslant \theta \leqslant \theta_2$.

证 因为 $\lim_{z \to a}(z-a)f(z)=\lambda$, 所以对任意给定的 $\varepsilon>0$, 存在正数 δ, 当 $|z-a|<\delta$ 时,

$$|(z-a)f(z)-\lambda|<\varepsilon,$$

从而, 当 $0<\rho<\delta$ 时

$$\left|\int_{\gamma\rho} f(z)\mathrm{d}z-\lambda\mathrm{i}(\theta_2-\theta_1)\right|=\left|\int_{\gamma\rho}\left(f(z)-\frac{\lambda}{z-a}\right)\mathrm{d}z\right| \leqslant \frac{\varepsilon}{\rho}(\theta_2-\theta_1)\rho=\varepsilon(\theta_2-\theta_1).$$

引理 5.2 设 $f(z)$ 在 $D: R_0 \leqslant |z|<+\infty$, $\mathrm{Im}z>0$ 上连续, 且 $\lim_{z \to \infty} f(z)=0$, 则对任意正数 k,

$$\lim_{R \to +\infty}\int_{\gamma_R} \mathrm{e}^{\mathrm{i}kz}f(z)\mathrm{d}z=0,$$

其中 $\gamma_R: z=R\mathrm{e}^{\mathrm{i}\theta}$, $R_0 \leqslant R<+\infty$, $0 \leqslant \theta \leqslant \pi$.

证 因为 $\lim_{z \to \infty} f(z)=0$, 所以对任意正数 ε, 存在 $M \geqslant R_0$, 当 $|z|>M$ 时

$$|f(z)|<\varepsilon.$$

所以

$$\begin{aligned}\left|\int_{\gamma_R} f(z)\mathrm{e}^{\mathrm{i}kz}\mathrm{d}z\right| &\leqslant \varepsilon R\int_0^{\pi} \mathrm{e}^{-kR\sin\theta}\mathrm{d}\theta=2\varepsilon R\int_0^{\frac{\pi}{2}} \mathrm{e}^{-kR\sin\theta}\mathrm{d}\theta \\ &\leqslant 2\varepsilon R\int_0^{\frac{\pi}{2}} \mathrm{e}^{-\frac{2}{\pi}kR\theta}\mathrm{d}\theta=\frac{\pi\varepsilon}{k}\left(1-\mathrm{e}^{-Rk}\right)<\frac{\pi\varepsilon}{k}.\end{aligned}$$

定理 5.10 设 $f(z)=\dfrac{P(z)}{Q(z)}$ 为一有理函数, $(P(z), Q(z))=1$, 且

(1) 当 $z=x$ 时, $Q(x) \neq 0$.

(2) $\deg Q(z)-\deg P(z) \geqslant 2$.

则

$$\int_{-\infty}^{+\infty}\frac{P(x)}{Q(x)}\mathrm{d}x=2\pi\mathrm{i}\sum_{\mathrm{Im}a_j>0}\mathrm{Res}\left(\frac{P(z)}{Q(z)}, a_j\right), \tag{5.21}$$

其中 $\{a_j\}$ 为 $f(z)$ 在 $\mathrm{Im}z>0$ 内的所有奇点, $P(z),Q(z)$ 为互质的多项式, $\deg Q(z)$ 为多项式 $Q(z)$ 的次数.

证 取充分大的 $R>0$, 使 $f(z)$ 在上半平面内的极点 a_j 都包含在上半圆周 $\Gamma_R: z=R\mathrm{e}^{\mathrm{i}\theta}(0\leqslant\theta\leqslant\pi)$ 和直线段 $[-R,R]$ 所围的区域内. 由残数定理得

$$\int_{-R}^{R}\frac{P(x)}{Q(x)}\mathrm{d}x+\int_{\Gamma_R}\frac{P(z)}{Q(z)}\mathrm{d}z=2\pi\mathrm{i}\sum_{\mathrm{Im}a_j>0}\mathrm{Res}\left(\frac{P(z)}{Q(z)},a_j\right).$$

又由已知条件知 $\lim\limits_{z\to\infty}zf(z)=0$, 从而利用引理 5.1 得

$$\lim_{R\to+\infty}\int_{\Gamma_R}\frac{P(z)}{Q(z)}\mathrm{d}z=0.$$

于是, 有

$$\lim_{R\to+\infty}\int_{-R}^{R}\frac{P(x)}{Q(x)}\mathrm{d}x+\lim_{R\to+\infty}\int_{\Gamma_R}\frac{P(z)}{Q(z)}\mathrm{d}z=2\pi\mathrm{i}\sum_{\mathrm{Im}a_j>0}\mathrm{Res}\left(\frac{P(z)}{Q(z)},a_j\right),$$

故 $\displaystyle\int_{-\infty}^{\infty}\frac{P(x)}{Q(x)}\mathrm{d}x=2\pi\mathrm{i}\sum_{\mathrm{Im}a_j>0}\mathrm{Res}\left(\frac{P(z)}{Q(z)},a_j\right)$.

定理 5.11 设 $f(z)=\dfrac{P(z)}{Q(z)}$ 为一有理函数, $(P(z),Q(z))=1$, 且

(1) 当 $z=x$ 时, $Q(x)\neq 0$.

(2) $\deg Q(z)>\deg P(z)$.

则对任意的正数 k,

$$\int_{-\infty}^{+\infty}\frac{P(x)}{Q(x)}\mathrm{e}^{\mathrm{i}kx}\mathrm{d}x=2\pi\mathrm{i}\sum_{\mathrm{Im}a_j>0}\mathrm{Res}\left(\frac{P(z)}{Q(z)}\mathrm{e}^{\mathrm{i}kz},a_j\right). \tag{5.22}$$

证 取一充分大正数 R, 使得 $f(z)$ 在上半平面上的极点均含在区域 $D:|z|<R,\ \mathrm{Im}z>0$(图 5.3) 内. 由残数定理

$$\int_{\partial D}\frac{P(z)}{Q(z)}\mathrm{e}^{\mathrm{i}kz}\mathrm{d}z=2\pi\mathrm{i}\sum_{\mathrm{Im}a_j>0}\mathrm{Res}\left(\frac{P(z)}{Q(z)}\mathrm{e}^{\mathrm{i}kz},a_j\right).$$

设 $\gamma_R: z=R\mathrm{e}^{\mathrm{i}\theta},\ 0\leqslant\theta\leqslant\pi$, 则由引理 5.2,

$$\lim_{R\to+\infty}\int_{\gamma_R}\frac{P(z)}{Q(z)}\mathrm{e}^{\mathrm{i}kz}\mathrm{d}z=0.$$

所以

$$2\pi\mathrm{i}\sum_{\mathrm{Im}a_j>0}\mathrm{Res}\left(\frac{P(z)}{Q(z)}\mathrm{e}^{\mathrm{i}kz},a_j\right)=\lim_{R\to+\infty}\int_{\partial D}\frac{P(z)}{Q(z)}\mathrm{e}^{\mathrm{i}kz}\mathrm{d}z$$

$$
\begin{aligned}
&= \lim_{R\to+\infty}\int_{\Gamma_R}\frac{P(z)}{Q(z)}\mathrm{e}^{\mathrm{i}kz}\mathrm{d}z + \lim_{R\to+\infty}\int_{-R}^{R}\frac{P(x)}{Q(x)}\mathrm{e}^{\mathrm{i}kx}\mathrm{d}x \\
&= \int_{-\infty}^{+\infty}\frac{P(x)}{Q(x)}\mathrm{e}^{\mathrm{i}kx}\mathrm{d}x.
\end{aligned}
$$

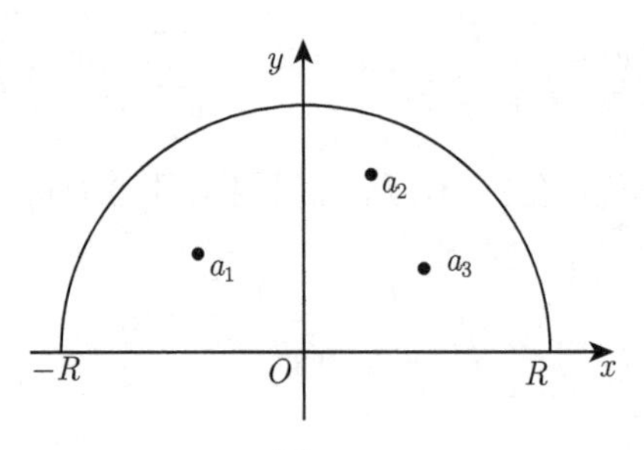

图 5.3

例 15　求积分 $I=\int_{-\infty}^{+\infty}\frac{x^2\mathrm{d}x}{(x^2+a^2)(x^2+b^2)}(a>0,b>0)$.

解　令 $f(z)=\frac{z^2}{(z^2+a^2)(z^2+b^2)}$, 则 $f(z)$ 在上半平面内只有一级极点 $a\mathrm{i}$ 和 $b\mathrm{i}$. 由定理 5.10,

$$
\begin{aligned}
I =&2\pi\mathrm{i}[\mathrm{Res}(f(z),a\mathrm{i})+\mathrm{Res}(f(z),b\mathrm{i})] \\
=&2\pi\mathrm{i}\left[\lim_{z\to a\mathrm{i}}(z-a\mathrm{i})\frac{z^2}{(z^2+a^2)(z^2+b^2)}+\lim_{z\to b\mathrm{i}}(z-b\mathrm{i})\frac{z^2}{(z^2+a^2)(z^2+b^2)}\right] \\
=&2\pi\mathrm{i}\left[\frac{a\mathrm{i}}{2(b^2-a^2)}+\frac{b\mathrm{i}}{2(a^2-b^2)}\right]=\frac{\pi}{a+b}.
\end{aligned}
$$

例 16　求积分 $\int_{-\infty}^{+\infty}\frac{x\sin 3x}{1+x^2}\mathrm{d}x$.

解　设 $f(z)=\frac{z}{1+z^2}\mathrm{e}^{3\mathrm{i}z}$, 则由定理 5.11, 得

$$
\begin{aligned}
\int_{-\infty}^{+\infty}\frac{x\sin 3x}{1+x^2}\mathrm{d}x &= \mathrm{Im}\int_{-\infty}^{+\infty}\frac{x\mathrm{e}^{3\mathrm{i}x}}{1+x^2}\mathrm{d}x = \mathrm{Im}\left(2\pi\mathrm{i}\cdot\mathrm{Res}\left(\frac{z\mathrm{e}^{3\mathrm{i}z}}{1+z^2},\mathrm{i}\right)\right) \\
&= \mathrm{Im}\left(2\pi\mathrm{i}\frac{\mathrm{i}\mathrm{e}^{-3}}{2\mathrm{i}}\right)=\frac{\pi}{\mathrm{e}^3}.
\end{aligned}
$$

3. 其他类型的例子

下面的例子涉及积分路径上有奇点和多值函数积分的情形.

例 17　求积分 $\int_{-\infty}^{+\infty}\frac{\sin x}{x}\mathrm{d}x$.

解 设 $f(z)=\dfrac{\mathrm{e}^{\mathrm{i}z}}{z}$, 做积分路径如图 5.4 所示, 其中 R 充分大, ε 充分小, 由 Cauchy 积分定理:

$$\int_C \frac{\mathrm{e}^{\mathrm{i}z}}{z}\mathrm{d}z=0. \tag{5.23}$$

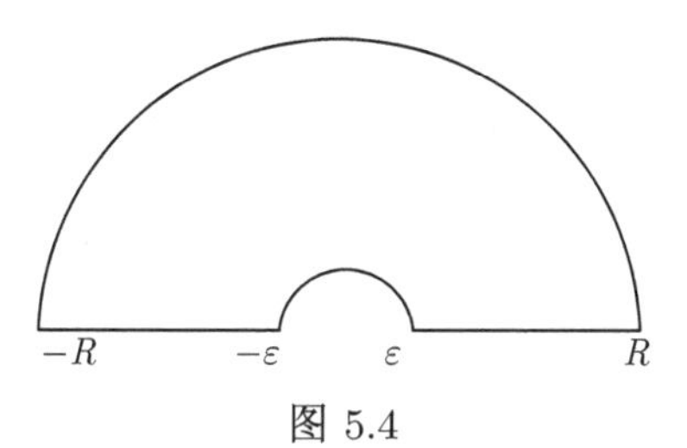

图 5.4

设曲线 $\Gamma_R: z=R\mathrm{e}^{\mathrm{i}\theta}, 0\leqslant\theta\leqslant\pi$, $\Gamma_\varepsilon: z=\varepsilon\mathrm{e}^{\mathrm{i}\theta}, 0\leqslant\theta\leqslant\pi$, 则由 (5.23) 式,

$$\int_{\Gamma_R}\frac{\mathrm{e}^{\mathrm{i}z}}{z}\mathrm{d}z+\int_{-R}^{-\varepsilon}\frac{\mathrm{e}^{\mathrm{i}x}}{x}\mathrm{d}x-\int_{\Gamma_\varepsilon}\frac{\mathrm{e}^{\mathrm{i}z}}{z}\mathrm{d}z+\int_{\varepsilon}^{R}\frac{\mathrm{e}^{\mathrm{i}x}}{x}\mathrm{d}x=0. \tag{5.24}$$

由引理 5.1 和引理 5.2, 可得

$$\lim_{R\to+\infty}\int_{\Gamma_R}\frac{\mathrm{e}^{\mathrm{i}z}}{z}\mathrm{d}z=0,\quad \lim_{\varepsilon\to0^+}\int_{\Gamma_\varepsilon}\frac{\mathrm{e}^{\mathrm{i}z}}{z}\mathrm{d}z=\mathrm{i}\pi.$$

因为

$$\int_{-R}^{-\varepsilon}\frac{\mathrm{e}^{\mathrm{i}x}}{x}\mathrm{d}x+\int_{\varepsilon}^{R}\frac{\mathrm{e}^{\mathrm{i}x}}{x}\mathrm{d}x=2\mathrm{i}\int_{\varepsilon}^{R}\frac{\sin x}{x}\mathrm{d}x,$$

所以令 $R\to+\infty,\varepsilon\to0^+$, 则 (5.24) 式就转化为

$$2\mathrm{i}\int_0^{+\infty}\frac{\sin x}{x}\mathrm{d}x=\mathrm{i}\pi,$$

故

$$\int_{-\infty}^{+\infty}\frac{\sin x}{x}\mathrm{d}x=\pi.$$

例 18 求积分 $\displaystyle\int_0^{+\infty}\frac{x^{p-1}}{1+x}\mathrm{d}x$, $0<p<1$.

解 设 $f(z)=\dfrac{z^p}{z(1+z)}$. 将复平面沿正实轴作为多值函数的支割线 (图 5.5), Γ_R 为 $|z|=R$, Γ_ε 为 $|z|=\varepsilon$. 取 z^p 在正实轴的上沿取正数, 当 $\varepsilon<1, R>1$ 时, 由残数定理

$$\int_{\Gamma_R}\frac{z^p}{z(z+1)}\mathrm{d}z-\int_{\Gamma_\varepsilon}\frac{z^p}{z(z+1)}\mathrm{d}z+\int_{AB}\frac{z^p}{z(z+1)}\mathrm{d}z-\int_{A_1B_1}\frac{z^p}{z(z+1)}\mathrm{d}z$$

$$=2\pi\mathrm{i}\mathrm{Res}\left(\frac{z^p}{z(z+1)},-1\right)=-2\pi\mathrm{i}\mathrm{e}^{p\pi\mathrm{i}}.$$

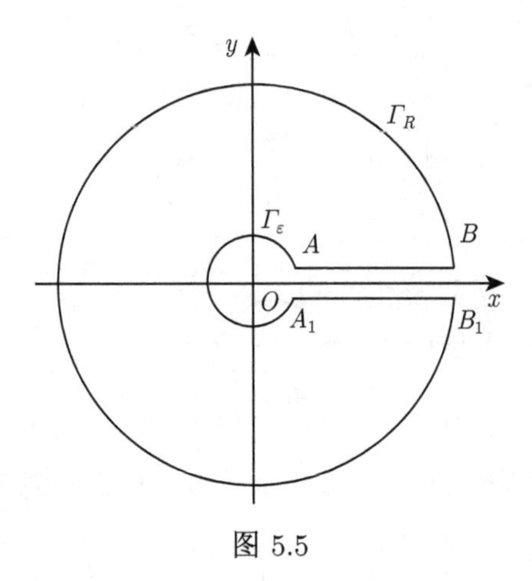

图 5.5

因为

$$\left|\int_{\Gamma_R}\frac{z^p}{z(z+1)}\mathrm{d}z\right|\leqslant\frac{R^{p-1}}{R-1}2\pi R\to 0,$$

$$\left|\int_{\Gamma_\varepsilon}\frac{z^p}{z(z+1)}\mathrm{d}z\right|\leqslant\frac{\varepsilon^{p-1}}{1-\varepsilon}2\pi\varepsilon\to 0,$$

$$\int_{AB}\frac{z^p}{z(z+1)}\mathrm{d}z=\int_{\varepsilon}^{R}\frac{x^{p-1}}{x+1}\mathrm{d}x.$$

而在 $\overline{A_1B_1}$ 上, $z^p=\mathrm{e}^{2p\pi\mathrm{i}}x^p$, 则

$$\int_{\overline{A_1B_1}}\frac{z^p}{z(z+1)}\mathrm{d}z=\int_{\varepsilon}^{R}\frac{x^{p-1}\mathrm{e}^{2p\pi\mathrm{i}}}{1+x}\mathrm{d}x.$$

令 $\varepsilon\to 0^+$, $R\to+\infty$, 则

$$\left(1-\mathrm{e}^{2p\pi\mathrm{i}}\right)\int_0^{+\infty}\frac{x^{p-1}}{1+x}\mathrm{d}x=-2\pi\mathrm{i}\mathrm{e}^{p\pi\mathrm{i}},$$

由此

$$\int_0^{+\infty}\frac{x^{p-1}}{1+x}\mathrm{d}x=-2\pi\mathrm{i}\frac{\mathrm{e}^{p\pi\mathrm{i}}}{1-\mathrm{e}^{2p\pi\mathrm{i}}}=\frac{-2\pi\mathrm{i}}{\mathrm{e}^{-p\pi\mathrm{i}}-\mathrm{e}^{p\pi\mathrm{i}}}=\frac{\pi}{\sin p\pi}.$$

例 19　设函数 $f(z)$ 满足以下条件:

(1) 在上半平面 $\mathrm{Im}z>0$ 内, 仅以 $a_1,a_2,\cdots,a_n$ 为孤立奇点;

(2) 在实轴 $\mathrm{Im}z=0$ 上, 除 $x_1,x_2,\cdots,x_m$ 为有限个一级极点外处处解析;

(3) 在 $\mathrm{Im}z\geqslant 0$ 上, $\lim\limits_{z\to\infty}f(z)=0$.

则

$$\int_{-\infty}^{+\infty} f(x)\mathrm{e}^{\mathrm{i}kx}\mathrm{d}x = 2\pi\mathrm{i}\sum_{j=1}^{n}\mathrm{Res}(f(z)\mathrm{e}^{\mathrm{i}kz}, a_j) + \pi\mathrm{i}\sum_{j=1}^{m}\mathrm{Res}(f(z)\mathrm{e}^{\mathrm{i}kz}, x_j),$$

其中 $k > 0$ 为常数.

证 构造如图 5.6 所示的积分路径 C, 其中 $\varepsilon > 0$ 充分小, $R > 0$ 充分大使得奇点 $a_1, a_2, \cdots, a_n$ 全部落在围线 C 所围的区域内.

根据残数定理, 得

$$\int_C f(z)\mathrm{e}^{\mathrm{i}kz}\mathrm{d}z = 2\pi\mathrm{i}\sum_{j=1}^{n}\mathrm{Res}(f(z)\mathrm{e}^{\mathrm{i}kz}, a_j).$$

上面等式不因 C_R 的半径 R 增大以及 C_ε^j $(j = 1, \cdots, m)$ 的半径 ε 减小而有所改变. 而

$$\int_C f(z)\mathrm{e}^{\mathrm{i}kz}\mathrm{d}z = \left[\int_{C_R} + \int_{-R}^{x_1-\varepsilon} + \int_{x_1+\varepsilon}^{x_2-\varepsilon} + \cdots + \int_{x_m+\varepsilon}^{R} + \int_{C_\varepsilon^1} + \int_{C_\varepsilon^2} + \cdots + \int_{C_\varepsilon^m}\right] f(z)\mathrm{e}^{\mathrm{i}kz}\mathrm{d}z.$$

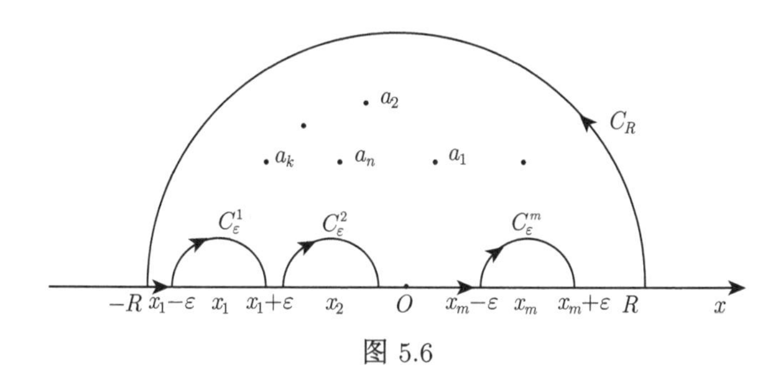

图 5.6

因而,

$$\begin{aligned}
\int_{-\infty}^{+\infty} f(x)\mathrm{e}^{\mathrm{i}kx}\mathrm{d}x &= \lim_{\varepsilon\to0+}\lim_{R\to+\infty}\left[\int_{-R}^{x_1-\varepsilon} + \int_{x_1+\varepsilon}^{x_2-\varepsilon} + \cdots + \int_{x_m+\varepsilon}^{R}\right] f(z)\mathrm{e}^{\mathrm{i}kz}\mathrm{d}z \\
&= -\lim_{R\to+\infty}\int_{C_R} f(z)\mathrm{e}^{\mathrm{i}kz}\mathrm{d}z \\
&\quad - \lim_{\varepsilon\to0+}\left[\int_{C_\varepsilon^1} + \int_{C_\varepsilon^2} + \cdots + \int_{C_\varepsilon^m}\right] f(z)\mathrm{e}^{\mathrm{i}kz}\mathrm{d}z \\
&\quad + 2\pi\mathrm{i}\sum_{j=1}^{n}\mathrm{Res}(f(z)\mathrm{e}^{\mathrm{i}kz}, a_j),
\end{aligned}$$

由引理 5.2, $\lim\limits_{R\to+\infty}\int_{C_R} f(z)\mathrm{e}^{\mathrm{i}kz}\mathrm{d}z=0$. 又因为 x_j 为 $f(z)\mathrm{e}^{\mathrm{i}kz}$ 的一级极点, 则

$$f(z)\mathrm{e}^{\mathrm{i}kz}=\frac{c_{-1}^j}{z-x_j}+h_j(z),\quad j=1,2,\cdots,m,$$

其中 $h_j(z)$ 在 x_j 解析, $c_{-1}^j=\mathrm{Res}(f(z)\mathrm{e}^{\mathrm{i}kz},x_j)$. 因此

$$\begin{aligned}\lim_{\varepsilon\to0+}\int_{C_\varepsilon^j} f(z)\mathrm{e}^{\mathrm{i}kz}\mathrm{d}z&=\lim_{\varepsilon\to0+}\int_{C_\varepsilon^j}\frac{c_{-1}^j}{z-x_j}\mathrm{d}z+\lim_{\varepsilon\to0+}\int_{C_\varepsilon^j}h_j(z)\mathrm{d}z\\&=c_{-1}^j\lim_{\varepsilon\to0+}\int_\pi^0\frac{\mathrm{i}\varepsilon\mathrm{e}^{\mathrm{i}\theta}}{\varepsilon\mathrm{e}^{\mathrm{i}\theta}}\mathrm{d}\theta+\lim_{\varepsilon\to0+}\int_{C_\varepsilon^j}h_j(z)\mathrm{d}z\\&=-\mathrm{i}\pi c_{-1}^j+\lim_{\varepsilon\to0+}\int_{C_\varepsilon^j}h_j(z)\mathrm{d}z\\&=-\mathrm{i}\pi\mathrm{Res}(f(z)\mathrm{e}^{\mathrm{i}kz},x_j)+\lim_{\varepsilon\to0+}\int_{C_\varepsilon^j}h_j(z)\mathrm{d}z,\end{aligned}$$

注意到 $h_j(z)$ 在 x_j 连续, 因此, 在 x_j 附近有界, 即存在 $M>0$, 在 x_j 的邻域内有 $|f(z)|\leqslant M$. 于是

$$\left|\int_{C_\varepsilon^j}h_j(z)\mathrm{d}z\right|\leqslant\int_{C_\varepsilon^j}|h_j(z)|\,|\mathrm{d}z|\leqslant M\pi\varepsilon.$$

令 $\varepsilon\to0_+$ 得

$$\lim_{\varepsilon\to0+}\int_{C_\varepsilon^j}h_j(z)\mathrm{d}z=0,\quad j=1,\cdots,m.$$

将上面的讨论结合起来就得到所证的结论.

5.4 csc$z$ 展 式

函数 $f(z)=\csc z-\dfrac{1}{z}=\dfrac{z-\sin z}{z\sin z}$ 在 $z=0$ 解析 (可去奇点), 并且 $f(0)=0$. 所以 $f(z)$ 在复平面上除了 $k\pi(k=\pm1,\pm2,\cdots)$ 无任何奇点, 且 $z=k\pi$ 是一级极点, 不难证明 $f(z)$ 在 $k\pi$ 点的残数为 $(-1)^k$.

令

$$F(t)=\frac{f(t)}{t(t-z)},\quad z\neq0,\pm\pi,\pm2\pi,\cdots,$$

$k\pi$ 也是 $F(t)$ 的一级极点.

$$\mathrm{Res}(F(t),k\pi)=\mathrm{Res}\left(\frac{t-\sin t}{t^2\sin t(t-z)},k\pi\right)=(-1)^k\frac{1}{k\pi(k\pi-z)}.$$

设 C_n 是以 $\left(n+\dfrac{1}{2}\right)(\pm1\pm\mathrm{i})\pi$ 为顶点的正方形 (图 5.7)

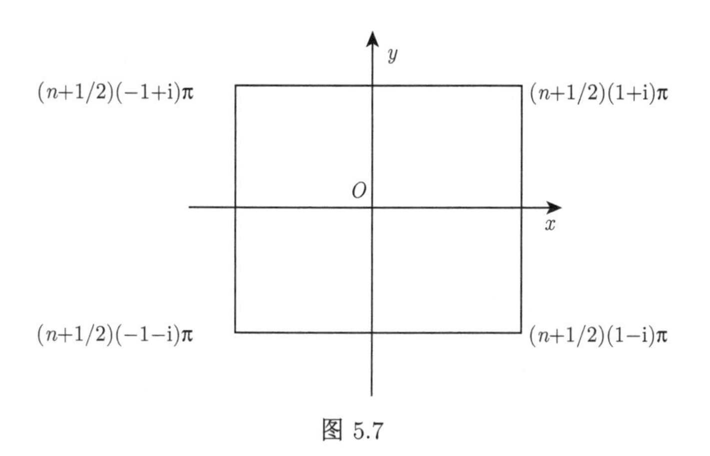

图 5.7

$$
\begin{aligned}
J_n &= \frac{1}{2\pi \mathrm{i}}\int_{C_n}\frac{f(t)}{t(t-z)}\mathrm{d}t = \sum_{\substack{k\neq 0\\ k=-n}}^{n}\frac{(-1)^k}{k\pi(k\pi-z)}+\frac{f(z)}{z}\\
&= \sum_{\substack{k\neq 0\\ k=-n}}^{n}(-1)^k\left(\frac{1}{z-k\pi}+\frac{1}{k\pi}\right)\left(-\frac{1}{z}\right)+\frac{f(z)}{z}\\
&= -\frac{1}{z}\sum_{k=1}^{n}(-1)^k\frac{2z}{z^2-k^2\pi^2}+\frac{f(z)}{z}.
\end{aligned}
$$

下面估计 J_n:

设 $z=x+\mathrm{i}y$, 在区域 $y>\dfrac{\pi}{2}$ 内,

$$
|\csc z| = \left|\frac{2\mathrm{i}}{\mathrm{e}^{\mathrm{i}z}-\mathrm{e}^{-\mathrm{i}z}}\right| \leqslant \left|\frac{2}{\mathrm{e}^{y}-\mathrm{e}^{-y}}\right| \leqslant \frac{2}{\mathrm{e}^{\frac{\pi}{2}}-\mathrm{e}^{-\frac{\pi}{2}}} \leqslant 1.
$$

同理在 $y<-\dfrac{\pi}{2}$ 的区域内, $|\csc z|\leqslant 1$.

又 $\sin z$ 在以 $\dfrac{\pi}{2}(1-\mathrm{i})$, $\dfrac{\pi}{2}(1+\mathrm{i})$ 为端点的线段上不为零, 故 $|\csc z|$ 在此线段上恒小于某常数 K, 而 $|\csc(z+\pi)|=|\csc z|$, 故对以 $\left(n+\dfrac{1}{2}-\dfrac{\mathrm{i}}{2}\right)\pi$, $\left(n+\dfrac{1}{2}+\dfrac{\mathrm{i}}{2}\right)\pi$ 为端点的线段上, $|\csc z|\leqslant K$. 由此可知 $f(z)=\csc z-\dfrac{1}{z}$ 在整个 C_n 上有界, 不妨设 M 是它的一个界, 则

$$
|J_n| \leqslant \frac{1}{2\pi}\frac{8\left(n+\dfrac{1}{2}\right)}{\left(n+\dfrac{1}{2}\right)\left(\left(n+\dfrac{1}{2}\right)\pi-|z|\right)}M \to 0 \quad (n\to\infty).
$$

这样就得到

$$\csc z=\frac{1}{z}+2z\sum_{k=1}^{\infty}(-1)^k\frac{1}{z^2-k^2\pi^2},\quad z\neq 0,\pm\pi,\pm 2\pi,\cdots.$$

或者

$$\begin{aligned}\csc\pi z&=\frac{1}{\pi z}+2\pi z\sum_{k=1}^{\infty}\frac{(-1)^k}{\pi^2z^2-k^2\pi^2}\\&=\frac{1}{\pi}\left(\frac{1}{z}+2z\sum_{k=1}^{\infty}\frac{(-1)^k}{z^2-k^2}\right),\quad z\neq 0,\pm 1,\pm 2,\cdots.\end{aligned}$$

用类似的方法可证

$$\cot\pi z=\frac{1}{\pi}\left(\frac{1}{z}+\sum_{k=1}^{\infty}\frac{2z}{z^2-n^2}\right),\quad z\neq 0,\pm 1,\pm 2,\cdots.$$

下面介绍一种用残数求级数和 $\sum\limits_{n=-\infty}^{\infty}f(n)$ 的方法.

用 C_n 表示以 $\left(n+\dfrac{1}{2}\right)(\pm 1\pm \mathrm{i})$ 为顶点的正方形, 我们首先说明 $\cot\pi z$ 在 C_n 上有界.

(1) 当 $\mathrm{Re}z=y>0$ 时

$$|\cot\pi z|=\left|\frac{\mathrm{e}^{\mathrm{i}\pi z}+\mathrm{e}^{-\mathrm{i}\pi z}}{\mathrm{e}^{\mathrm{i}\pi z}-\mathrm{e}^{-\mathrm{i}\pi z}}\right|\leqslant\frac{\mathrm{e}^{\pi y}+\mathrm{e}^{-\pi y}}{\mathrm{e}^{\pi y}-\mathrm{e}^{-\pi y}}=\frac{\mathrm{e}^{2\pi y}+1}{\mathrm{e}^{2\pi y}-1}.$$

故当 $y\geqslant\dfrac{1}{2}$ 时, $|\cot\pi z|\leqslant\dfrac{\mathrm{e}^{\pi}+1}{\mathrm{e}^{\pi}-1}$.

(2) 因为 $|\cot(-\pi z)|=|\cot\pi z|$, 故当 $y\leqslant-\dfrac{1}{2}$, 仍有 $|\cot\pi z|\leqslant\dfrac{\mathrm{e}^{\pi}+1}{\mathrm{e}^{\pi}-1}$.

(3) 因为 $\cot\pi z$ 在以 $\dfrac{1}{2}+\dfrac{\mathrm{i}}{2}$ 与 $\dfrac{1}{2}-\dfrac{\mathrm{i}}{2}$ 为端点的线段上连续, 从而存在正数 K 使在该线段上 $|\cot\pi z|\leqslant K$. 因为 $|\cot\pi z|=|\cot\pi(z+1)|$, 故在所有以 $n+\dfrac{1}{2}-\dfrac{\mathrm{i}}{2},n+\dfrac{1}{2}+\dfrac{\mathrm{i}}{2}$ 为端点的线段上, $|\cot\pi z|\leqslant K$.

由 (1)—(3), 得知存在正数 M, 使得

$$|\cot\pi z|\leqslant M,\quad z\in C_n.$$

例 20 求 $\sum\limits_{n=-\infty}^{+\infty}\dfrac{1}{n^2+a^2}$, $a>0,a\neq$ 正整数.

解 设 $f(z)=\dfrac{1}{z^2+a^2}, C_n$ 是以 $\left(n+\dfrac{1}{2}\right)(\pm1\pm\mathrm{i})$ 为顶点的正方形所构成的围线. 当 n 充分大时, $f(z)$ 的两个一级极点含在 C_n 的内部区域 D 中, 并且当 $z\in C_n$ 时,

$$|f(z)|\leqslant\frac{1}{n^2-a^2}.$$

一方面

$$\begin{aligned}\frac{1}{2\pi\mathrm{i}}\int_{C_n}f(z)\cot\pi z\mathrm{d}z&=\sum_{k=-n}^{n}\mathrm{Res}\left(\frac{1}{z^2+a^2}\frac{\cos\pi z}{\sin\pi z},k\right)\\&\quad+\mathrm{Res}\left(\frac{1}{z^2+a^2}\frac{\cos\pi z}{\sin\pi z},ai\right)+\mathrm{Res}\left(\frac{1}{z^2+a^2}\frac{\cos\pi z}{\sin\pi z},-ai\right)\\&=\sum_{k=-n}^{n}\frac{1}{\pi(k^2+a^2)}+\frac{1}{2ai}\frac{\cos a\pi\mathrm{i}}{\sin a\pi\mathrm{i}}+\frac{1}{2ai}\frac{\cos a\pi\mathrm{i}}{\sin a\pi\mathrm{i}}\\&=\sum_{k=-n}^{n}\frac{1}{\pi(k^2+a^2)}+\frac{1}{a}\cdot\frac{\mathrm{e}^{-a\pi}+\mathrm{e}^{a\pi}}{\mathrm{e}^{-a\pi}-\mathrm{e}^{a\pi}}.\end{aligned}$$

另一方面, 前面的讨论告诉我们

$$\left|\frac{1}{2\pi\mathrm{i}}\int_{C_n}f(z)\cot\pi z\mathrm{d}z\right|\leqslant\frac{M}{(n^2-a^2)}8\left(n+\frac{1}{2}\right)=\frac{8n+4}{n^2-a^2}M\to0,$$

从而得

$$\sum_{n=-\infty}^{+\infty}\frac{1}{n^2+a^2}=\frac{\pi}{a}\frac{\mathrm{e}^{a\pi}+\mathrm{e}^{-a\pi}}{\mathrm{e}^{a\pi}-\mathrm{e}^{-a\pi}}.$$

第 5 章习题

1. 求下列函数在指定点的残数.

(1) $\dfrac{z}{(z+1)(z-1)}, z=1, z=\infty$;

(2) $\dfrac{\sin\alpha z}{z^2\sin\beta z}(\alpha\neq0,\beta\neq0), z=0$;

(3) $\sqrt{\dfrac{z-a}{z-b}}(a\neq b), z=\infty$;

(4) $\mathrm{e}^{\frac{1}{z-1}}, z=1, z=\infty$;

(5) $\dfrac{\cot\pi z}{z^3}, z=k, k=0,\pm1,\pm2,\cdots$.

2. 求下列积分.

(1) $\displaystyle\int_{|z|=2}\frac{\mathrm{e}^{zt}}{1+z^2}\mathrm{d}z$;

(2) $\displaystyle\int_{|z|=1}\frac{\mathrm{d}z}{z^3(z-2)}$;

(3) $\displaystyle\int_{|z|=2}\frac{z}{\frac{1}{2}-\sin^2 z}\mathrm{d}z$;　　(4) $\displaystyle\int_{|z|=2}\frac{\cos\frac{1}{z}}{z^2(z^2+1)}\mathrm{d}z$.

3. 设 $z_n=\left(n+\frac{1}{2}\right)\pi$, $f(z)$ 在 $z=z_n$ 解析, $f(z_n)=0$, 求证:

$$\mathrm{Res}\left(\frac{f(z)}{\cos^2 z},z_n\right)=f'(z_n).$$

4. 设 $f(z)$ 在点 $z=a$ 解析, $f(a)=0, f'(a)\neq 0$, 求积分

$$\int_{|z-a|=\rho}\frac{1}{f(z)}\mathrm{d}z,$$

其中 ρ 充分小.

5. 设 $f(z)=\dfrac{\sin z}{1+z^2}$, $C:|z|=4$, 求 $\Delta_C\arg f(z)$.

6. 设 $f(z)$ 在 $|z|\leqslant 1$ 上解析, $|f(z)|<1$, 求证 $f(z)-z$ 在 $|z|<1$ 内有且仅有一个单级零点.

7. 试证明方程

$$\mathrm{e}^{z-\lambda}=z,\quad \lambda>1$$

在单位圆内有一个根, 且是实根.

8. 方程 $z^4-8z+10=0$ 在 $1<|z|<3$ 内有几个根?

9. 设 $f(z)$ 在区域 D 上解析, $f'(z_0)=0, z_0\in D$. 证明: $f(z)$ 在 D 内不单叶解析.

10. 求下列积分值.

(1) $\displaystyle\int_0^{\pi}\frac{\mathrm{d}\theta}{3+\cos\theta}$;

(2) $\displaystyle\int_0^{2\pi}\frac{\cos 5\theta}{(a+\cos\theta)^2}\mathrm{d}\theta,\ a>1$;

(3) $\displaystyle\int_0^{\pi}\tan(\theta+\mathrm{i}a)\mathrm{d}\theta,\ a>0$;

(4) $\displaystyle\int_{-\infty}^{+\infty}\frac{\cos 2x}{(x^2+\alpha^2)(x^2+\beta^2)}\mathrm{d}x,\ 0<\alpha<\beta$;

(5) $\displaystyle\int_0^{+\infty}\frac{x\sin mx}{1+x^2}\mathrm{d}x$;

(6) $\displaystyle\int_0^{+\infty}\frac{x^{p-1}}{(1+x^2)(4+x^2)^2}\mathrm{d}x,\ 0<p<1$.

11. 从 $\displaystyle\int_C\frac{\mathrm{e}^{\mathrm{i}z}}{\sqrt{z}}\mathrm{d}z$ 出发, 证明:

$$\int_0^{+\infty}\frac{\cos x}{\sqrt{x}}\mathrm{d}x=\int_0^{+\infty}\frac{\sin x}{\sqrt{x}}\mathrm{d}x=\sqrt{\frac{\pi}{2}},$$

其中路径 C 如图 5.8 所示.

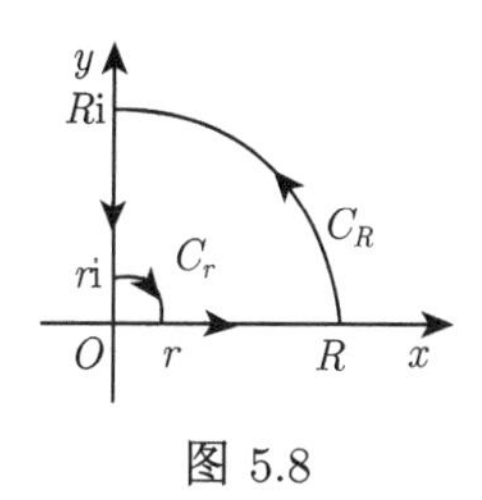

图 5.8

12. 计算积分 (Poisson 积分):

$$\int_0^{+\infty} \mathrm{e}^{-x^2}\cos 2bx\mathrm{d}x, \quad b>0.$$

$\left(\text{提示, 设 } f(z)=\mathrm{e}^{-z^2}, \text{路径 } \varGamma \text{ 如图 5.9 所示, 考虑 } \int_\varGamma f(z)\mathrm{d}z.\right)$

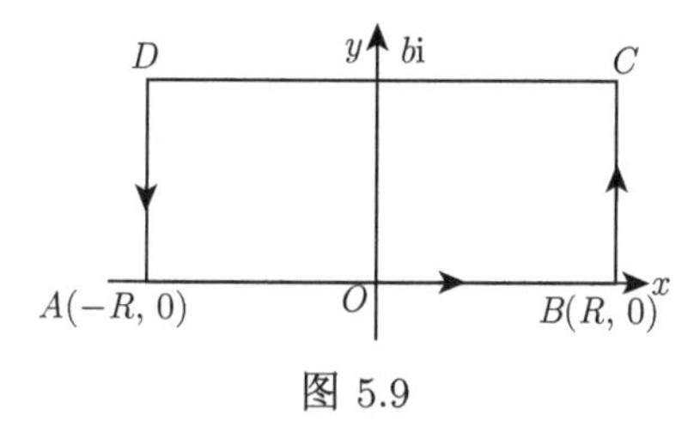

图 5.9

13. 求级数 $\sum\limits_{n=-\infty}^{+\infty}\dfrac{1}{(n+\alpha)^2}$ 的值, 其中 α 不为整数.

14. 试用保域性定理证明最大模定理.

15. 设 $w=w_0$ 是 $g(w)$ 的一个本性奇点, $f(z)$ 在点 z_0 解析, $f(z)$ 不恒为常数. 求证 z_0 是 $g(f(z))$ 的一个本性奇点.

第6章 解析开拓

设 $f(z)$ 在区域 D 上解析, 能否找到较 D 更大的区域 G 以及 G 上的解析函数 $F(z)$, 使得 $F(z)$ 在 D 上与 $f(z)$ 恒等, 这就是本章所要讨论的主要问题.

6.1 解析开拓的基本概念与幂级数方法

1. 解析开拓的基本概念

我们将 D 上的解析函数 $f(z)$ 写成 (f, D), 并称之为一个解析元素.

定义 6.1 设 $(f_i, D_i)(i=1,2)$ 为两个解析元素, 若满足

(1) $D_1 \cap D_2 \neq \varnothing$.

(2) 当 $z \in D_1 \cap D_2$ 时, $f_1(z) = f_2(z)$,

则称 (f_2, D_2) 是 (f_1, D_1) 的一个直接解析开拓, 记为

$$(f_1, D_1) \sim (f_2, D_2).$$

注 关系 "$\sim$" 不是等价关系.

由定义和唯一性定理可得直接解析开拓是唯一的, 并且

$$F(z) = \begin{cases} f_1(z), & z \in D_1, \\ f_2(z), & z \in D_2 \end{cases}$$

是 $D_1 \cup D_2$ 的一个解析函数.

若 $(f_1, D_1) \sim (f_2, D_2)$, $(f_2, D_2) \sim (f_3, D_3)$, $\cdots$, $(f_{n-1}, D_{n-1}) \sim (f_n, D_n)$, 称 $(f_1, D_1), (f_2, D_2), \cdots, (f_n, D_n)$ 为解析元素链, (f_n, D_n) 是 (f_1, D_1) 的一个解析开拓. 当然, (f_1, D_1) 也是 (f_n, D_n) 的一个解析开拓. 注意, 解析开拓并不一定是直接解析开拓.

例 1 设

$$f_1(z) = \sum_{n=0}^{\infty} (-1)^n (z-1)^n, \quad z \in D_1 = \{z \mid |z-1| < 1\},$$

$$f_2(z) = \frac{1}{\mathrm{i}} \sum_{n=0}^{\infty} (-1)^n \left(\frac{z-\mathrm{i}}{\mathrm{i}}\right)^n, \quad z \in D_2 = \{z \mid |z-\mathrm{i}| < 1\},$$

$$f_3(z)=\sum_{n=0}^{\infty}(-1)^n(z+1)^n,\quad z\in D_3=\{z|\,|z+1|<1\}\quad (\text{图 } 6.1).$$

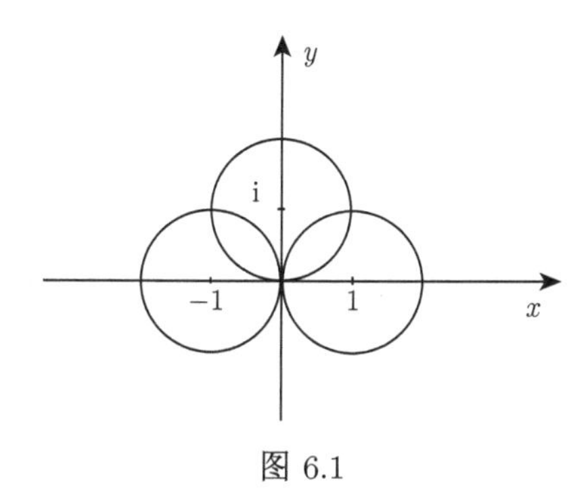

图 6.1

易知, $f_1(z),f_2(z),f_3(z)$ 分别在区域 D_1,D_2,D_3 内的取值为 $\dfrac{1}{z}$. 再由区域 D_1,D_2,D_3 之间的关系可以看出:

(1) 解析元素 $(f_1(z),D_1)$ 与 $(f_2(z),D_2)$ 互为直接解析开拓, $(f_2(z),D_2)$ 与 $(f_3(z),D_3)$ 互为直接解析开拓.

(2) $(f_1(z),D_1)$ 与 $(f_3(z),D_3)$ 互为解析开拓, 但并不是互为直接解析开拓, 因为 $D_1\cap D_3$ 为空集.

2. 幂级数的开拓法

解析开拓最基本的方法是借助于幂级数. 设 $f(z)$ 在 $|z-z_0|<R$ 上解析, 由 Taylor 定理, $f(z)$ 在 $z=z_0$ 的幂级数为

$$f(z)=\sum_{n=0}^{\infty}c_n(z-z_0)^n,\quad |z-z_0|<R. \tag{6.1}$$

那么 $f(z)$ 能否在更大的区域中解析呢?

在圆周 $|z-z_0|=R$ 上任取一点 z^*, 在直线段 z_0z^* 内部取一定点 z_1, 显然 $f(z)$ 在点 z_1 解析, 可以展开成幂级数

$$f(z)=\sum_{n=0}^{\infty}b_n(z-z_1)^n, \tag{6.2}$$

(6.2) 式的收敛半径 R_1 至少是 $R-|z_0-z_1|$. 若

(1) $R_1=R-|z_0-z_1|$, 则 $z=z^*$ 是 $f(z)$ 的一个奇点, 也就是说 $f(z)$ 不能通过 $z=z^*$ 解析开拓出去.

(2) $R_1>R-|z_0-z_1|$, 则 $z=z^*$ 是 $f(z)$ 的一个解析点, 解析元素 $(f,D_R(z_0))$ 与 $(f,D_{R_1}(z_1))$ 构成了一个直接解析开拓, 也就是说, $f(z)$ 在 $D_R(z_0)\cup D_{R_1}(z_1)$ 上解析. 这里 $D_R(z_0)=\{z||z-z_0|<R\}$, $D_{R_1}(z_1)=\{z||z-z_1|<R_1\}$.

若 $f(z)$ 在收敛圆周上的每一点都不能解析开拓, 我们称此圆周是自然边界.

例 2 讨论 $f(z)=\sum\limits_{n=0}^{\infty} z^n$ 在圆周 $|z|=1$ 的开拓情况.

解 当在 $|z|=1$ 上取一点 $z=\mathrm{e}^{\mathrm{i}\theta}$, 然后在线段 $\overline{Oz}$ 内取一点 $z_1=r\mathrm{e}^{\mathrm{i}\theta}$, $0<r<1$, 则 $f(z)=\dfrac{1}{1-z}(|z|<1)$ 在 $z=z_1$ 所展开的幂级数为

$$\sum_{n=0}^{\infty}\frac{f^{(n)}(z_1)}{n!}(z-z_1)^n=\sum_{n=0}^{\infty}\frac{(z-z_1)^n}{(1-z_1)^{n+1}},$$

其收敛半径为 $R_1=|1-z_1|$.

当 $0<\theta<2\pi$ 时, $R_1=|1-r\mathrm{e}^{\mathrm{i}\theta}|>1-r$, 则 $f(z)$ 可以从 $z=\mathrm{e}^{\mathrm{i}\theta}$ 开拓出去.

当 $\theta=0$ 时, $R_1=1-r$, 则 $f(z)$ 不能从 $z=1$ 开拓出去, 也就是说, $z=1$ 是 $f(z)$ 的一个奇点.

例 3 设 $f(z)=\sum\limits_{n=1}^{\infty} z^{n!}$, 证明: 收敛圆周 $|z|=1$ 是 $f(z)$ 的自然边界.

证 首先, 取 $z=$ 实数, 当 $z\to 1^-$ 时,

$$\lim_{x\to 1^-} f(x)=+\infty.$$

这就说明 $z=1$ 是 $f(z)$ 的一个奇点.

其次, 当 $z^*=\mathrm{e}^{\mathrm{i}\frac{2p\pi}{q}}$ 时, 令 $z=r\mathrm{e}^{\mathrm{i}\frac{2p\pi}{q}}, 0<r<1$, 则

$$\begin{aligned}f(z)=&z+z^2+z^6+\cdots+z^{(q-1)!}+z^{q!}+\cdots\\=&r\mathrm{e}^{\frac{2p\pi}{q}\mathrm{i}}+r^2\mathrm{e}^{\frac{2\cdot 2!p\pi}{q}\mathrm{i}}+r^{3!}\mathrm{e}^{\frac{2\cdot 3!p\pi}{q}\mathrm{i}}+\cdots+r^{q!}\mathrm{e}^{\frac{2\cdot q!p\pi}{q}\mathrm{i}}+\cdots,\end{aligned}$$

从而

$$\lim_{r\to 1^-} f(r\mathrm{e}^{\frac{2p\pi}{q}\mathrm{i}})=\infty.$$

所以 $z^*=\mathrm{e}^{\frac{2p\pi}{q}\mathrm{i}}$ 是 $f(z)$ 的奇点. 又因为集合

$$\left\{\mathrm{e}^{\frac{2p\pi}{q}\mathrm{i}}\middle|p,q\text{为正整数}\right\}$$

在 $|z|=1$ 上稠密, 从而 $|z|=1$ 上的每点均是奇点, $|z|=1$ 是自然边界.

3. 完全解析函数

前面我们讨论了解析元素链的概念. 一般地, 若 $(f_k,D_k)(k=1,2,\cdots,n)$ 为一

解析元素链, 则这些解析元素全体确定一个解析函数 $F(z)$:

$$F(z)=\begin{cases} f_1(z), & z\in D_1,\\ \cdots\cdots & \\ f_n(z), & z\in D_n,\\ f_1(z)=f_2(z), & z\in D_1\cap D_2,\\ \cdots\cdots & \\ f_{n-1}(z)=f_n(z), & z\in D_{n-1}\cap D_n, \end{cases}$$

它的定义域为各元素的定义域的并集 $D=D_1+\cdots+D_n$. 一般情况下, 函数 $F(z)$ 可能是单值的也可能是多值的. 因为, 由解析元素链的定义 (f_1,D_1) 与 (f_2,D_2) 互为直接解析开拓, 则由定义 6.1 后面的讨论知在 $D_1\cup D_2$ 上有唯一确定的解析函数 $F(z)$. 又 (f_2,D_2) 与 (f_3,D_3) 也互为直接解析开拓, 若 D_3 与 D_1 相交, 但 (f_3,D_3) 却不是 (f_1,D_1) 的直接解析开拓. 在这种情况下, $\{D_k\}_{k=1}^3$ 就出现了不同层次的重叠现象, 在重叠的部分, 同一个点就要被多个函数 $f_k(z)(1\leqslant k\leqslant 3)$ 在该点取值. 因此, 解析元素链 $\{(f_1,D_1),(f_2,D_2),(f_3,D_3)\}$ 确定的函数 $F(z)$ 就是一个多值解析函数.

一个解析元素 (f,D) 的全部解析开拓形成一个集, 这个集称为解析元素 (f,D) 所生成的**完全解析函数**, (f,D) 的全部解析开拓的定义域的并集称为完全解析函数的**存在区域**. 因此, 一个完全解析函数的存在区域显然不能再扩大了, 存在区域的边界就是完全解析函数的自然边界.

例 4 由 2.5 节知, 对数函数

$$w=\mathrm{Ln}z=\ln|z|+\mathrm{iArg}z\quad(z\neq 0)$$

在一个区域内的连续分支就是它在该区域内的解析分支. 若依次分别取 $w=\mathrm{Ln}z$ 在下半平面、右半平面、上半平面及左半平面内的解析分支为

$$f_n(z)=\ln|z|+\mathrm{iarg}z\quad\left(-\pi+n\cdot\frac{\pi}{2}<\mathrm{arg}z<\pi+n\cdot\frac{\pi}{2}\right),$$

这些函数的定义域记为 $D_n=\left\{z\,\middle|\,-\pi+n\cdot\dfrac{\pi}{2}<\arg z<\pi+n\cdot\dfrac{\pi}{2}\right\}$, $n=0,\pm1,\pm2,\cdots$, 则在 D_n 与 D_{n+1} 的公共区域内 $f_n(z)=f_{n+1}(z)$, 且

$$\cdots,(f_{-k},D_{-k}),\cdots,(f_{-1},D_{-1}),\ (f_0,D_0),\ (f_1,D_1),\cdots,(f_k,D_k),\cdots$$

为一解析元素链, 它们确定一个解析函数, 即对数函数 $w=\mathrm{Ln}z$ 是一个多值解析函数.

例 5　对解析元素 $\left(\sum_{n=0}^{\infty} z^n, |z|<1\right)$, 按照幂级数开拓法, 并沿收敛圆半径的所有可能的方向都进行开拓, 得到该解析元素的直接解析开拓, 然后再对得到的解析元素, 继续按照幂级数开拓法进行下去, 最后得到完全解析函数 $F(z)=\dfrac{1}{1-z}$, 其存在区域为整个复平面除去 $z=1$ 后的区域, $z=1$ 为它的自然边界.

6.2　对称原理

6.1 节介绍了解析开拓的一些基本概念以及有相交区域的解析元素的直接解析开拓. 现在我们着手讨论其他什么样的函数一定是可以解析开拓的.

1. 连续开拓定理

定理 6.1(连续开拓定理)　设 $(f_1(z), D_1), (f_2(z), D_2)$ 为两个解析元素, 满足

(1) $D_1 \cap D_2 = \varnothing$, 但有一段公共边界, 扣除该段边界的端点所剩的开弧记为 $\varGamma$.

(2) $f_i(z)$ 在 $D_i \cup \varGamma$ 上连续 $(i=1,2)$, 并且

$$f_1(z)=f_2(z), \quad z\in \varGamma.$$

则函数

$$F(z)=\begin{cases} f_1(z), & z\in D_1,\\ f_2(z), & z\in D_2,\\ f_1(z)=f_2(z), & z\in \varGamma \end{cases}$$

在 $D_1\cup D_2\cup \varGamma$ 解析.

证　因为由条件可知, $F(z)$ 在 $D_1\cup D_2\cup \varGamma$ 连续, 所以只要证明, 对于区域 $D_1\cup D_2\cup \varGamma$ 上的任何一条围线 C, $\int_C f(z)\mathrm{d}z=0$.

(1) 若 C 完全含在 $D_1\cup \varGamma$ 或 $D_2\cup \varGamma$ 内, 由 Cauchy 积分定理即可得到所要的结论.

(2) 若 C 被 $\varGamma$ 分成两段 (图 6.2), 则

$$\int_C f(z)\mathrm{d}z=\int_{\widehat{ACBA}} f(z)\mathrm{d}z+\int_{\widehat{BDAB}} f(z)\mathrm{d}z=0.$$

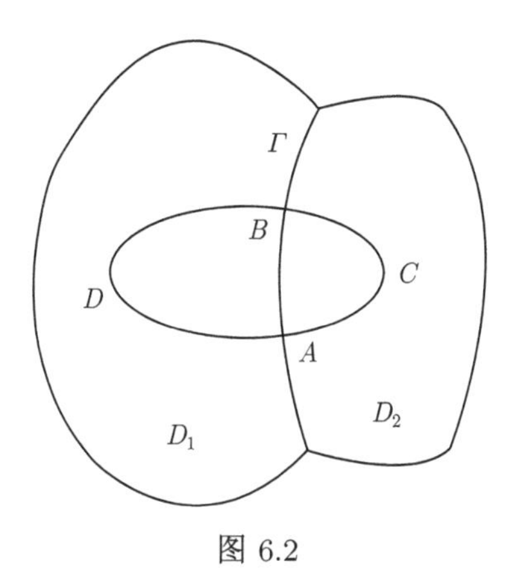

图 6.2

2. 对称原理

定理 6.2 设 D 是上半平面上的一个区域, 它的边界包含了实轴上的一条线段 l, D^* 是 D 关于实轴的对称区域. 若 $f(z)$ 在区域 D 上解析, 在 $D\cup l$ 连续, 并且 $f(z)$ 在 l 上取实数, 那么

$$F(z)=\begin{cases} f(z), & z\in D\cup l,\\ \overline{f(\overline{z})}, & z\in D^*\end{cases}$$

在 $D\cup D^*\cup l$ 上解析.

证 由定理 6.1, 只需证明 $F(z)$ 在 D^* 上解析即可.

对于任一 $z_0\in D^*, \overline{z_0}\in D$

$$\lim_{z\to z_0}\frac{F(z)-F(z_0)}{z-z_0}=\lim_{\overline{z}\to\overline{z_0}}\left[\overline{\frac{f(\overline{z})-f(\overline{z_0})}{\overline{z}-\overline{z_0}}}\right]=\overline{f'(\overline{z_0})},$$

即

$$F'(z_0)=\overline{f'(\overline{z}_0)}.$$

利用线性变换保对称点的性质, 不难将定理 6.2 作如下的推广.

定理 6.3 设区域 D_1, D_2 为关于圆弧 (直线段)l 对称的两个区域, 分别位于 l 的两侧, 并且 l 含在 D_1 与 D_2 的公共边界. 若 $f(z)$ 在 D_1 上解析, $D_1\cup l$ 上连续, 并且 l 在 f 的像 $l^*=f(l)$ 也是圆弧 (或直线段), 那么存在 $D_1\cup D_2\cup l$ 上的一个解析函数 $F(z)$, 且当 $z\in D_1$ 时, $f(z)=F(z)$. 我们也称 $f(z)$ 透过弧段 l 开拓到 D_2 上.

证 设 $\xi=\xi(z)$ 与 $\eta=\eta(w)$ 是两个分式线性变换, 其中 $\xi(l)$ 与 $\eta(l^*)$ 分别是 ξ 平面和 η 平面实轴上的一直线段, 由线性变换的保对称性, $\xi(D_1)$ 与 $\xi(D_2)$ 关于实轴对称, 而直线段 $\xi(l)$ 是它们的公共边界. 以 $\xi=\xi(z)$ 表示 $z=z(\xi)$ 的反函数,

显然有 $z(\xi)$ 在 $\xi(D_1)$ 上解析, 在 $\xi(D_1)\cup\xi(l)$ 上连续, 且 $\eta(f(z(\xi)))$ 将 $\xi(l)$ 映射到 $\eta(l^*)$. 令

$$F^*(\xi)=\begin{cases}\eta(f(z(\xi))), & \xi\in\xi(D_1)\cup\xi(l),\\ \overline{\eta(f(z(\bar{\xi})))}, & \xi\in\xi(D_2).\end{cases}$$

根据定理 6.2, $F^*(\xi)$ 在 $\xi(D_1)\cup\xi(D_2)$ 上解析, 并且当 $\xi\in\xi(l)$ 时,

$$\overline{\eta(f(z(\bar{\xi})))}=\eta(f(z(\xi))).$$

由定理 6.1, $F^*(\xi)$ 在 $\xi(D_1)\cup\xi(D_2)\cup\xi(l)$ 上解析, 从而

$$F(z)=\begin{cases}\eta^{-1}(F^*(z))=f(z), & z\in D_1\cup l,\\ \eta^{-1}(F^*(z)), & z\in D_2\end{cases}$$

在 $D_1\cup D_2\cup l$ 上解析.

6.3 单值性定理

设 $a\in\mathbb{C}, f(z)$ 在点 $z=a$ 解析, 它的幂级数展式为

$$f(z)=c_0+c_1(z-a)+\cdots+c_n(z-a)^n+\cdots,$$

收敛半径为 R_a. 我们称有序对 $(f(z),a)$ 为正则函数元.

为方便讨论, 设 $B(a,R_a)=\{z||z-a|<R_a\}$.

定义 6.2 两个正则函数元 $(f_1(z),a),(f_2(z),b)$ 满足

(1) $B(a,R_a)\cap B(b,R_b)\neq\varnothing$.

(2) $f_1(z)=f_2(z), z\in B(a,R_a)\cap B(b,R_b)$.

称函数元 $(f_2(z),b)$ 是函数元 $(f_1(z),a)$ 的一个直接解析开拓.

显然, 若 $(f_2(z),b),(g(z),b)$ 均是 $(f_1(z),a)$ 的一个直接解析开拓, 则 $f_2(z)=g(z)$. 这表明, 直接解析开拓是唯一的.

定义 6.3 设曲线

$$C:\gamma=\gamma(t),\quad \alpha\leqslant t\leqslant\beta;\quad \gamma(\alpha)=a,\quad \gamma(\beta)=b,$$

并设在 $z=a$ 有一个正则函数元 $(f_0(z),a)$. 若在 C 上存在依次的 $n-1$ 个点,

$$a=a_0,a_1,\cdots,a_n=b,$$

以及正则函数元 $(f_i(z),a_i), i=1,2,\cdots,n$, 使得

(1) $B(a_0,R_0)\cup B(a_1,R_1)\cup\cdots\cup B(a_n,R_n)$ 覆盖了曲线 C.

(2) $(f_i(z),a_i)$ 是 $(f_{i-1}(z),a_{i-1})$ 的一个直接解析开拓 $(i=1,2,\cdots)$.

称正则函数元 $(f_0(z),a)$ 可以沿曲线 C 解析开拓, $(f_n(z),b)$ 是 $(f_0(z),a)$ 开拓到 b 点的正则函数元. 同时也称

$$(f_0(z),a_0),(f_1(z),a_1),\cdots,(f_n(z),b)$$

为一正则元素链.

显然, 该链中的每一元素均为 $(f_0(z),a_0)$ 的一个解析开拓. 这种开拓的方式只与 $(f_0(z),a)$ 及曲线 C 有关, 而与正则函数元的选取无关.

定理 6.4(单值性定理) 设 D 是单连通区域, $a\in D, f(z)$ 在 $z=a$ 解析, 并且对 D 内的任何点 b, (f,a) 可沿 D 内的任何以 a 为起点、b 为终点的曲线开拓至 b 点, 那么 (f,a) 可单值地开拓到整个区域 D 上.

这个定理的证明较为复杂, 故略.

例 6 设 D 是单连通区域, 且解析函数 $f(z)$ 在 D 内不取零, 证明:

$$f(z)=\mathrm{e}^{g(z)},$$

其中 $g(z)$ 在 D 上解析.

证 对一点 $a\in D$, 存在 a 的一个邻域 U, 使 $\mathrm{Ln}f(z)$ 在 U 内解析 (取定一个分支).

对 D 内任何点 b, 任何以 a 为起点、b 为终点的曲线 $(\mathrm{Ln}f(z),a)$ 沿曲线 C 可开拓至 $b(f(z)\neq 0)$. 又因 D 是单连通区域, 故由单值性定理, 存在 D 上的解析函数 $g(z)$, 满足

$$g(z)=\mathrm{Ln}f(z),\quad z\in U.$$

因为

$$f(z)=\mathrm{e}^{\mathrm{Ln}f(z)}=\mathrm{e}^{g(z)},\quad z\in U,$$

由唯一性定理

$$f(z)=\mathrm{e}^{g(z)},\quad z\in D.$$

6.4 Γ 函 数

Γ 函数是经典分析中重要的函数, 该函数有多种引进方式, 每种都有各自的便利. 作为解析开拓的一个应用, 我们将实分析中大家熟悉的 Γ 函数开拓到复数域作为 Γ 函数的引进.

1. Γ 函数

定义 Γ 函数为

$$\Gamma(z)=\int_0^{+\infty}\mathrm{e}^{-t}t^{z-1}\mathrm{d}t,\quad z\text{为复数},$$

其中 t^z 表示定义在割破负实轴的 z 平面上的单值函数. 在右半平面 $\mathrm{Re}z>0$ 内 $\int_0^{+\infty}\mathrm{e}^{-t}t^{z-1}\mathrm{d}t$ 是收敛的, 这是因为, 若记 $z=x+\mathrm{i}y$, 则 $|\mathrm{e}^{-t}t^{z-1}|=\mathrm{e}^{-t}t^{x-1}$, 而 $\int_0^{+\infty}\mathrm{e}^{-t}t^{x-1}\mathrm{d}t$ 在 $x>0$ 时收敛, 故在 $\mathrm{Re}z>0$ 内 $\int_0^{+\infty}\mathrm{e}^{-t}t^{z-1}\mathrm{d}t$ 绝对收敛. 而且可以证明 $\Gamma(z)$ 在右半平面内也是解析的. 其解析性的证明如下:

(1) $\int_0^{+\infty}\mathrm{e}^{-t}t^{z-1}\mathrm{d}t$ 在形如 $D=\{z|0<a\leqslant\mathrm{Re}z\leqslant b<+\infty\}$ 的区域上是一致收敛的.

作一个与 z 无关的函数

$$M(t)=\begin{cases}\mathrm{e}^{-t}t^{a-1}, & 0<t\leqslant 1,\\ \mathrm{e}^{-t}t^{b-1}, & t>1,\end{cases}$$

其中 $0<a<b<+\infty$. 显然, 积分 $\int_0^{+\infty}M(t)\mathrm{d}t$ 收敛. 注意到在 $D=\{z|a\leqslant\mathrm{Re}z\leqslant b\}$ 上 $|\mathrm{e}^{-t}t^{z-1}|\leqslant M(t)$, 故 $\int_0^{+\infty}\mathrm{e}^{-t}t^{z-1}\mathrm{d}t$ 在 D 上是一致收敛的.

(2) 对任意的 $z_0\in G=\{z|\mathrm{Re}z>0\}$, $\Gamma(z)$ 在点 z_0 解析.

作包含 z_0 的开圆域 E 使 E 的闭包 $\overline{E}$ 包含在形如 $D=\{z|0<a\leqslant\mathrm{Re}z\leqslant b<+\infty\}$ 的集合中. 令

$$f_n(z)=\int_n^{n+1}\mathrm{e}^{-t}t^{z-1}\mathrm{d}t,\quad z\in E,$$

则 $f_n(z)$, $n=0,1,2,\cdots$ 在 E 内解析, 且

$$\Gamma(z)=\sum_{n=1}^{\infty}f_n(z).$$

由前面的结论 (1) 知, $\sum\limits_{n=1}^{\infty}f_n(z)$ 在 E 上内闭一致收敛于 $\Gamma(z)$. 利用定理 4.4 立即得到 $\Gamma(z)$ 在 E 内解析. 由 z_0 的任意性, $\Gamma(z)$ 在右半平面内解析.

2. Γ 函数的开拓

由分部积分得

$$\Gamma(z+1)=\int_0^{+\infty}\mathrm{e}^{-t}t^z\mathrm{d}t=-\mathrm{e}^{-t}t^z\Big|_{t=0}^{+\infty}+z\int_0^{+\infty}\mathrm{e}^{-t}t^{z-1}\mathrm{d}t=z\Gamma(z).$$

反复利用上式得到

$$\Gamma(z+n)=(z+n-1)\Gamma(z+n-1)=z(z+1)\cdots(z+n-1)\Gamma(z),\quad n=1,2,\cdots. \tag{6.3}$$

特别地, 令 $z=1$,

$$\Gamma(1)=1,\quad \Gamma(n+1)=n!.$$

可见, 函数 $\Gamma(z)$ 是阶乘的推广. 由 (6.3) 得

$$\Gamma(z)=\frac{\Gamma(z+1)}{z}=\frac{\Gamma(z+2)}{z(z+1)}=\cdots=\frac{\Gamma(z+n+1)}{z(z+1)\cdots(z+n)}.$$

如果定义函数

$$f(z)=\frac{\Gamma(z+n+1)}{z(z+1)\cdots(z+n)},$$

则 $f(z)$ 在区域 $D=\{z|\mathrm{Re}z>-(n+1),z\neq 0,-1,-2,\cdots,-n\}$ 内有意义, 且在 D 内解析.

记 $G=\{z|\mathrm{Re}z>0\}$, 则 $G\subset D$ 且在 G 内 $f(z)=\Gamma(z)$, 因此 $(f(z),D)$ 是 $(\Gamma(z),G)$ 的直接解析开拓. 因此, 我们可以将 Γ 函数开拓到复平面上, 表示成

$$\Gamma(z)=\frac{\Gamma(z+n+1)}{z(z+1)\cdots(z+n)}.$$

由于 n 的任意性, 可以认为 $\Gamma(z)$ 在整个 z 平面上除去点 $z=0,-1,-2,\cdots,-n,\cdots$ 外有定义且解析.

3. Γ 函数的基本性质

(1) $\Gamma(z)$ 以点 $z=0,-1,-2,-3,\cdots$ 为一级极点.

这是因为 $\lim\limits_{z\to-n}(z+n)\Gamma(z)=(-1)^n\dfrac{\Gamma(1)}{n!}$, $n=0,1,2,\cdots$.

(2) 余元公式: $\Gamma(z)\Gamma(1-z)=\dfrac{\pi}{\sin\pi z}$. 特别地, 令 $z=\dfrac{1}{2}$ 得到 $\Gamma\left(\dfrac{1}{2}\right)=\sqrt{\pi}$.

证 注意到积分

$$\Gamma(z)=\int_0^{+\infty}\mathrm{e}^{-t}t^{z-1}\mathrm{d}t$$

和

$$\Gamma(1-z)=\int_0^{+\infty}\mathrm{e}^{-s}s^{-z}\mathrm{d}s$$

在带形区域 $0<\mathrm{Re}z<1$ 内绝对收敛. 而

$$\Gamma(z)\Gamma(1-z)=\int_0^{+\infty}\int_0^{+\infty}\mathrm{e}^{-(t+s)}\left(\frac{t}{s}\right)^z t^{-1}\mathrm{d}t\mathrm{d}s.$$

作变换 $\xi=t+s,\ \eta=\dfrac{t}{s}$, 则 ξ,η 都从 0 变到 $+\infty$, 相应的雅可比行列式的绝对值为

$$\left|\frac{\partial(t,s)}{\partial(\xi,\eta)}\right|=\left|\frac{\partial(\xi,\eta)}{\partial(t,s)}\right|^{-1}=\frac{\xi}{(1+\eta)^2}.$$

于是

$$\Gamma(z)\Gamma(1-z)=\int_0^{+\infty}\mathrm{e}^{-\xi}\mathrm{d}\xi\int_0^{+\infty}\frac{\eta^{z-1}}{1+\eta}\mathrm{d}\eta=\int_0^{+\infty}\frac{\eta^{z-1}}{1+\eta}\mathrm{d}\eta=\frac{\pi}{\sin\pi z}.\tag{6.4}$$

最后一个等式用到了第 5 章例 18. 因此, 在带形域 $0<\mathrm{Re}z<1$ 内余元公式成立.

另一方面, (6.4) 式两端都是在 z 平面上除去点 $z=0,\pm1,\pm2,\pm3,\cdots$ 外的区域上解析, 因此由解析开拓原理, 等式

$$\Gamma(z)\Gamma(1-z)=\frac{\pi}{\sin\pi z}$$

在整个 z 平面上除了点 $z=0,\pm1,\pm2,\pm3,\cdots$ 外都成立.

第 6 章习题

1. 设

$$f_1(z)=z-\frac{1}{2}z^2+\frac{1}{3}z^3-\frac{1}{4}z^4-\cdots,\quad |z|<1,$$

求证函数

$$f_2(z)=\ln2-\frac{1-z}{2}-\frac{(1-z)^2}{2\cdot2^2}-\frac{(1-z)^3}{3\cdot2^3}-\cdots,\quad |z-1|<2$$

是 $f_1(z)$ 的解析开拓.

2. 设 $P(x_0,x_1,\cdots,x_n)$ 是复 $n+1$ 元多项式, 函数元 (f,D_1) 是 (g,D_2) 的一个直接解析开拓, 若

$$P(f(z),f'(z),\cdots,f^{(n)}(z))\equiv0,\quad z\in D_1,$$

求证

$$P(g(z),g'(z),\cdots,g^{(n)}(z))\equiv0,\quad z\in D_2.$$

3. 求证 $|z|=1$ 是函数 $f(z)=\sum\limits_{n=0}^{\infty}z^{2n}$ 的自然边界.

4. 设 $f(z)$ 为单连通区域 D 上的解析函数, $f(z)\neq0$, 求证存在 D 上的解析函数 $g(z)$, 使

$$f(z)=g^2(z).$$

若 D 是多连通区域, 试举一例, 结论不成立.

5. 设 $f(z)=\sqrt[3]{z(z-1)}$ 且 $f(2)>0$, 试找一条以 $z=2$ 为起点、$z=2$ 为终点的路径 γ, 使得解析函数元 $(f(z),2)$ 沿 γ 解析开拓至 $z=2$ 时的解析元素为 $(\mathrm{e}^{-\frac{2\pi}{3}\mathrm{i}}f(z),2)$(开拓方向为逆时针方向).

6. 证明: $\displaystyle\int_1^{+\infty} x^{-2}(\ln x)^p\mathrm{d}x=\Gamma(p+1),\ p>-1.$

7. 利用 $\Gamma\left(\dfrac{1}{2}\right)=\sqrt{\pi}$, 证明 $\displaystyle\int_0^{+\infty}\mathrm{e}^{-x^2}\mathrm{d}x=\frac{\sqrt{\pi}}{2}.$

第 7 章　正规族与 Riemann 映射定理

在数学分析中我们已经知道, 有界点列必有收敛的子列. 本章中我们把这一性质推广到解析函数族上, 研究解析函数族所具有的类似性质. 作为应用, 讨论单连通区域上共形映射的基本定理, 并给出 Picard 定理的证明.

7.1　正规族的定义与 Montel 定理

为了讨论 Montel 定理, 我们需要下面的概念.

定义 7.1　设 $\mathcal{F}$ 是区域 D 上的一个函数族, 如果存在常数 M, 使得对任意的 $f \in \mathcal{F}$ 及 $z \in D$ 都有 $|f(z)| \leqslant M$, 则称 $\mathcal{F}$ 在 D 上是一致有界的. 如果对任意的闭集 $K \subset D$, 存在 (与 K 有关的) 常数 M_1, 使得对任意的 $f \in \mathcal{F}$ 及 $z \in K$ 都有 $|f(z)| \leqslant M_1$, 则称 $\mathcal{F}$ 在 D 上是内闭一致有界的.

显然, 在 D 上是一致有界的函数族一定是内闭一致有界的, 反之不真.

定义 7.2　设 $\mathcal{F}$ 是区域 D 上的一个函数族, 如果对任意的 $\varepsilon > 0$, 存在 $\delta > 0$, 当 $z_1, z_2 \in D$ 且 $|z_1 - z_2| < \delta$ 时, 对每个 $f \in \mathcal{F}$ 都有 $|f(z_1) - f(z_2)| < \varepsilon$, 则称 $\mathcal{F}$ 在 D 上等度连续. 如果 $\mathcal{F}$ 在 D 的任意闭子集上等度连续, 则称 $\mathcal{F}$ 在 D 上内闭等度连续.

定义 7.3　设 $\mathcal{F}$ 是区域 D 上的一族解析函数, 称 $\mathcal{F}$ 为区域 D 上的一个正规族, 如果 $\mathcal{F}$ 的任一函数列 $\{f_n(z)\}$, 都存在 $\{f_n(z)\}$ 的子列 $\{f_{n_k}(z)\}$, 使得 $\{f_{n_k}(z)\}$ 在 D 上内闭一致收敛于一个解析函数, 或者在 D 上内闭一致发散于 ∞.

定理 7.1　内闭一致有界的解析函数列是内闭等度连续的.

证　不妨设函数列 $\{f_n(z)\}$ 为区域 D 上一致有界的解析函数列, 区域 D 是由围线 C 所围成的, $|f_n(z)| \leqslant M, n = 1, 2, \cdots$. 对于 D 中的任意闭子集 E, 设 $d = \operatorname{dist}(E, \partial D)$.

对任意正数 ε, 取 $\delta = \min\left\{d, \dfrac{2\pi\varepsilon d^2}{ML}\right\}$, L 为 C 的长度, 对任意的 $z_1, z_2 \in E$ 以及一切 n, 有

$$\begin{aligned} f_n(z_1) - f_n(z_2) =& \frac{1}{2\pi \mathrm{i}} \int_C \left(\frac{f_n(\xi)}{\xi - z_1} - \frac{f_n(\xi)}{\xi - z_2} \right) \mathrm{d}\xi \\ =& \frac{z_1 - z_2}{2\pi \mathrm{i}} \int_C \frac{f_n(\xi)}{(\xi - z_1)(\xi - z_2)} \mathrm{d}\xi, \end{aligned}$$

因为 $|\xi - z_i| \geqslant d, i = 1, 2$, 所以, 当 $|z_1 - z_2| < \delta$ 时, 有

$$|f_n(z_1) - f_n(z_2)| \leqslant \frac{|z_1 - z_2|}{2\pi} \cdot \frac{ML}{d^2} \leqslant \varepsilon.$$

定理 7.2 设解析函数列 $\{f_n(z)\}$ 在区域 D 上内闭一致有界, 并且在 D 的一个稠密子集 A 上收敛, 则 $\{f_n(z)\}$ 在 D 上内闭一致收敛.

证 设 E 为 D 的任意一个闭子集, $d(E, \partial D) = 2d$. 令

$$E_1 = \{z | z \in D, d(z, E) \leqslant d\},$$

则 E_1 是 D 内的有界闭集, 并且

$$E \subset E_1 \subset D.$$

由定理 7.1, $\{f_n(z)\}$ 在 E_1 上等度连续, 即对任意正数 ε, 存在正数 $\delta \left(\leqslant \dfrac{d}{2}\right)$, 当 z_1, $z_2 \in E_1, |z_1 - z_2| \leqslant \delta$ 时, 有

$$|f_n(z_1) - f_n(z_2)| \leqslant \varepsilon, \quad n = 1, 2, \cdots.$$

以 E 的任意一点为圆心, $\dfrac{\delta}{2}$ 为半径做圆盘, 从而这些小圆盘覆盖了集合 E. 由有限覆盖定理, 存在有限个小圆盘 $\varDelta_1, \varDelta_2, \cdots, \varDelta_L$, 使得

$$E \subset \bigcup_{i=1}^{L} \varDelta_i \subset E_1.$$

因为 A 在 D 上稠密, 故存在 $z_i \in A \cap \varDelta_i$, $i = 1, 2, \cdots, m$. 而 $\{f_n(z)\}$ 在 A 上的每一点都是收敛的, 所以存在 N, 当 $n > N$ 时

$$|f_n(z_i) - f_{n+p}(z_i)| < \varepsilon, \quad i = 1, 2, \cdots, L.$$

又因为对 E 上的任意一点 z, 存在 $j, 1 \leqslant j \leqslant L$, 使得 $z \in \varDelta_j$, 故

$$|z - z_j| < 2 \cdot \frac{\delta}{2} = \delta,$$

因此

$$\begin{aligned}|f_n(z) - f_{n+p}(z)| \leqslant & |f_n(z) - f_n(z_j)| + |f_n(z_j) - f_{n+p}(z_j)| \\ & + |f_{n+p}(z_j) - f_{n+p}(z)| \leqslant 3\varepsilon.\end{aligned}$$

这就说明了 $\{f_n(z)\}$ 在区域 D 上内闭一致收敛.

现在我们可以证明著名的 Montel 定理了.

定理 7.3 设 $\mathcal{F}$ 为区域 D 上的一族一致有界的解析函数, 则对 $\mathcal{F}$ 中的任意一列函数 $\{f_n(z)\}$, 都存在子序列 $\{f_{n_k}(z)\}$, 使得 $\{f_{n_k}(z)\}$ 在区域 D 上内闭一致收敛.

证 对 $\mathcal{F}$ 中的任意一列函数 $\{f_n(z)\}$, 由定理 7.1 和定理 7.2, 我们仅需证明存在子序列 $\{f_{n_k}(z)\}$ 使得 $\{f_{n_k}(z)\}$ 在 D 上的一个稠密子集上收敛即可. 为此我们采用所谓的 "对角线法".

设 A 是区域 D 内的所有有理点 (实部与虚部均为有理数), 则 A 在 D 内稠密, 并且它是一个可数集, 所以可记 $A = \{z_n\}$.

因为 $\{f_n(z_1)\}$ 有界, 所以存在收敛的子列 $\{f_{n,1}(z_1)\}$. 又因为 $\{f_{n,1}(z_2)\}$ 有界, 所以又存在 $\{f_{n,1}(z_2)\}$ 的收敛子列 $\{f_{n,2}(z_2)\},\cdots$. 由此无限重复, 得到

$$f_{1,1}(z_1), f_{2,1}(z_1), f_{3,1}(z_1), \cdots, f_{n,1}(z_1), \cdots,$$

$$f_{1,2}(z_2), f_{2,2}(z_2), f_{3,2}(z_2), \cdots, f_{n,2}(z_2), \cdots,$$

$$f_{1,3}(z_3), f_{2,3}(z_3), f_{3,3}(z_3), \cdots, f_{n,3}(z_3), \cdots,$$

$$\cdots$$

$$f_{1,n}(z_n), f_{2,n}(z_n), f_{3,n}(z_n), \cdots, f_{n,n}(z_n), \cdots$$

$$\cdots$$

均为收敛数列, 由此不难得到 $\{f_n(z)\}$ 的子列 $\{f_{n,n}(z)\}$, 在集合 A 上的每一点均收敛, 从而证明了该定理.

由 Montel 定理, 显然函数族

$$\mathcal{F} = \{f | f \text{ 在单位圆盘上解析 } |f(z)| \leqslant 1\}$$

是一个正规族.

由定义 7.3 和定理 7.3 立即得到:

设 $\mathcal{F}$ 是区域 D 上的一致有界的解析函数族, 则 $\mathcal{F}$ 是 D 上的正规族.

下面的定理称为 Vitali 定理.

定理 7.4 设解析函数列 $\{f_n(z)\}$ 在区域 D 上内闭一致有界, $\{z_n\} \subset D$ 有至少一个聚点在 D 内, $\{f_n(z)\}$ 在 $\{z_n\}$ 上每一点都收敛, 则 $\{f_n(z)\}$ 在区域 D 上内闭一致收敛.

证 因为函数列 $\{f_n(z)\}$ 是一致有界的, 所以由 Montel 定理, $\{f_n(z)\}$ 的任何子列都存在一个在区域 D 上内闭一致收敛的子列. 又 $\{f_n(z)\}$ 的每一个内闭一致收敛的子列 $\{f_{n_k}(z)\}$ 的极限函数均为 D 上的解析函数, 它们在集合 $\{z_n\}$ 的取

值是相同的, 故由解析函数的唯一性定理推得: 所有的极限函数相等. 这就说明了 $\{f_n(z)\}$ 在 D 上内闭一致收敛.

7.2 Riemann 映射定理与 Koebe 定理

本节主要研究单连通区域上共形映射的基本定理和单叶函数的 Koebe 覆盖定理, 利用解析函数的正规族的概念以及 Montel 定理证明 Riemann 映射定理.

1. Riemann 映射定理

定理 7.5 (Riemann 映射定理) 设 $D \subset \mathbb{C}$ 是一个单连通区域, 其边界点集多于一点, 则在 D 内存在单叶解析函数 $w = f(z)$ 将区域 D 映到单位圆 $|w| < 1$ 上, 且在条件

$$f(z_0) = 0, \quad \arg f'(z_0) = \theta_0$$

下, 这样的函数 $f(z)$ 是唯一的 (其中 $z_0 \in D$ 为任意复数, θ_0 为任意实数).

证 本定理只需对 $\theta_0 = 0$ 即 $f'(z_0) > 0$ 证明即可. 因为若 $f(z)$ 为当 $\theta_0 = 0$ 时满足条件的函数, 则对一般的 θ_0, 函数 $\mathrm{e}^{\mathrm{i}\theta_0} f(z)$ 即为所求.

首先设 D 为有界区域. 固定 $z_0 \in D$, 设

$$\mathcal{F} = \{g(z)\,|g(z)\text{在 } D \text{ 内单叶解析},\ |g(z)| < 1,\ \ g(z_0) = 0,\ \ g'(z_0) > 0\}.$$

(i) $\mathcal{F}$ 是非空的.

由于 D 为有界区域, 从而存在 $R > 0$, 使 $D \subset \{z||z| < R\}$. 因此, 函数 $g(z) = (z - z_0)/(2R)$ 在 D 上单叶解析, $g(z_0) = 0$, 且 $|g(z)| < 1$, 故 $g(z) \in \mathcal{F}$, 即 $\mathcal{F}$ 是非空的.

(ii) $\mathcal{F}$ 中存在符合条件的函数 $f_*(z)$.

由于 $\mathcal{F}$ 中的每个函数解析有界 (上界为 1), 由 Montel 定理, $\mathcal{F}$ 为正规族. 令

$$M = \sup\{g'(z_0)|g(z) \in \mathcal{F}\}.$$

则 $M > 0$. 若 $\overline{B}(z_0, r) \subset D$, 其中 $\overline{B}(z_0, r)$ 为以 z_0 为中心、r 为半径的闭圆, 则由 Cauchy 不等式 $g'(z_0) \leqslant 1/r$, 故 $M \leqslant 1/r$. 下面证明存在 $f_*(z) \in \mathcal{F}$ 使得 $f_*'(z_0) = M$.

由 M 的定义, 存在序列 $\{g_n(z)\} \subset \mathcal{F}$, 使 $g_n'(z_0) \to M$. 由于 $\mathcal{F}$ 为正规族, 从而存在子列 $\{g_{n_k}(z)\}$ 在 D 上内闭一致收敛到 $f_*(z)$. 由定理 4.4(Weierstrass 定理) 知, 函数 $f_*(z)$ 在 D 内解析. 再由 $g_n'(z_0) \to M$ 有 $f_*'(z_0) = M$, 即 $f_*(z)$ 不为常数. 故 $f_*(z)$ 必为 D 内的单叶函数 (作为习题, 读者自证).

现在证明 $f_*(z)$ 就是定理中要找的函数, 即证 $f_*(D) = B(0,1) = \{w|\ |w| < 1\}$.

如果 $f_*(D)=G_1\subset B(0,1)$, 但 $G_1\neq B(0,1)$, 则 G_1 为 $B(0,1)$ 内的一个单连通区域, 因而存在 $\xi_0\in B(0,1),\xi_0\notin G_1$. 令

$$\eta=\varphi_{\xi_0}(\xi)=\frac{\xi-\xi_0}{1-\bar{\xi}_0\xi},$$

则 $\varphi_{\xi_0}(\xi)$ 将 G_1 映为 $B(0,1)$ 内的单连通区域 G_2, 把 ξ_0 映为原点 (即 $O\notin G_2$), 把原点映为 $\eta_0=-\xi_0$, 且 $\varphi'_{\xi_0}(0)=1-|\xi_0|^2$. 再令

$$\zeta=p(\eta)=\sqrt{\eta},$$

它在 G_2 中能分出单值解析分支, 记 $G_3=p(G_2)$, 则 G_3 为 $B(0,1)$ 内的单连通区域, 且 $\zeta_0=p(\eta_0)=\sqrt{\eta_0},p'(\eta_0)=\dfrac{1}{2\sqrt{\eta_0}},O\notin G_3$. 最后令

$$w=q(\zeta)=\frac{\zeta_0}{|\zeta_0|}\varphi_{\zeta_0}(\zeta),$$

则它把 G_3 映为 $B(0,1)$ 内的单连通区域 G_4, 把 ζ_0 映为原点, 且 $q'(\zeta_0)=\dfrac{\zeta_0}{|\zeta_0|}\dfrac{1}{1-|\zeta_0|^2}$ (图 7.1).

于是, 复合函数

$$w=(q\circ p\circ\varphi_{\xi_0}\circ f_*)(z)=w(z)$$

把 D 映为 G_4, 且 $w(z_0)=0$. 显然, $w(z)$ 是 D 上的单叶解析函数, 根据复合函数的求导法则, 有

$$w'(z_0)=q'(\zeta_0)p'(\eta_0)\varphi'_{\xi_0}(0)f'_*(z_0)=\frac{1-|\xi_0|^2}{2|\zeta_0|(1-|\zeta_0|^2)}M>0.$$

所以, $w\in\mathcal{F}$. 另一方面, 经过简单的运算得

$$w'(z_0)=\frac{1+|\xi_0|}{2\sqrt{|\xi_0|}}M>M.$$

也就是说, 在 $\mathcal{F}$ 中可以找到一个函数 w, 它在点 z_0 的导数大于 M, 这就产生了矛盾. 故 $f_*(D)=B(0,1)$. 因此, $f_*(z)$ 就是 Riemann 映射定理中所需要的 f.

最后证明满足条件的 f 是唯一的. 如果还有单叶解析函数 $g(z)$ 也有这个性质, 则函数 $F(w)=f[g^{-1}(w)]$ 在 $|w|<1$ 内单叶解析, 将 $|w|<1$ 双方单值地保形变换成 $|F(w)|<1$, 且 $F(0)=0$. 由 Schwarz 引理, 有

$$|F(w)|\leqslant|w|\quad(|w|<1),\quad 即\quad |f(z)|\leqslant|g(z)|,\quad z\in D.$$

同理可证

$$|g(z)|\leqslant|f(z)|,\quad z\in D.$$

从而 $|f(z)|=|g(z)|$, 即 $g(z)=\mathrm{e}^{\mathrm{i}\theta}f(z)$. 又由于 $g'(z_0)=\mathrm{e}^{\mathrm{i}\theta}f'(z_0)$, 即 $\theta=0$. 故 $f(z)=g(z)$.

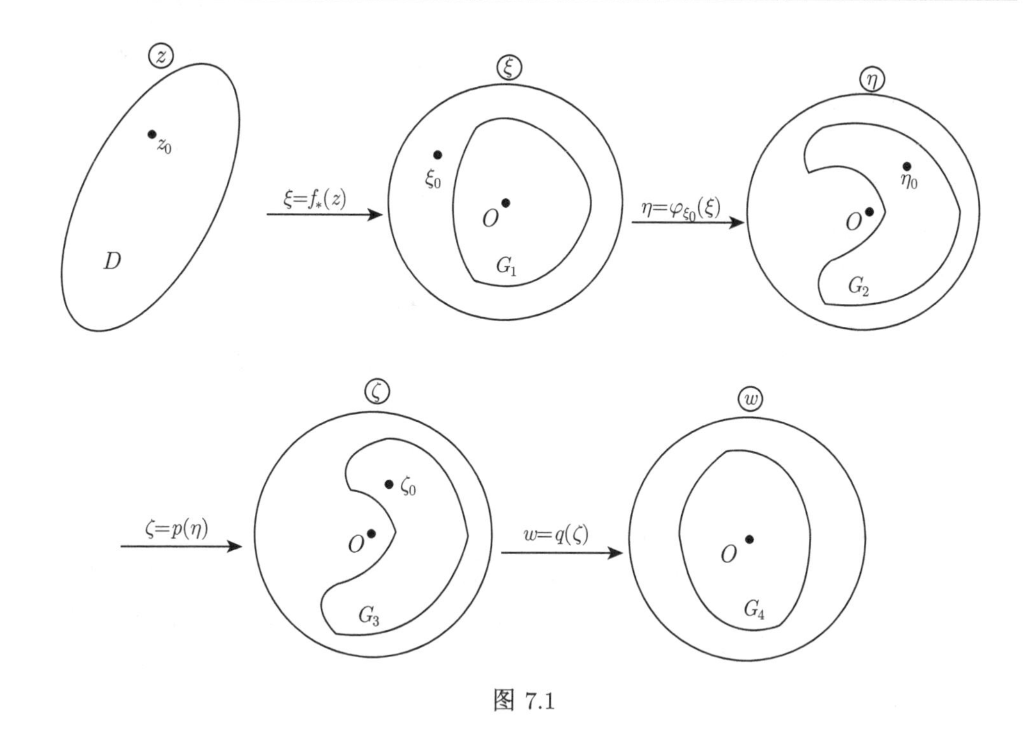

图 7.1

如果 D 是无界区域, 则可用变换将 D 变换为有界区域.

由于边界点至少含有两点, 不妨设 $0, a(\neq \infty)$ 为两个边界点, 否则可以用分式线性变换将两个边界点变为 $0, a$.

在 D 上取 $\sqrt{z-a}$ 的一个单值分支, 记作 $g(z)$. 由于 D 为单连通区域, 则 $g(D)$ 仍为单连通区域, 且 $g(z)$ 在 D 上是单叶的. 事实上, 如果存在 $z_1, z_2 \in D$, $z_1 \neq z_2$, 而 $\sqrt{z_1-a} = \sqrt{z_2-a}$ 成立, 则 $z_1 - a = z_2 - a$, 从而 $z_1 = z_2$, 得到矛盾. 其次证明 $g(D) \cap (-g(D)) = \varnothing$. 若不然, 存在点 $P \in g(D)$, 且 $-P \in g(D)$, 于是有 $z_1, z_2 \in D$, 使得 $\sqrt{z_1-a} = P, \sqrt{z_2-a} = -P$. 两边平方后得 $z_1 = z_2$, 故 $P = -P$, 从而 $P = 0$, 但 $0 \in \partial D$, 矛盾.

任取一点 $q \in g(D)$, 由于 $g(D)$ 是单连通区域, 故在 $g(q)$ 点存在一个邻域 $U_q \subset g(D)$, 但是 $-U_q \not\subset g(D)$. 在 $-U_q$ 中取一点 b, 作变换 $\varphi(z) = \dfrac{1}{z-b}$, 则 $\varphi(z)$ 将 $g(D)$ 映为有界单连通区域. 于是 $\varphi \circ g$ 将 D 单叶地映为一个有界单连通区域. 定理证毕.

注 1 由 Riemann 映射定理立即得到: 在 $\mathbb{C}$ 上任何两个边界点多于一点的单连通区域都有单叶解析函数将一个映成另一个. 换句话说, 任意边界点多于一点的单连通区域都是共形等价的.

注 2 除了以下两种情形外, 所有的单连通区域都可共形映射到单位圆.

(1) 扩充 z 平面 $\overline{\mathbb{C}}$. 因为在 $\overline{\mathbb{C}}$ 上解析的函数为常数, 所以假若有单叶解析函数将 $\overline{\mathbb{C}}$ 变到单位圆, 则它必为常数, 这是不可能的.

(2) z 平面 $\mathbb{C}$ 或 $\overline{\mathbb{C}}$ 除去一个有限点. $\overline{\mathbb{C}}$ 除去一个有限点所得到的区域可通过分式线性变换映射到 $\mathbb{C}$ 上, 而在 $\mathbb{C}$ 上有界的解析函数是常数, 所以这样的单连通区域不能共形映射到单位圆.

注 3 若把 Riemann 映射定理中单连通区域的条件换成多连通区域, 其结论是不成立的. 也就是说多连通区域与单位圆之间不存在共形映射. 一般来说, 两个连通数不相同的区域不能互相共形映射. 这里我们不加证明地将多连通区域的共形映射问题的一个基本结论叙述如下:

设 D 是 z 平面上的一个 n 连通区域, $w=f(z)$ 在 D 内单叶解析, 且将 D 映射为 w 平面上的区域 G, 则 G 也是一个 n 连通区域.

这里涉及连通数的概念. 称集 K 为集 E 的分支, 如果 K 是 E 的一个连通子集, 而且它不包含在 E 的任何更大的连通子集中. 称区域 D 是 n 连通的 (或连通数为 n), 如果区域 D 的余集恰有 n 个分支. 特别地, 当 $n=1$ 时, D 是单连通的. 圆环 $a<|z|<b$ 为二连通区域. 而且, 关于二连通区域有: 任意一个二连通区域都可共形映射到圆环.

2. 边界对应定理

Riemann 映射定理建立了单连通区域到单连通区域的一一对应, 并没有涉及两个区域的边界对应问题. 一般来说, 一个区域的边界可能出现很复杂的情形.

定理 7.6 (边界对应定理) 设单连通域 D 的边界为一条围线 C. 如果 $w=f(z)$ 将 D 单叶解析地映为 $B(0,1)=\{w|\ |w|<1\}$, 则 $f(z)$ 的定义可连续地延拓到 C 上, 且延拓后的函数 (仍记为 $f(z)$) 将 C 双方单值地映成 $B(0,1)$ 的边界 $\partial B(0,1)$, 且 C 关于 D 的正向相对应于 $f(C)$ 关于 $B(0,1)$ 的正向.

证 (1) 证明 $\forall \zeta \in C$, $\lim\limits_{\substack{z\to\zeta \\ z\in D}} f(z)$ 存在. 为此只需证明, 如果 $\lim\limits_{z_n\to\zeta} f(z_n)=a$, $\lim\limits_{z_n'\to\zeta} f(z_n')=b$, 则必有 $a=b$. 显然 a,b 都在单位圆周上. 不然的话, 若 $a\in B(0,1)$, 记 $w_n=f(z_n)$, 则 $z_n=f^{-1}(w_n)$. 由于 f^{-1} 在 $B(0,1)$ 内连续, 则 $\zeta=\lim\limits_{n\to\infty} z_n=\lim\limits_{n\to\infty} f^{-1}(w_n)=f^{-1}(a)$. 这是不可能的.

现在假设 $a\neq b$. 作分式线性变换 T, 使得 $T(B(0,1))=B(0,1)$, $T(a)=\mathrm{e}^{\mathrm{i}\frac{\pi}{4}}, T(b)=\mathrm{e}^{\mathrm{i}\frac{5\pi}{4}}$. 令 $g(z)=T(f(z))$, 则 g 仍把 D 单叶解析地映为 $B(0,1)$. 但

$$\lim_{z_n\to\zeta} g(z_n)=\lim_{z_n\to\zeta} T(f(z_n))=T(a)=\mathrm{e}^{\mathrm{i}\frac{\pi}{4}},$$

$$\lim_{z_n'\to\zeta} g(z_n)=\lim_{z_n'\to\zeta} T(f(z_n'))=T(b)=\mathrm{e}^{\mathrm{i}\frac{5\pi}{4}}.$$

因此, $\forall \varepsilon>0$, 必有 $\delta>0$, 当 $0<|z_n-\zeta|<\delta, 0<|z_n'-\zeta|<\delta$ 时,

$$|g(z_n)-\mathrm{e}^{\mathrm{i}\frac{\pi}{4}}|<\varepsilon, \quad |g(z_n')-\mathrm{e}^{\mathrm{i}\frac{5\pi}{4}}|<\varepsilon.$$

记 $z_0=g^{-1}(0)$, 则 $z_0\in D$. 取充分小的 $\delta>0$, 使 $D_\delta=B(\zeta,\delta)\cap D$ 不含 z_0. 取 $z_n, z_n'\in D_\delta$, 则 $g(z_n), g(z_n')$ 分别在以 $\mathrm{e}^{\mathrm{i}\frac{\pi}{4}}, \mathrm{e}^{\mathrm{i}\frac{5\pi}{4}}$ 为中心、ε 为半径的圆盘中. 用位于 D_δ 中的连续曲线 l 连接 z_n 和 z_n', 则它的像 $L=g(l)$ 是连接 $g(z_n)$ 和 $g(z_n')$ 的 $B(0,1)$ 中的连续曲线, 它不会经过原点, 因此必与实轴和虚轴相交, 设交点分别为 P 和 Q. 记 $\widehat{PQ}$ 相对于实轴、原点和虚轴对称的弧段分别为 $\widehat{PQ'}, \widehat{P'Q'}$ 和 $\widehat{P'Q}$. 这四段所围成的域记为 G_0. 显然, $O\in G_0$(图 7.2).

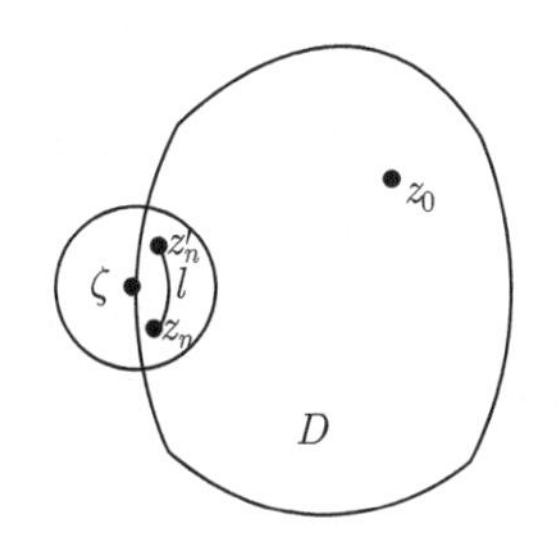

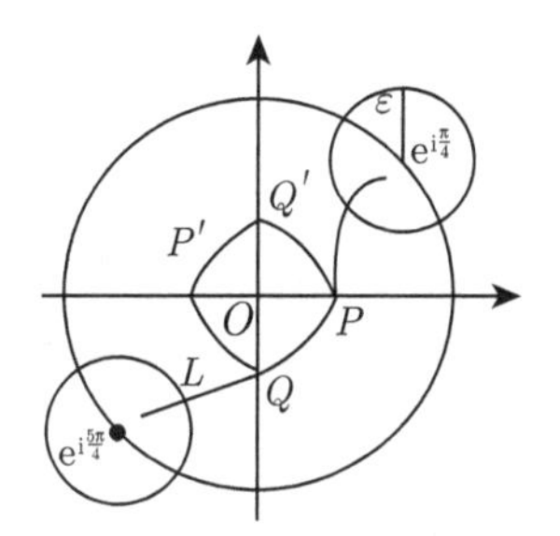

图 7.2

令

$$F(w)=(g^{-1}(w)-\zeta)\overline{(g^{-1}(\overline{w})-\zeta)}(g^{-1}(-w)-\zeta)\overline{(g^{-1}(-\overline{w})-\zeta)}.$$

则 F 为 $B(0,1)$ 上的解析函数. 现估计 F 在 G_0 的边界 ∂G_0 上的值.

任取 $w\in\widehat{PQ}$, 则 $g^{-1}(w)\in l$. 因此, $|g^{-1}(w)-\zeta|<\delta$. 记 $M=\sup_{z\in\mathbb{D}}|z-\zeta|$. 因为 $g^{-1}(\overline{w}), g^{-1}(-w), g^{-1}(-\overline{w})$ 都属于 D, 所以有

$$|F(w)|\leqslant \delta M^3, \quad w\in\widehat{PQ}.$$

同理, 当 w 属于其他三段弧段时也有上面的估计. 由最大模原理, 在 G_0 内 $|F(w)|\leqslant\delta M^3$. 特别地, $|F(0)|\leqslant\delta M^3$, 即 $|g^{-1}(0)-\zeta|^4\leqslant\delta M^3$. 令 $\delta\to 0$, 得 $g^{-1}(0)=\zeta$. 这是不可能的. 所以, $a=b$. 故 $\lim\limits_{\substack{z\to\zeta\\ z\in D}} f(z)$ 存在.

(2) 对任意的 $\zeta\in C$, 定义 $f(\zeta)=\lim\limits_{\substack{z\to\zeta\\ z\in D}} f(z)$. 从而 $f(z)$ 在 $\overline{D}=D+C$ 上有了定义. 下面证明 $f(z)$ 在 $\overline{D}$ 上连续. 只需证明 $\forall\zeta\in C$, $\lim\limits_{\substack{z\to\zeta\\ z\in C}} f(z)=f(\zeta)$, 即可.

固定 $\zeta\in C$, 由上面的定义, 对任意的 $\varepsilon>0$, 存在 $\delta>0$, 当 $z\in B(\zeta,\delta)\cap D$ 时, $|f(z)-f(\zeta)|<\varepsilon$. 取 $\xi\in B(\zeta,\delta)\cap C$, 则有相应的 $\delta_1>0$, 当 $z\in B(\xi,\delta_1)\cap D$ 时, 有

$|f(\xi)-f(z)|<\varepsilon$. 现取 $z\in B(\zeta,\delta)\cap B(\xi,\delta_1)\cap D$, 则有

$$|f(\zeta)-f(\xi)|\leqslant|f(\zeta)-f(z)|+|f(z)-f(\xi)|<2\varepsilon,$$

这就证明了 f 在 $\overline{D}$ 上连续.

(3) 证明 f 在 C 上是单叶的. 如果 $\xi,\zeta\in C$, $\xi\neq\zeta$, 取充分小的 $\varepsilon>0$, 使 $B(\xi,\varepsilon)\cap B(\zeta,\varepsilon)=\varnothing$. 由于 f 单叶, 因而

$$f(B(\xi,\varepsilon)\cap D)\cap f(B(\zeta,\varepsilon)\cap D)=\varnothing.$$

这就证明了 $f(\xi)\neq f(\zeta)$.

由于 f 是 $\overline{D}$ 上的一一连续映射, 所以 $f(\overline{D})$ 为紧集. 又 $B(0,1)\subset f(\overline{D})\subset\overline{B(0,1)}$, 故 $f(\overline{D})=\overline{B(0,1)}$, 从而 f^{-1} 也是 $\overline{B(0,1)}$ 上的一一连续映射.

(4) 证明 $f(z)$ 保持边界的方向不变. 在 C 上沿着关于 D 的正方向取三点 z_1,z_2,z_3, 它们在 f 下的像分别为 $\partial B(0,1)$ 上的三点 w_1,w_2,w_3. 由于 $f'(z_0)\neq 0$, $f(z)$ 在 z_0 处具有保角性, 且保持方向不变, 因此 w_1,w_2,w_3 也是沿着 $f(C)$ 关于 $B(0,1)$ 的正方向. 定理证毕.

3. Koebe 覆盖定理

由 Riemann 映射定理, 任何边界点多于一点的单连通区域都可共形映射成单位圆 $B(0,1)$, 因此我们主要讨论单位圆内的单叶解析函数.

如果

$$f(z)=a_0+a_1z+a_2z^2+\cdots+a_nz^n+\cdots,\quad |z|<1$$

在 $B(0,1)$ 上是单叶的, 则 $f(z)-a_0$ 和 $\dfrac{f(z)-a_0}{a_1}$ 在 $B(0,1)$ 上也是单叶的. 因此我们讨论规范化的在 $B(0,1)$ 内单叶解析的函数

$$w=f(z)=z+a_2z^2+\cdots+a_nz^n+\cdots,\quad |z|<1.$$

这种函数形成的函数族记为 S.

单叶函数是从一一对应的很简单的几何事实出发, 进而研究函数的许多深刻的、漂亮的性质. 对于它的研究起源于 1907 年, 1916 年德国人 Bieberbach 提出著名的猜想: 函数族 S 中任一函数的展开式的 n 次幂的系数的模不超过 n, 即 $|a_n|\leqslant n$.

当时, Bieberbach 仅证明了 $|a_2|\leqslant 2$.

特别地, 函数

$$K(z)=\frac{z}{(1-z)^2}=z+2z^2+3z^3+\cdots+nz^n+\cdots\in S,$$

$K(z)$ 的展开式中 a_2 的模取到最大值 2. 函数 $K(z)$ 称为 Koebe 函数.

Bieberbach 猜想曾吸引许多数学家进行研究, 人们先后证明了

$|a_3| \leqslant 3$(Löwner, 1923),

$|a_4| \leqslant 4$(Garabedian and Schiffer, 1955),

$|a_6| \leqslant 6$(Pederson and Ozawa, 1968),

$|a_5| \leqslant 5$(Pederson and Schiffer, 1972).

直到 1984 年由 Louis de Branges 完全证明了 Bieberbach 猜想.

现在我们用 $|a_2| \leqslant 2$ 证明 Koebe $\frac{1}{4}$ 定理或 Koebe 覆盖定理.

定理 7.7 (Koebe 覆盖定理) 设 $w = f(z)$ 是单位圆 $B(0,1)$ 内的单叶解析函数, 且 $f(0) = 0$, $f'(0) = 1$, 即

$$w = f(z) = z + a_2z^2 + a_3z^3 + \cdots + a_nz^n + \cdots \in S,$$

则 $f(B(0,1))$ 必包含圆 $\left\{w \middle| |w| < \frac{1}{4}\right\}$.

证 假设 c 不在 $f(B(0,1))$ 内, 即 $f(z) \neq c$, 则 $c \neq 0$, 且函数

$$\frac{cf(z)}{c - f(z)} = z + \left(a_2 + \frac{1}{c}\right)z^2 + \cdots \in S,$$

其中 a_2 为 f 的展开式中的系数, 从而 $|a_2| \leqslant 2$.

又 $\frac{cf(z)}{c - f(z)} \in S$, 所以有 $\left|a_2 + \frac{1}{c}\right| \leqslant 2$, 从而得到 $\frac{1}{|c|} \leqslant |a_2| + 2 \leqslant 4$, 即 $|c| \geqslant \frac{1}{4}$. 定理得证.

这里的半径 $\frac{1}{4}$ 不能进一步改进, Koebe 函数就是达到 $\frac{1}{4}$ 的例子, 它将 $B(0,1)$ 映为区域 $\mathbb{C}\Big\backslash\left(-\infty, -\frac{1}{4}\right]$ $\left(\text{事实上, 考虑 } \varphi(\zeta) = \frac{1}{K\left(\frac{1}{\zeta}\right)} = \zeta + \frac{1}{\zeta} - 2,\ \varphi(\zeta) \text{ 将 } |\zeta| > 1 \text{ 单叶地映成 } \mathbb{C}\backslash[-4, 0]\right)$.

7.3 模函数与 Picard 小定理的证明

在这一节, 我们利用 Riemann 映射定理和解析开拓定理构造一个函数 f 使它满足

(1) f 在单位圆盘 $B(0,1) = \{z||z| < 1\}$ 内解析;

(2) $f(B(0,1)) = \mathbb{C} \setminus \{0,1\}$;

(3) $f'(z) \neq 0,\ z \in B(0,1)$.

并用它证明 Picard 小定理.

我们通过以下步骤定义满足上面条件的函数:

(a) 在单位圆盘 $B(0,1)$ 内作一个由三条圆弧 l_1, l_2, l_3 所围成的圆弧三角形区域 $D \subset B(0,1)$, 其中这三条圆弧与单位圆周垂直 (图 7.3).

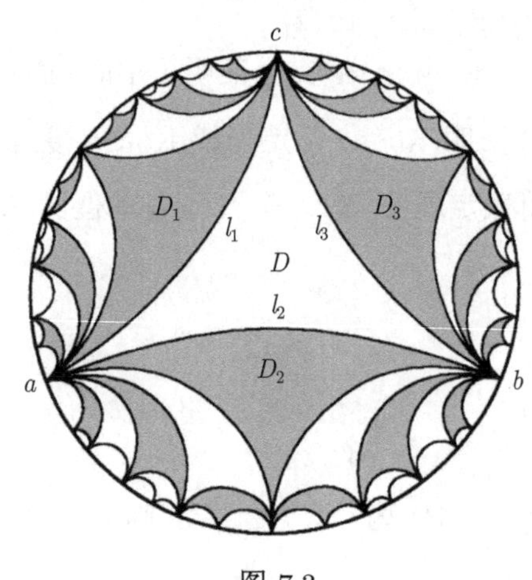

图 7.3

(b) 根据 Riemann 映射定理和边界对应定理, 存在 D 到上半平面的共形映射 f, 将圆弧三角形的三个边界点 a, b, c 分别映射为 $0, 1, \infty$, 且 f 在圆弧 l_1, l_2, l_3(扣除 a, b, c) 上连续.

(c) 因为 f 在 l_1(扣除 a, c) 上连续, $f(l_1) = (-\infty, 0)$, 所以由解析开拓定理 $f(z)$ 可以解析开拓至 D 关于 l_1 的对称区域 D_1, 且 $f(D_1) = \Pi_-$, 其中 Π_- 表示下半平面. 而且, f 在 $D \cup D_1 \cup l_1$(扣除 a, c) 上解析, 其值域为 $\mathbb{C}\backslash[0, +\infty)$.

(d) 设 D 关于 l_2 的对称区域为 D_2, D 关于 l_3 的对称区域为 D_3. 同样, $f(z)$ 可以分别解析开拓至 D_2 和 D_3, 并且 f 在 $D \cup D_1 \cup D_2 \cup D_3 \cup l_1 \cup l_2 \cup l_3$(扣除 a, b, c) 上解析, 其值域为 $\overline{\mathbb{C}}\backslash\{0, 1, \infty\}$.

(e) 上述过程无限进行下去, 我们就得到一个单位圆盘 $B(0,1)$ 上的解析函数 $f(z)$. 如图 7.3 所示, $f(z)$ 将每个有阴影的圆弧三角形映射为下半平面, 将白色的圆弧三角形映射为上半平面. $f(z)$ 不取值 $0, 1, \infty$, 即 $f(z)$ 的值域恰为 $\mathbb{C}\backslash\{0, 1\}$.

显然, 函数 f 是局部单叶的, 故 $f'(z) \neq 0$.

这个函数 f 称为**模函数**.

下面我们用模函数证明 Picard 小定理. Picard 小定理的一般形式见定理 4.22, 这里我们证明下面的结论.

定理 7.8 设 $f(z)$ 为整函数, $f(z) \neq 0, 1$, 则 $f(z)$ 恒为常数.

证 取一点 $z_0 \in \mathbb{C}$, 记 $f(z_0) = w_0$, 则 $w_0 \in \mathbb{C}\backslash\{0,1\}$.

设 $T(z)$ 为模函数, 则其值域为 $\mathbb{C}\backslash\{0,1\}$, 从而存在 ξ_0 使 $|\xi_0| < 1$, $w_0 = T(\xi_0)$. 因为模函数 $T(z)$ 是局部单叶的, 所以存在 ξ_0 的一个邻域 $U(\xi_0)$ 使得 T 在 $U(\xi_0)$ 上单叶, 故 T 在 $T(U(\xi_0)) = U(w_0)$ 上存在反函数 $\mu(w)$.

取 z_0 的充分小邻域 $U(z_0)$, 使 $f(U(z_0)) \subset U(w_0)$, 从而 $\mu(f(z))$ 在 $U(z_0)$ 上解析.

因为 $f(z) \in \mathbb{C}\backslash\{0,1\}$, 而 $\mu(w)$ 在 $\mathbb{C}\backslash\{0,1\}$ 上透过任何路径解析开拓, 所以 $\mu(f(z))$ 可以透过沿 z_0 发出的任意曲线解析开拓. 注意到 $\mathbb{C}$ 是单连通的, 所以 $\mu(f(z))$ 可开拓为 $\mathbb{C}$ 上的一个整函数. 又 $|\mu(f(z))| < 1$, 由 Liouville 定理, $\mu(f(z))$ 为常数, 因此 $\mu(f(z))$ 在 $U(z_0)$ 上恒为常数.

由于 $\mu(w)$ 在 $U(w_0)$ 上是一一的, 故 $f(z)$ 在 $U(z_0)$ 上恒为常数. 再由解析函数的唯一性定理得 $f(z)$ 恒为常数.

注 定理 4.22 中的条件, 仅是将条件 $f(z) \neq 0, 1$ 换成 $f(z) \neq a, b$. 此时只需作辅助函数 $F(z) = \dfrac{f(z)-a}{b-a}$, 对 $F(z)$ 利用上面的结论即可.

7.4 正规族与 Picard 大定理的证明

这一节主要讨论正规族的一些本质特征, 并给出 Picard 大定理的证明.

定义 7.4 如果解析函数族 $\mathcal{F}$ 在点 z_0 的某个邻域内正规, 我们就称 $\mathcal{F}$ 在点 z_0 是正规的.

定理 7.9 设 $\mathcal{F}$ 为区域 D 上的一族解析函数, 则 $\mathcal{F}$ 在区域 D 上正规的充分必要条件是 $\mathcal{F}$ 在 D 内的每一点都是正规的.

我们将这个定理的证明留给读者.

定理 7.10 设 $\mathcal{F}$ 为区域 D 上的一族解析函数, M 为一个正数. 如果对于任意 $f \in \mathcal{F}, |f(z)| \geqslant M$, 则 $\mathcal{F}$ 在区域 D 上正规.

证 设

$$\mathcal{F}_1 = \left\{ \frac{1}{f} \middle| f \in \mathcal{F} \right\},$$

则 $\mathcal{F}_1$ 在区域 D 上一致有界. 对于任意 $\{f_n\} \subset \mathcal{F}$, 则 $\left\{\dfrac{1}{f_n}\right\} \subset \mathcal{F}_1$. 由 Montel 定理, 存在子列 $\left\{\dfrac{1}{f_{n_k}}\right\}$, 使得 $\left\{\dfrac{1}{f_{n_k}}\right\}$ 在区域 D 上内闭一致收敛于一个解析函数 $f(z)$.

(1) 如果 $f(z) \neq 0$, 则 $\{f_{n_k}\}$ 在区域 D 上内闭一致收敛于 $\dfrac{1}{f}$.

(2) 如果存在 $z_0 \in D$, 使得 $f(z_0) = 0$, 由 Hurwitz 定理 (第 5 章例 11) 可得 $f(z) \equiv 0$. 这就说明 $\{f_{n_k}\}$ 在区域 D 上内闭一致发散于 ∞.

综合 (1) 和 (2), 定理得证.

正规族的概念从本质上来说就是讨论内闭一致收敛问题. 而一致收敛实际上刻画了函数列变化的均匀性. 因为正规族也允许函数列一致发散于无穷大, 所以这种变化的均匀性应该在扩充复平面 (Riemann 球面) 上. 而描述这种变化的最佳方法就是引用所谓的球面导数.

定义 7.5　设 $f(z)$ 在区域 D 上解析, 则 $f(z)$ 在点 $z_0 \in D$ 的球面导数为

$$f^{\#}(z_0) = \frac{1}{2}\lim_{z\to z_0}\frac{[f(z), f(z_0)]}{|z-z_0|},$$

其中 $[f(z), f(z_0)] = \dfrac{2|f(z)-f(z_0)|}{\sqrt{1+|f(z)|^2}\sqrt{1+|f(z_0)|^2}}$ 为 $f(z)$ 与 $f(z_0)$ 的球面距离. 因此

$$f^{\#}(z_0) = \frac{1}{2}\lim_{z\to z_0}\frac{[f(z), f(z_0)]}{|z-z_0|} = \frac{|f'(z_0)|}{1+|f(z_0)|^2}.$$

从以上的分析, 就不难想下面的一个著名的定理了.

定理 7.11 (Marty 定理)　设 $\mathcal{F}$ 为区域 D 上的一族解析函数, 那么 $\mathcal{F}$ 在区域 D 上正规的充要条件是: 对区域 D 内的任意一个闭子集 E, 存在正数 M, 使得

$$f^{\#}(z) \leqslant M, \quad z \in E.$$

证　设 $\mathcal{F}$ 在区域 D 上正规. 如果存在闭子集 $E(\subset D)$, 函数列 $\{f_n\} \subset \mathcal{F}$ 以及点列 $\{z_n\} \subset E$, 使得

$$f_n^{\#}(z_n) \geqslant n,$$

不妨设 $z_n \to z_0 \in E$. 因为设 $\mathcal{F}$ 在区域 D 上正规, 所以存在 $\{f_n\}$ 的子列 $\{f_{n_k}\}$, 使得 $\{f_{n_k}\}$ 在 D 上内闭一致收敛于区域 D 上的一个解析函数 $f(z)$, 或者内闭一致发散于无穷大.

(1) 如果 $\{f_{n_k}\}$ 内闭一致收敛于 $f(z)$, 则有

$$\infty = \lim_{n\to\infty} f_{n_k}^{\#}(z_{n_k}) = f^{\#}(z_0),$$

矛盾.

(2) 如果 $\{f_{n_k}\}$ 内闭一致发散于 ∞. 从而 $\dfrac{1}{f_{n_k}}$ 内闭一致收敛于 0, 则

$$0 = \lim_{n\to\infty}\left(\frac{1}{f_{n_k}}\right)^{\#}(z_{n_k}) = \lim_{n\to\infty} f_{n_k}^{\#}(z_{n_k}) = \infty,$$

矛盾, 故必要性得证.

下面我们证明充分性.

我们只需证明 $\mathcal{F}$ 在区域 D 内的每一点正规.

在区域 D 内任取一点 z_0, 记

$$\Delta(z_0,\delta)=\{z\big|\ |z-z_0|<\delta\},$$

使得 $\overline{\Delta(z_0,\delta)}\subset D$, 由定理的条件, 存在正数 M,

$$f^{\#}(z)\leqslant M,\qquad z\in\overline{\Delta(z_0,\delta)}.$$

令 $z=z_0+t\mathrm{e}^{\mathrm{i}\theta}(0\leqslant t\leqslant\delta)$, 作辅助函数

$$h(t)=\arctan|f(z_0+t\mathrm{e}^{\mathrm{i}\theta})|.$$

不难得到

$$\begin{aligned}|h(r)-h(0)|&=\left|\int_0^r h'(t)\mathrm{d}t\right|\\&\leqslant\int_0^r\frac{\left|\dfrac{\partial}{\partial t}\left|f(z_0+t\mathrm{e}^{\mathrm{i}\theta})\right|\right|}{1+\left|f(z_0+t\mathrm{e}^{\mathrm{i}\theta})\right|^2}\mathrm{d}t.\end{aligned}$$

因为 $|f|=\sqrt{u^2+v^2}$, 所以

$$\begin{aligned}\left|\frac{\partial}{\partial t}\left|f(z_0+t\mathrm{e}^{\mathrm{i}\theta})\right|\right|&=\frac{\left|u\dfrac{\partial u}{\partial t}+v\dfrac{\partial v}{\partial t}\right|}{\sqrt{u^2+v^2}}\leqslant\sqrt{\left(\frac{\partial u}{\partial t}\right)^2+\left(\frac{\partial v}{\partial t}\right)^2}\\&=\left|\frac{\partial f}{\partial t}\right|=\left|f'(z_0+t\mathrm{e}^{\mathrm{i}\theta})\right|.\end{aligned}$$

从而可得

$$|h(r)-h(0)|\leqslant\int_0^r\frac{\left|f'(z_0+t\mathrm{e}^{\mathrm{i}\theta})\right|}{1+|f(z_0+t\mathrm{e}^{\mathrm{i}\theta})|^2}\mathrm{d}t\leqslant Mr\leqslant M\delta.$$

由此当 δ 充分小, $z\in\Delta(z_0,\delta)$ 时

$$\Big|\arctan|f(z)|-\arctan|f(z_0)|\Big|\leqslant\frac{\pi}{12}.\tag{7.1}$$

(1) 若 $|f(z_0)|\leqslant 1$, 则由 (7.1) 式

$$\arctan|f(z)|\leqslant\frac{\pi}{12}+\frac{\pi}{4}=\frac{\pi}{3},$$

所以

$$|f(z)|\leqslant\sqrt{3},\qquad z\in\Delta(z_0,\delta).$$

由 Montel 定理, $\mathcal{F}$ 在 $\Delta(z_0,\delta)$ 上正规.

(2) 若 $|f(z_0)|\geqslant 1$, 仍由 (7.1) 式

$$\arctan|f(z)|\geqslant\frac{\pi}{4}-\frac{\pi}{12}=\frac{\pi}{6},$$

所以

$$|f(z)|\geqslant\frac{1}{\sqrt{3}},\qquad z\in\Delta(z_0,\delta).$$

由定理 7.10, $\mathcal{F}$ 在 $\Delta(z_0,\delta)$ 上正规.

以色列数学家 L. Zalcman 证明了下面一个著名定理.

定理 7.12　设 $\mathcal{F}$ 为单位圆盘 D 上的一族解析函数, 则 $\mathcal{F}$ 在 D 上不正规的充要条件是: 存在

(1) 正数 $r, 0<r<1$;

(2) 复点列 $\{z_n\}, |z_n|<r$;

(3) 函数列 $\{f_n\}\subset\mathcal{F}$;

(4) 正数列 $\rho_n\to 0^+$,

使得

$$f_n(z_n+\rho_n\xi)\to g(\xi)$$

在复平面上内闭一致成立, 其中 g 是一个非常数的整函数.

证　先设 $\mathcal{F}$ 在 D 上不正规. 由 Marty 定理, 存在正数 $r_0, 0<r_0<1$, 以及点列 $z_n^*, |z_n^*|<r_0$, 函数列 $f_n\in\mathcal{F}, n=1,2,\cdots$, 使得 $f_n'(z_n^*)\to+\infty$. 取定正数 $r, r_0<r<1$, 并且设

$$M_n=\max_{|z|\leqslant r}\left(1-\frac{|z|^2}{r^2}\right)f_n^{\#}(z)=\left(1-\frac{|z_n|^2}{r^2}\right)f_n^{\#}(z_n).$$

很明显, $M_n\to+\infty$. 设

$$\rho_n=\frac{1}{M_n}\left(1-\frac{|z_n|^2}{r^2}\right)=\frac{1}{f_n^{\#}(z_n)},$$

我们得到

$$\frac{\rho_n}{r-|z_n|}=\frac{r+|z_n|}{r^2M_n}\leqslant\frac{2}{rM_n}\to 0.$$

由此, 函数 $g_n(\xi)=f_n(z_n+\rho_n\xi)$ 定义在区域 $|\xi|<R_n$ 上, 其中 $R_n=\dfrac{r-|z_n|}{\rho_n}\to+\infty$.

对于任意正数 R, 当 n 充分大时, $R<R_n$. 当 $|\xi|\leqslant R$, 有

$$g_n^{\#}(\xi)=\rho_nf_n^{\#}(z_n+\rho_n\xi)\leqslant\frac{\rho_nM_n}{1-\left(\dfrac{|z_n+\rho_n\xi|}{r}\right)^2}$$

$$\leqslant \frac{r+|z_n|}{r+|z_n|+\rho_n R}\cdot\frac{r-|z_n|}{r-|z_n|-\rho_n R}.$$

又因为 $\dfrac{r+|z_n|}{r+|z_n|+\rho_n R}\leqslant 1$, 并且 $\dfrac{r-|z_n|}{r-|z_n|-\rho_n R}$ 在 $|\xi|<r$ 上一致趋向于 1, 所以 $\{g_n^{\#}\}$ 在 $|z|<R$ 上一致有界, 由 Montel 定理以及 $g_n^{\#}(0)=\rho_n f_n^{\#}(z_n)=1$, 我们可设 $\{g_n^{\#}\}$ 在复平面上内闭一致收敛于一个亚纯函数 g. 根据

$$g^{\#}(0)=\lim_{n\to\infty} g_n^{\#}(0)=1,$$

所以 g 不是常数.

定理的充分性由读者自己完成.

由 Zalcman 定理, 我们可得到 Montel 定理的一般形式.

定理 7.13 设 $\mathcal{F}$ 是区域 D 上的一族解析函数, 对于 $\mathcal{F}$ 中的任意一个函数 $f(z), f(z)\neq 0,1$, 那么 $\mathcal{F}$ 是区域 D 上的一个正规族.

证 不失一般性, 我们可设 D 是单位圆. 如果 $\mathcal{F}$ 在 D 上不正规, 由定理 7.12, 存在

(1) 正数 $r, 0<r<1$;

(2) 复点列 $\{z_n\}, |z_n|<r$;

(3) 函数列 $\{f_n\}\subset\mathcal{F}$;

(4) 正数列 $\rho_n\to 0^+$,

使得

$$f_n(z_n+\rho_n\xi)\to g(\xi)$$

在复平面上内闭一致的成立, 其中 g 是一个非常数的整函数.

因为 $f_n(z_n+\rho_n\xi)\neq 0,1$, 由 Hurwitz 定理 (见第 5 章例 11), $g(\xi)\neq 0,1$. 再根据 Picard 小定理, $g(\xi)$ 是一个常数, 矛盾.

下面利用定理 7.13 给出 Picard 大定理即定理 4.21 的证明.

定理 7.14 设 $f(z)$ 在 $U^0(0,R)=\{z|0<|z|<R\}$ 内解析, $z=0$ 为 $f(z)$ 的本性奇点, 则 $f(z)$ 在 $z=0$ 的任意邻域内可取到 $\mathbb{C}$ 中任意的值, 至多有一个例外.

证 只需证明对任意的 $r:\ 0<r<R$, $\mathbb{C}\backslash f(U^0(0,r))$ 内至多包含一个点.

用反证法. 不妨设 $0,1\in\mathbb{C}\backslash f(U^0(0,r))$, 下面证明 $z=0$ 要么为 f 的极点要么为可去奇点, 这与 0 为 f 的本性奇点矛盾.

令 $f_n(z)=f\left(\dfrac{z}{n}\right), 0<|z|<r,\ n=1,2,\cdots$, 则函数族 $\mathcal{F}=\{f_n\}$ 中的所有元素取值在 $\mathbb{C}\backslash\{0,1\}$ 中, 由定理 7.13, $\mathcal{F}$ 为正规族, 从而在 $\{f_n\}$ 中存在子列 $\{f_{n_k}\}$ 要么在 $U^0(0,r)$ 上内闭一致收敛于一个解析函数要么内闭一致发散于 ∞. 若 $\{f_{n_k}\}$ 在 $U^0(0,r)$ 上内闭一致收敛, 则 $\{f_{n_k}\}$ 在 $U^0(0,r)$ 的每个闭子集上一致有界, 特别地,

在 $\left\{z\,\middle|\,|z|=\dfrac{r}{2}\right\}$ 上一致有上界 M, 即 $f(z)$ 在 $\left\{z\,\middle|\,|z|=\dfrac{r}{2n_k}\right\}$ 上一致有上界 M. 由最大模原理, f 在 $\left\{z\,\middle|\,0<|z|<\dfrac{r}{2}\right\}$ 上仍有上界, 故 $z=0$ 为 f 的可去奇点.

若 $\{f_{n_k}\}$ 在 $U^0(0,r)$ 上内闭一致发散于 ∞ 时, 则 $\left\{\dfrac{1}{f_{n_k}}\right\}$ 在每个闭子集上一致收敛到 0, 故 $\dfrac{1}{f}$ 以 0 为零点, 从而 $z=0$ 为 f 的极点.

第 7 章习题

1. 设解析函数族 $\mathcal{F}$ 在区域 D 上正规, a,b 是复数. 求证

$$\mathcal{F}_1=\{af+b|f\in\mathcal{F}\}$$

在区域 D 上也正规.

2. 函数列 $\left\{\dfrac{\sin nz}{n}\right\}$ 在复平面上有无正规的点?

3. 证明: $\mathcal{F}=\{f(z)|f(z)=a_0+a_1z+a_2z^2+\cdots+a_nz^n+\cdots,|a_n|\leqslant n\}$ 在 $|z|<1$ 上正规.

4. 证明: 函数列 $\tan nz$ 在上半平面和下半平面均正规, 而在复平面上不正规.

5. 设解析函数族 $\mathcal{F}$ 在区域 D 上正规, $w=\varphi(z)$ 在区域 D_1 上解析, $\varphi(D_1)\subset D$. 证明: 函数族

$$\mathcal{F}_1=\{f(\varphi)|f\in\mathcal{F}\}$$

在区域 D_1 上正规.

第 8 章 调和函数

我们已经学习过调和函数的定义, 并且已经知道解析函数的实部与虚部函数均为调和函数. 在本章我们将研究调和函数的更深刻的性质.

8.1 Poisson 积分与 Poisson 公式

设 $g(\theta)$ 为 $[0,2\pi]$ 上的一个可积函数, $g(0)=g(2\pi)$(该条件是非本质的),

$$u(z)=\frac{1}{2\pi}\int_0^{2\pi}\frac{R^2-r^2}{R^2-2Rr\cos(\varphi-\theta)+r^2}g(\theta)\mathrm{d}\theta$$

称为 Poisson 型积分, 其中 $z=r\mathrm{e}^{\mathrm{i}\varphi}, 0\leqslant r<R$.

利用与 5.3 节中的例 13 完全相同的方法计算得

$$\int_0^{2\pi}\frac{1}{R^2-2Rr\cos(\varphi-\theta)+r^2}\mathrm{d}\theta=\frac{2\pi}{R^2-r^2},$$

因此,

$$\frac{1}{2\pi}\int_0^{2\pi}\frac{R^2-r^2}{R^2-2Rr\cos(\varphi-\theta)+r^2}\mathrm{d}\theta=1. \tag{8.1}$$

定理 8.1 设 $g(\theta)$ 为 $[0,2\pi]$ 上的一个可积函数, $g(0)=g(2\pi)$, 则积分

$$u(z)=\frac{1}{2\pi}\int_0^{2\pi}\frac{R^2-r^2}{R^2-2Rr\cos(\varphi-\theta)+r^2}g(\theta)\mathrm{d}\theta$$

满足

(1) $u(z)$ 在 $|z|<R$ 上调和.

(2) 若 $\theta=\theta_0$ 是 $g(\theta)$ 的一个连续点, 则 $\lim\limits_{z\to R\mathrm{e}^{\mathrm{i}\theta_0}}u(z)=g(\theta_0)$.

证 (1) 为简单起见, 设 $R=1$. 因为

$$\begin{aligned}\frac{1}{2\pi}\int_0^{2\pi}\frac{\xi+z}{\xi-z}g(\xi)\mathrm{d}\theta&=\frac{1}{2\pi\mathrm{i}}\int_{|\xi|=1}\frac{\xi+z}{\xi-z}\cdot\frac{g(\xi)}{\xi}\mathrm{d}\xi\\&=\frac{1}{2\pi\mathrm{i}}\int_{|\xi|=1}\frac{g(\xi)}{\xi-z}\mathrm{d}\xi+\frac{z}{2\pi\mathrm{i}}\int_{|\xi|=1}\frac{g(\xi)}{\xi(\xi-z)}\mathrm{d}\xi.\end{aligned}$$

由第 3 章习题 9 可知上述两个积分均在 $|z|<1$ 内解析, 从而它的实部函数

$$u(z)=\frac{1}{2\pi}\int_0^{2\pi}\frac{1-r^2}{1-2r\cos(\varphi-\theta)+r^2}g(\theta)\mathrm{d}\theta$$

在 $|z|<1$ 上调和.

(2) 设 $g(\theta)$ 在 $\theta=\theta_0$ 连续. 因为

$$u(z)-g(\theta_0)=\frac{1}{2\pi}\int_0^{2\pi}\frac{1-r^2}{1-2r\cos(\varphi-\theta)+r^2}(g(\theta)-g(\theta_0))\mathrm{d}\theta.$$

对于任意正数 ε, 存在正数 δ, 当 $|\theta-\theta_0|\leqslant\delta$ 时, $|g(\theta)-g(\theta_0)|<\varepsilon$. 设 $J_0=[\theta_0-\delta,\theta_0+\delta], J=[0,2\pi]\backslash J_0$, 则

$$\begin{aligned}&\left|\frac{1}{2\pi}\int_{J_0}\frac{1-r^2}{1-2r\cos(\varphi-\theta)+r^2}(g(\theta)-g(\theta_0))\mathrm{d}\theta\right|\\ \leqslant&\frac{\varepsilon}{2\pi}\int_0^{2\pi}\frac{1-r^2}{1-2r\cos(\varphi-\theta)+r^2}\mathrm{d}\theta=\varepsilon.\end{aligned}$$

当 $\theta\in J$ 并且 z 充分靠近 $\mathrm{e}^{\mathrm{i}\theta_0}$ 时, $|\xi-z|\geqslant\dfrac{\delta}{2}$. 从而有

$$\left|\frac{1}{2\pi}\int_J\frac{1-r^2}{1-2r\cos(\varphi-\theta)+r^2}(g(\theta)-g(\theta_0))\mathrm{d}\theta\right|\leqslant\frac{1}{2\pi}\cdot\frac{1-r^2}{\frac{\delta^2}{4}}\cdot 2M\cdot 2\pi=\frac{8M(1-r^2)}{\delta^2},$$

其中 M 是 $g(\theta)$ 的界. 因为当 $z\to\mathrm{e}^{\mathrm{i}\theta_0}$ 时, $r\to 1$, 所以

$$\lim_{z\to\mathrm{e}^{\mathrm{i}\theta_0}}u(z)=g(\theta_0).$$

另一方面, 一个在区域内调和并且连续到边界上的函数可以用 Poisson 积分表示.

定理 8.2 设 $u(z)$ 在 $|z|<R$ 上调和, 在 $|z|\leqslant R$ 上连续, 则对于任意的 $z, |z|<R$,

$$u(z)=\frac{1}{2\pi}\int_0^{2\pi}\frac{R^2-r^2}{R^2-2Rr\cos(\theta-\varphi)+r^2}u(R\mathrm{e}^{\mathrm{i}\theta})\mathrm{d}\theta, \tag{8.2}$$

其中 $z=r\mathrm{e}^{\mathrm{i}\varphi}, 0\leqslant r<R$.

分析 由 2.3 节中的结论知, 在单连通区域 $|z|<R$ 内, 存在以 $u(z)$ 为实部的解析函数 $f(z)$. 由于所给的调和函数在 $|z|<R$ 内调和, 在 $|z|\leqslant R$ 上连续, 因此在证明中考虑函数 $u(kz)(0<k<1)$, 然后, 令 $k\to 1^-$ 取极限即可.

证 对于正数 $k, 0<k<1$, 则函数 $u_k(z)=u(kz)$ 在 $|z|<\dfrac{R}{k}$ 内调和, 所以存在共轭调和函数 $v_k(z), f_k(z)=u_k(z)+\mathrm{i}v_k(z)$ 在 $|z|<\dfrac{R}{k}$ 内解析. 由 Cauchy 积分公式, 当 $|z|<R$ 时

$$f_k(z)=\frac{1}{2\pi\mathrm{i}}\int_{|\xi|=R}\frac{f_k(\xi)}{\xi-z}\mathrm{d}\xi=\frac{1}{2\pi}\int_0^{2\pi}\frac{\xi f_k(\xi)}{\xi-z}\mathrm{d}\theta, \tag{8.3}$$

$$0=-\frac{1}{2\pi\mathrm{i}}\int_{|\xi|=R}\frac{f_k(\xi)}{\xi-\dfrac{R^2}{\bar{z}}}\mathrm{d}\xi=\frac{1}{2\pi}\int_0^{2\pi}\frac{\bar{z}f_k(\xi)}{\bar{\xi}-\bar{z}}\mathrm{d}\theta, \tag{8.4}$$

其中 $\xi=R\mathrm{e}^{\mathrm{i}\theta}$ 将 (8.4) 取共轭并与 (8.3) 作和得

$$\begin{aligned}f_k(z)&=\frac{1}{2\pi}\int_0^{2\pi}\frac{\xi f_k(\xi)+z\bar{f}_k(\xi)}{\xi-z}\mathrm{d}\theta\\&=\frac{1}{2\pi}\int_0^{2\pi}\frac{\xi+z}{\xi-z}u_k(\xi)\mathrm{d}\theta+\frac{\mathrm{i}}{2\pi}\int_0^{2\pi}v_k(\xi)\mathrm{d}\theta\\&=\frac{1}{2\pi}\int_0^{2\pi}\frac{\xi+z}{\xi-z}u_k(\xi)\mathrm{d}\theta+\mathrm{i}v_k(0).\end{aligned}$$

取其实部

$$\begin{aligned}u_k(z)&=\frac{1}{2\pi}\int_{|\xi|=R}\mathrm{Re}\left(\frac{\xi+z}{\xi-z}\right)u_k(\xi)\mathrm{d}\theta\\&=\frac{1}{2\pi}\int_{|\xi|=R}\frac{R^2-|z|^2}{|\xi-z|^2}u_k(\xi)\mathrm{d}\theta\\&=\frac{1}{2\pi}\int_0^{2\pi}\frac{R^2-r^2}{R^2-2Rr\cos(\varphi-\theta)+r^2}u_k(R\mathrm{e}^{\mathrm{i}\theta})\mathrm{d}\theta.\end{aligned}$$

因为 $u(z)$ 在 $|z|\leqslant R$ 上一致连续, 所以当 $k\to1^-$ 时, $u(k\xi)$ 在 $|\xi|=R$ 上一致收敛于 $u(\xi)$. 因此, 令 $k\to1^-$, 得到

$$u(z)=\frac{1}{2\pi}\int_0^{2\pi}u(R\mathrm{e}^{\mathrm{i}\theta})\frac{R^2-r^2}{R^2-2Rr\cos(\theta-\varphi)+r^2}\mathrm{d}\theta.$$

注 (1) 称 (8.2) 式为关于调和函数的 Poisson 公式, 而且它也可写成

$$u(z)=\frac{1}{2\pi}\int_{|\zeta|=R}\frac{R^2-|z|^2}{|\zeta-z|^2}u(\zeta)\mathrm{d}\theta,\quad \zeta=R\mathrm{e}^{\mathrm{i}\theta}.$$

由 Poisson 公式可知: 一个在圆内调和、在闭圆上连续的函数, 在圆内一点的值可以用圆周上的值的积分即 Poisson 积分表示. 正如一个在圆内解析、在闭圆上连续的函数, 在圆内的一点的值可以用圆周上的值的积分即柯西积分来表示类似.

(2) 当 $|z|<R$ 换成 $|z-a|<R$ 时, Poisson 公式为

$$u(z)=\frac{1}{2\pi}\int_{|\zeta-a|=R}\frac{R^2-|z-a|^2}{|\zeta-z|^2}u(\zeta)\mathrm{d}\theta,\quad \zeta=a+R\mathrm{e}^{\mathrm{i}\theta}.$$

(3) 由 (8.2) 立即得到 (8.1).

由定理 8.1 和定理 8.2 容易得到如下的一个重要定理.

定理 8.3 设 $g(\theta)$ 为 $[0,2\pi]$ 上的一个连续函数, $g(0)=g(2\pi)$, 则在区域 $|z|<R$ 上存在唯一一个调和函数 $u(z)$, 使得 $u(z)$ 在 $|z|\leqslant R$ 上连续, 且 $u(R\mathrm{e}^{\mathrm{i}\theta})=g(\theta)$.

8.2　调和函数的最大最小值定理

在第 3 章中我们从解析函数的平均值公式很容易导出了调和函数的平均值公式, 即, 若 $u(z)$ 是 $|z-a|<R$ 内的调和函数, 且在 $|z-a|\leqslant R$ 上连续, 则

$$u(a)=\frac{1}{2\pi}\int_0^{2\pi}u(a+Re^{i\theta})d\theta. \tag{8.5}$$

现在我们利用解析函数的最大模原理建立调和函数的最大最小值定理.

定理 8.4　设 $u(z)$ 是区域 D 上的非常数的调和函数, 则 $u(z)$ 在区域 D 内不取最大最小值.

证　若不然, 存在 $z_0\in D$ 使得

$$u(z_0)=\max_{z\in D}u(z).$$

设 $\delta>0$ 使得 $B(z_0,\delta)\subset D$. 令 $v(z)$ 是 $u(z)$ 在 $B(z_0,\delta)$ 上的共轭调和函数, 则函数

$$f(z)=e^{u(z)+iv(z)}$$

在 $B(z_0,\delta)$ 上解析, 并且在 z_0 取最大模 $e^{u(z_0)}$. 由解析函数的最大模原理可知

$$|f(z)|=e^{u(z_0)},\quad z\in B(z_0,\delta),$$

从而

$$u(z)=\log|f(z)|=u(z_0),\quad z\in B(z_0,\delta).$$

这就是说集合 $D_1=\{z|u(z)=u(z_0)\}$ 是一个开集. 又因为 $u(z)$ 是连续的, 所以 D_1 也是一个闭集. 由此得到 $D_1=D$, 即 $u(z)$ 是常函数.

同理可证最小值的情形.

推论　设 $u(z)$ 是区域 D 上的非常数的调和函数, 并且连续到边界上, 则其最大最小值只能在边界上取到.

定理 8.5　设 $u(z)$ 是区域 D 上的调和函数, M 是一个常数. 如果对于任意 $\xi\in\partial D$,

$$\overline{\lim_{z\to\xi}}\,u(z)\leqslant M,$$

则

$$u(z)\leqslant M,\quad z\in D.$$

证　设 $\sup\limits_{z\in D}u(z)=M_1$, 则存在 $\{z_n\}\subset D$ 使得 $\lim\limits_{n\to\infty}u(z_n)=M_1$. 不妨设 $\lim\limits_{n\to\infty}z_n=z_0$.

(1) 如果 $z_0 \in D$, 那么

$$u(z_0) = \lim_{n\to\infty} u(z_n) = M_1,$$

由定理 8.4, $u(z)$ 是常函数, 结论成立.

(2) 如果 $z_0 \in \partial D$, 那么

$$M_1 = \lim_{n\to\infty} u(z_n) \leqslant \overline{\lim_{z\to z_0}}\, u(z) \leqslant M,$$

从而 $u(z) \leqslant M, z \in D$.

定理 8.6 设 $u(z)$ 是有界区域 D 上的有界调和函数, M 是一个常数, $\xi_1, \cdots, \xi_n \in \partial D$. 如果对于任意 $\xi \in \partial D \backslash \{\xi_1, \xi_2, \cdots, \xi_n\}$, $\overline{\lim\limits_{z\to\xi}}\, u(z) \leqslant M$, 则

$$u(z) \leqslant M, \quad z \in D.$$

证 不妨设 $n = 1$. 对于任意正数 ε, 令

$$u_1(z) = u(z) + \varepsilon \log|z - \xi_1|,$$

则存在正数 m, 使得 $\log|z - \xi_1| \leqslant m$. 因为 $u(z)$ 是有界函数, 所以如果对于任意 $\xi \in \partial D$, $\overline{\lim\limits_{z\to\xi}}\, u_1(z) \leqslant M + \varepsilon m$, 则由定理 8.5,

$$u_1(z) \leqslant M + \varepsilon m, \quad z \in D,$$

即

$$u(z) \leqslant M + \varepsilon m - \varepsilon \log|z - \xi_1|, \quad z \in D.$$

令 $\varepsilon \to 0^+$, 我们得到 $u(z) \leqslant M$, $z \in D$.

8.3 调和函数的其他性质

本节我们给出关于调和函数的法线方向导数积分的一些性质.

定理 8.7 设区域 D 由光滑的 (复) 围线 C 所围成, $u(x,y), v(x,y)$ 在 $\overline{D} = D + C$ 上有连续的二阶偏导数, 则

(1) Green 第一公式成立:

$$\iint\limits_D (u\Delta v - v\Delta u)\mathrm{d}x\mathrm{d}y + \int_C \left(u\frac{\partial v}{\partial \boldsymbol{n}} - v\frac{\partial u}{\partial \boldsymbol{n}}\right)\mathrm{d}s = 0, \tag{8.6}$$

其中 $\boldsymbol{n}$ 表示曲线 C 的内法向 (即垂直于 C, 方向指向内侧), $\mathrm{d}s$ 表示弧微分, Δ 表

示 Laplace 算子, 即 $\Delta u = \dfrac{\partial^2 u}{\partial x^2} + \dfrac{\partial^2 u}{\partial y^2}$.

(2) $\displaystyle\iint_D \Delta u \mathrm{d}x\mathrm{d}y = -\int_C \frac{\partial u}{\partial \boldsymbol{n}}\mathrm{d}s$. 特别地, 当 u 在 D 内调和时, 有

$$\int_C \frac{\partial u}{\partial \boldsymbol{n}}\mathrm{d}s = 0.$$

(3) 如果 u, v 在 D 内调和, 则

$$\int_C \left(u\frac{\partial v}{\partial \boldsymbol{n}} - v\frac{\partial u}{\partial \boldsymbol{n}}\right)\mathrm{d}s = 0. \tag{8.7}$$

证 (1) 利用熟知的 Green 公式,

$$\int_C P\mathrm{d}x + Q\mathrm{d}y = \iint_D (Q_x - P_y)\mathrm{d}x\mathrm{d}y.$$

设 $P = -uv_y,\ Q = uv_x$, 则有

$$\iint_D (u_x v_x + u_y v_y)\mathrm{d}x\mathrm{d}y + \iint_D u\Delta v \mathrm{d}x\mathrm{d}y + \int_C u(v_y\mathrm{d}x - v_x\mathrm{d}y) = 0. \tag{8.8}$$

因为

$$\cos(\boldsymbol{n}, y)\mathrm{d}s = \mathrm{d}x, \quad -\cos(\boldsymbol{n}, x)\mathrm{d}s = \mathrm{d}y,$$

所以

$$\int_C u(v_y\mathrm{d}x - v_x\mathrm{d}y) = \int_C u\frac{\partial v}{\partial \boldsymbol{n}}\mathrm{d}s.$$

将其代入 (8.8) 式, 即得

$$\iint_D (u_x v_x + u_y v_y)\mathrm{d}x\mathrm{d}y + \iint_D u\Delta v \mathrm{d}x\mathrm{d}y + \int_C u\frac{\partial v}{\partial \boldsymbol{n}}\mathrm{d}s = 0.$$

将上式中的 u, v 对换, 并且将其与上式相减, 就可得到 (8.6) 式.

(2) 在 (8.6) 中令 $v \equiv 1$ 以及当 u 调和时 $\Delta u = 0$ 的结果, 立即得到结论.

(3) 如果 u, v 调和, 则 $\Delta u = 0, \Delta v = 0$. 因此由 (8.6) 立即得 (8.7).

下一个定理从另一个角度说明调和函数可由边界上的值确定.

定理 8.8 设 $u = u(x, y)$ 在有界闭域 $\overline{D} = D + C$ 上调和, 则对 D 内的任意一点 $z = x + \mathrm{i}y$, 有

$$u(z) = \frac{1}{2\pi}\int_C \left(-u\frac{\partial \log r}{\partial \boldsymbol{n}} - \log\frac{1}{r}\cdot\frac{\partial u}{\partial \boldsymbol{n}}\right)\mathrm{d}s,$$

其中 $r = |\xi - z|,\ \xi \in C,\ \boldsymbol{n}$ 为内法向.

证 取充分小的正数 δ, 使得 $B(z,\delta)=\{\xi:|z-\xi|\leqslant\delta\}\subset D$. 令

$$v(\xi)=\log\frac{1}{|\xi-z|},\quad C_\delta=\partial B(z,\delta).$$

由定理 8.7(3) 得

$$\begin{aligned}\int_C\left(-u\frac{\partial\log r}{\partial\boldsymbol{n}}-\log\frac{1}{r}\cdot\frac{\partial u}{\partial\boldsymbol{n}}\right)\mathrm{d}s&=\int_{C_\delta}\left(-u\frac{\partial\log r}{\partial\boldsymbol{n}}-\log\frac{1}{r}\cdot\frac{\partial u}{\partial\boldsymbol{n}}\right)\mathrm{d}s\\&=\int_{C_\delta}\left(u\frac{\partial\log r}{\partial r}-\log\frac{1}{\delta}\cdot\frac{\partial u}{\partial\boldsymbol{n}}\right)\mathrm{d}s\\&=\int_0^{2\pi}u(z+\delta\mathrm{e}^{\mathrm{i}\theta})\mathrm{d}\theta\\&=2\pi u(z).\end{aligned}$$

下面的定理告诉我们, 在一定的条件下, 调和函数平均值的逆也是正确的.

定理 8.9 设 $u=u(z)$ 在区域 D 内有连续的二阶偏导, 且对 D 内任意一点 z, 存在充分小的正数 δ, 恒有

$$u(z)=\frac{1}{2\pi}\int_0^{2\pi}u(z+r\mathrm{e}^{\mathrm{i}\theta})\mathrm{d}\theta,\quad 0<r<\delta,$$

则 $u(z)$ 是 D 内的一个调和函数.

证 因为 D 是区域, 存在充分小的正数 δ, 使得 $B(z,2\delta)\subset D$. 设 $C_\delta=\{\xi\,\|\,z-\xi|=\delta\}$, 当 $0<r<\delta$ 时,

$$\iint\limits_{B(z,\delta)}\Delta u\mathrm{d}x\mathrm{d}y=-\int_{C_\delta}\frac{\partial u}{\partial\boldsymbol{n}}\mathrm{d}s=r\int_{C_\delta}\frac{\partial u}{\partial r}\mathrm{d}\theta=r\frac{\mathrm{d}}{\mathrm{d}r}\int_0^{2\pi}u(z+r\mathrm{e}^{\mathrm{i}\theta})\mathrm{d}\theta=0,$$

由此不难得到 $u(z)$ 是区域 D 内的一个调和函数.

*8.4 调和测度的概念和一些基本性质

设区域 D 是由 (复) 围线 C 所围成的, α 是 C 上的部分弧段, β 是 α 关于 C 的余集, z 是 D 内的一点. 有界调和函数 $w(z,\alpha,D)$ 在边界上满足

$$w(z,\alpha,D)=\begin{cases}1, & z\in\alpha\text{ 的内点},\\0, & z\in\beta\text{ 的内点}.\end{cases}$$

当 $z\to\xi\in C$ 时

$$w(z,\alpha,D)\to\begin{cases}1, & \xi\in\alpha\text{ 的内点},\\0, & \xi\in\beta\text{ 的内点}.\end{cases}$$

则称 $w(z,\alpha,D)$ 为集合 α 关于区域 D 在点 z 的调和测度.

定理 8.10 调和测度 $w(z,\alpha,D)$ 具有以下性质:

(1) 调和测度是唯一的.

(2) $0 \leqslant w(z,\alpha,D) \leqslant 1$.

(3) 调和测度具有共形不变性.

证 (1) 与 (2) 可由定理 8.6 直接推出. 我们讨论 (3).

设 $w(z,\alpha,D)$ 是 z 关于 α 在区域 D 上的调和测度, $z=g(\xi)$ 是区域 D_1 到区域 D 的共形映射, $\alpha=g(\alpha_1), w(\xi,\alpha_1,D_1)$ 是 ξ 关于 α_1 在区域 D_1 上的调和测度, 那么调和函数

$$w(\xi,\alpha_1,D_1)-w(g(\xi),g(\alpha_1),g(D_1))$$

在弧段 α_1 和余集 β_1 恒为零, 从而在 D_1 上恒等于零.

下面的定理实际是调和测度的应用.

定理 8.11 (二常数定理) 设 $f(z)$ 在区域 D 上解析, 围线 C 是 D 的边界, α 是属于 C 的有限条弧, β 是 α 关于 C 的余集. 如果 $f(z)$ 在区域 D 上有界, 并且对于异于 α,β 端点的边界点 ξ,

$$\overline{\lim_{z\to\xi\in\alpha}}|f(z)|\leqslant M; \quad \overline{\lim_{z\to\xi\in\beta}}|f(z)|\leqslant m,$$

则对于 D 内的任何一点 z, 有

$$|f(z)|\leqslant M^{w(z,\alpha,D)}m^{w(z,\beta,D)}.$$

证 不妨设 $0<m\leqslant M$. 因为函数

$$P(z)=w(z,\alpha,D)\log M+w(z,\beta,D)\log m \quad (\geqslant \log m)$$

在区域 D 上调和, 且在 α 上为 $\log M$, 在 β 上为 $\log m$.

$\log|f(z)|$ 在 D 上除了 $f(z)$ 的零点外处处调和. 对于任意 $z_0\in D$, 我们在 $f(z)$ 的每一个零点处做小圆, 使得这些小圆盘互不相交, 在这些小圆盘上

$$\log|f(z)|\leqslant \log m,$$

并且 z_0 不在这些小圆盘的闭包上. 令 D_1 是 D 扣除这些小圆盘的闭包, 则在 D_1 的边界的每一点 ξ (除了 α,β 的端点),

$$\overline{\lim_{z\to\xi}}(\log|f(z)|-P(z))\leqslant 0.$$

由定理 8.6

$$\log|f(z)|\leqslant P(z), \quad z\in D_1,$$

从而

$$|f(z_0)|\leqslant M^{w(z_0,\alpha,D)}m^{w(z_0,\beta,D)}.$$

*8.5　次调和函数的概念

设 $u(z)$ 是区域 D 上的实连续函数, z_0 是 D 内的任意一点. δ 是充分小的正数, 使得 $B(z_0,\delta)\subset D$, 则对任意正数 r, $0<r<\delta$, 有

$$u(z_0)\leqslant \frac{1}{2\pi}\int_0^{2\pi} u(z_0+r\mathrm{e}^{\mathrm{i}\theta})\mathrm{d}\theta,\quad 0<r<\delta. \tag{8.9}$$

那么 $u(z)$ 称为区域 D 上的次调和函数.

比较 (8.5) 和 (8.9) 式, 可以看出次调和函数和调和函数有着密切的联系.

为了叙述方便, 我们引进一个术语：如果实函数 $u(z)$ 在区域 D 内不取最大 (小) 值, 除非它是一个常数, 则称 $u(z)$ 在区域 D 上满足最大 (小) 值原理.

定理 8.12　次调和函数 $u(z)$ 在区域 D 内不取最大值, 除非它是一个常数.

证　如果 $u(z)$ 在点 $z_0\in D$ 取最大值, 由 (8.9) 式不难得出 $u(z)$ 在区域 $B(z_0,\delta)$ 内恒为 $u(z_0)$, 从而易得

$$A=\{z|u(z)=u(z_0)\}\quad 和\quad D\backslash A=\{z|u(z)<u(z_0)\}$$

均为开集. 因为 D 是连通的, 所以它们至少有一个是空集. 故 $u(z)$ 在区域 D 上恒为常数.

定理 8.13　设 $u(z)$ 为区域 D 上的非常数的实连续函数, 则 $u(z)$ 在区域 D 上次调和的充要条件是: 对于 D 内的任意一个子区域 Ω, 以及 Ω 上的任意一个调和函数 $P(z), u(z)-P(z)$ 在区域 Ω 上满足最大值原理.

证　设 $u(z)$ 为区域 D 上的非常数的连续函数, 并且对于任意子区域 Ω 以及 Ω 上的任意调和函数 $P(z), u(z)-P(z)$ 在区域 Ω 上满足最大值原理. 对于 $z_0\in D$ 存在正数 δ_1, 使得 $B(z_0,\delta_1)\subset D$, 当 $0<\delta<\delta_1$ 时, 函数

$$P_u(z)=\frac{1}{2\pi}\int_{|\xi-z_0|=\delta}\frac{\delta^2-|z-z_0|^2}{|\xi-z|^2}u(\xi)\mathrm{d}\theta,\quad |z-z_0|<\delta$$

在 $B(z_0,\delta)$ 内调和, 在 $\bar{B}(z_0,\delta)$ 内连续, 且当 $|\xi-z_0|=\delta$ 时, $u(\xi)=P_u(\xi)$. 所以

$$u(z_0)\leqslant P_u(z_0)=\frac{1}{2\pi}\int_0^{2\pi}P_u(z_0+\delta\mathrm{e}^{\mathrm{i}\theta})\mathrm{d}\theta=\frac{1}{2\pi}\int_0^{2\pi}u(z_0+\delta\mathrm{e}^{\mathrm{i}\theta})\mathrm{d}\theta.$$

反之, 设 $u(z)$ 为区域 D 上的非常数的次调和函数. 对于 D 内的任意一个子区域 Ω, 以及 Ω 上的任意一个调和函数 $P(z)$, 因为 $u(z)-P(z)$ 是区域 Ω 上的次调和函数, 由定理 8.12 可知, $u(z)-P(z)$ 在区域 Ω 内满足最大值原理.

注　在次调和函数的定义中, 可将函数“连续”这个条件减弱到“上半连续”. 所谓函数 $u(z)$ 在点 z_0 上半连续是指

$$\overline{\lim_{z\to z_0}}\, u(z) \leqslant u(z_0).$$

另外, 我们还允许函数在某些点取 $-\infty$ 值.

例如, 如果 $f(z)(\not\equiv 0)$ 是区域 D 上的解析函数, $u(z)=\log|f(z)|$.

(1) 当 $f(z)\neq 0$ 时, $u(z)$ 是区域 D 上的调和函数.

(2) 当 $f(z)$ 有零点时, $u(z)$ 是区域 D 上的次调和函数 (为什么?).

定理 8.14　设 $u(z)$ 为区域 D 上的二阶连续可微函数, 则 $u(z)$ 在区域 D 为次调和函数的充要条件是

$$\Delta u = \frac{\partial^2 u}{\partial x^2} + \frac{\partial^2 u}{\partial y^2} \geqslant 0.$$

证　设 $u(z)$ 为区域 D 上的二阶连续可微的次调和函数. 若存在 $z_0\in D$，使得 $\Delta u(z_0)<0$. 从而存在正数 δ, 当 $|z-z_0|<\delta$ 时, $\Delta u(z)<0$. 令

$$P_u(z) = \frac{1}{2\pi}\int_{|\xi-z_0|=\delta} \frac{\delta^2-|z-z_0|^2}{|\xi-z|^2}u(\xi)\mathrm{d}\theta, \quad |z-z_0|<\delta,$$

则当 $|\xi-z_0|=\delta$ 时, $P_u(\xi)=u(\xi)$. 所以

$$u(z)\leqslant P_u(z), \quad |z-z_0|<\delta.$$

从而存在 $z_1:|z_1-z_0|<\delta$, 使得 z_1 是函数 $u(z)-P_u(z)$ 的极小值点. 所以

$$\Delta u(z_1) = \Delta(u-P_u)(z_1) = 0,$$

矛盾.

反之, 先假设 $\Delta u>0$. 如果结论不成立, 由定理 8.12 存在区域 D 的一个子区域 Ω, 以及 Ω 上的一个调和函数 $P(z), u(z)-P(z)$ 在区域 Ω 上有极大值, 设极大值点为 z_0, 从而容易得到

$$\Delta u(z_0) = \Delta(u-P)(z_0) = 0,$$

矛盾.

现在讨论一般情况：$\Delta u\geqslant 0$. 对于任意正数 ε, 令 $u_\varepsilon(z)=u(z)+\varepsilon|z|^2$, 则 $\Delta u_\varepsilon \geqslant 4\varepsilon>0$. 所以, $u_\varepsilon(z)$ 是一个次调和函数. 令 $\varepsilon\to 0^+$, 并利用 (8.9) 式就可证明 $u(z)$ 也是一个次调和函数.

注　对于一维情形, 调和函数就是线性函数, 而次调和函数就相当于凸函数. 上面的几个定理我们都可以在一维的情形下找到几何解释.

第 8 章习题

1. 设 $u(z)$ 是区域 D 上有界连续函数, $a \in D$. 如果 $u(z)$ 在 $D\backslash\{a\}$ 内调和, 则 $u(z)$ 在区域 D 上也调和.

2. 设 $f(z)$ 为区域 D 至单位圆上的一个共形映射, $f(a)=0, a \in D$. 求证:

$$\log|f(z)| = u(z) + \log|z-a|, \quad z \in D,$$

其中 $u(z)$ 是调和函数.

3. 设 $u(z)$ 是区域 D 上的一个调和函数, 求证:

(1) $\dfrac{\partial u}{\partial z}$ 在区域 D 上解析;

(2) 如果 $\dfrac{\partial u}{\partial \bar{z}}$ 的零点在区域 D 上有一个聚点, 则 $u(z)$ 恒为常数.

4. 说明调和函数 $\mathrm{Re}\dfrac{\mathrm{i}+z}{\mathrm{i}-z}$ 在圆周 $|z|=1(z \neq \mathrm{i})$ 上恒为零, 但是它在单位圆内无界.

5. 若在二常数定理中等号成立, 请写出 $f(z)$ 的表达式.

6. 设 $u_1(z)$, $u_2(z)$ 均在区域 D 上次调和, 求证:

(1) 若 $\lambda > 0$, 则 $\lambda u_1(z)$ 在区域 D 上次调和;

(2) $u_1(z)+u_2(z)$ 在区域 D 上次调和;

(3) $u(z)=\max(u_1(z), u_2(z))$ 在区域 D 上次调和.

7. 设 $f(z)$ 在闭圆环 $D: r_1 \leqslant |z| \leqslant r_2$ 上解析,

$$M(r) = \sup_{|z|=r} |f(z)|.$$

用二常数定理证明: 当 $r_1 < r < r_2$ 时, 有

$$\log M(r) \leqslant \log M(r_1)\frac{\log r - \log r_2}{\log r_1 - \log r_2} + \log M(r_2)\frac{\log r - \log r_1}{\log r_2 - \log r_1}.$$

8. 设 $f(z)$ 在区域 D 上解析, $p > 0$. 求证对于任意 $z_0 \in D$ 存在 $\delta > 0$, 当 $0 < r < \delta$ 时,

$$|f(z_0)|^p \leqslant \frac{1}{2\pi}\int_0^{2\pi} |f(z_0 + r\mathrm{e}^{\mathrm{i}\theta})|^p \mathrm{d}\theta.$$

9. 设 $u(z)$ 是区域 D 上连续函数, $a \in D$. 如果 $u(z)$ 在 $D\backslash\{a\}$ 内次调和, 则 $u(z)$ 在区域 D 上也是次调和的 (比较习题 1).

参 考 文 献

[1] 方企勤. 复变函数教程. 北京：北京大学出版社, 1996

[2] 张南岳, 陈怀惠. 复变函数论选讲. 北京：北京大学出版社, 1995

[3] 李锐夫, 戴崇基, 宋国栋. 复变函数续论. 北京：高等教育出版社, 1988

[4] 钟玉泉. 复变函数论. 北京：高等教育出版社, 1988

[5] 任福尧. 应用复分析. 上海：复旦大学出版社, 1993

[6] 李忠. 拟共形映射及其在黎曼曲面论中的应用. 北京：科学出版社, 1988

[7] 龚昇. 简明复分析. 北京：北京大学出版社, 1996

[8] Ahlfors L V. Complex Analysis. 3rd ed. New York: McGraw-Hill, 1979

[9] Conway J B. Functions of One Complex Variable I. 2nd ed. New York: Springer-Verlag, 1978

[10] Conway J B. Functions of One Complex Variable II. New York: Springer-Verlag, 1995